Methodik zur Fabriksystemmodellierung im Kontext von Energie- und Ressourceneffizienz

Hendrik Hopf

Methodik zur Fabriksystemmodellierung im Kontext von Energie- und Ressourceneffizienz

Mit einem Geleitwort von
Prof. Dr.-Ing. Egon Müller

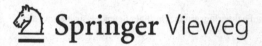

Hendrik Hopf
Chemnitz, Deutschland

Diese Arbeit wurde von der Fakultät für Maschinenbau der Technischen Universität Chemnitz als Dissertation zur Erlangung des akademischen Grades Doktoringenieur (Dr.-Ing.) genehmigt.

Tag der Einreichung: 8. April 2015
Betreuer: Prof. Dr.-Ing. Egon Müller
1. Gutachter: Prof. Dr.-Ing. Egon Müller
2. Gutachter: Prof. Dr.-Ing. habil. Bernd Platzer
Tag der Verteidigung: 23. Juni 2015

OnlinePLUS Material zu diesem Buch finden Sie auf
http://www.springer- vieweg.de/978-3-658-11598-2

ISBN 978-3-658-11598-2   ISBN 978-3-658-11599-9 (eBook)
DOI 10.1007/978-3-658-11599-9

Die Deutsche Nationalbibliothek verzeichnet diese Publikation in der Deutschen Nationalbibliografie; detaillierte bibliografische Daten sind im Internet über http://dnb.d-nb.de abrufbar.

Springer Vieweg
© Springer Fachmedien Wiesbaden 2016

Gedruckt auf säurefreiem und chlorfrei gebleichtem Papier

Springer Fachmedien Wiesbaden ist Teil der Fachverlagsgruppe Springer Science+Business Media
(www.springer.com)

Geleitwort

Neben der zukünftigen Sicherung der Wettbewerbsfähigkeit stehen zunehmend Fragen der Umweltbeeinflussung durch die in den Fabriken notwendigen Prozesse zur Herstellung von Produkten im Vordergrund. Es wird mehr und mehr von Bedeutung, Fragen des schonenden und nachhaltigen Umgangs mit Ressourcen mit den Fragen der Wirtschaftlichkeit beim Planen und Betreiben von Fabriken in die Betrachtungen einzubeziehen. Die Fabrikplanung trägt dabei eine besondere Verantwortung, da gerade in frühen Planungsphasen wesentliche Eigenschaften der Fabrik, im Besonderen auch der Energie- und Ressourceneffizienz, bestimmt werden.

Eine systematische Gestaltung energie- und ressourceneffizienter Fabriken ist zunehmend nur über Modelle, Methoden und Werkzeuge möglich, die den Planungsprozess und die Planungsbeteiligten darin unterstützen, Systeme und Prozesse unter Berücksichtigung ganzheitlicher Herangehensweisen entwickeln zu können. Diese Problematik wird vom Autor dieser Dissertation, Herrn Hendrik Hopf, aufgegriffen. Schwerpunkt der Arbeit bildet die Entwicklung und Erprobung der Methodik zur Fabriksystemmodellierung im Kontext von Energie- und Ressourceneffizienz. Die Methodik ist auf die ganzheitliche Beschreibung des Fabriksystems einschließlich seiner Bestandteile und Wirkbeziehungen fokussiert. Mit diesem modellbasierten Ansatz sollen die Transparenz und das Verständnis über die komplexen Beziehungen in der Fabrik erhöht werden. Hervorzuheben ist auch, dass die praktische Anwendung des Ansatzes an komplexen, aber anschaulichen Beispielen fortwährend gespiegelt wird.

Insgesamt ist es Herrn Hopf sehr gut gelungen, relevante Sachverhalte transparent und reproduzierbar darzustellen und damit die Verständlichkeit seiner Gedanken dem Leser der Arbeit zu vermitteln. Durch die systematische Auseinandersetzung mit den relevanten wissenschaftlichen Modell- und Systemtheorien, geeigneten Beschreibungsansätzen sowie einem entsprechenden Modellkonzept werden wesentliche Komponenten zu einem eigenen Methodenbeitrag abgeleitet und in seinen Wirkungen begründet.

Mit der vorliegenden Arbeit wird sowohl für die Wissenschaft als auch für die Praxis ein beachtenswerter Beitrag zur Erweiterung des Methodenbereichs der Fabrikplanung im Betrachtungsfeld der Energie- und Ressourceneffizienz geleistet.

Prof. Dr.-Ing. Egon Müller

Vorwort

Die vorliegende Arbeit entstand während meiner Tätigkeit als wissenschaftlicher Mitarbeiter an der Professur Fabrikplanung und Fabrikbetrieb der Technischen Universität Chemnitz. Während dieser Zeit durfte ich die Unterstützung zahlreicher Personen erfahren, denen ich hiermit herzlich danken möchte.

Mein besonderer Dank gilt meinem Doktorvater Herrn Prof. Dr.-Ing. Egon Müller, Leiter des Instituts für Betriebswissenschaften und Fabriksysteme und Inhaber der Professur Fabrikplanung und Fabrikbetrieb der Technischen Universität Chemnitz, für die Betreuung und wohlwollende Förderung der Arbeit, die Motivation und den gewährten inhaltlichen Freiraum. Herrn Prof. Dr.-Ing. habil. Bernd Platzer danke ich für die Übernahme des Zweitgutachtens. In diesem Zuge möchte ich mich gern bei Frau Prof. Dr.-Ing. Andrea Kobylka für die langjährige Unterstützung bedanken.

Ich hoffe, mit meiner Arbeit einen Beitrag für die am Institut verfolgten Forschungskomplexe zur systemischen Betrachtung der Fabrik sowie zur Planung energie-/ressourceneffizienter Fabriken leisten zu können.

Meinen Kollegen gilt Dank für die stets kollegiale und freundschaftliche Zusammenarbeit und das sehr angenehme Arbeitsklima. Besonders nennen möchte ich hierbei diejenigen Personen, die maßgeblich für das Gelingen der Arbeit beigetragen haben: Frau Dipl.-Math. oec. Manuela Krones, Herr Dipl.-Ing. Frank Börner, Herr Dipl.-Wi.-Ing. Andreas Merkel und Herr Dipl.-Ing. Gert Kobylka.

Meinen Freunden danke ich dafür, dass sie sich stets für die Arbeit interessiert, es während der Zeit der Erstellung mit mir ausgehalten sowie für die notwendige Ablenkung gesorgt haben.

Der größte Dank gebührt meiner Familie für die uneingeschränkte Unterstützung und den gebotenen Rückhalt, nicht nur bei der Erstellung dieser Arbeit, sondern in jeglicher Lebenslage. Daher ist diese Arbeit meiner Familie gewidmet.

Chemnitz, Juni 2015   Hendrik Hopf

Kurzfassung

Energie- und Ressourceneffizienz sind grundlegende Instrumente und Zielgrößen für die nachhaltigkeitsorientierte Fabrikplanung. Vor diesem wissenschafts- und praxisrelevanten Hintergrund wird in dieser Arbeit die Methodik zur Fabriksystemmodellierung im Kontext von Energie- und Ressourceneffizienz (FSMER) erarbeitet und erprobt. Die Methodik FSMER setzt sich aus einem Metamodell, vier Fabriksystemkonzepten (Hierarchie, Funktion, Struktur und Lebenszyklus der Fabrik), einem Referenzmodell sowie einem Vorgehensmodell zusammen. Mit dieser Methodik wird darauf abgezielt, die Fabrik ganzheitlich, methodisch und modellgestützt mit Fokus auf die Zielgrößen Energie- und Ressourceneffizienz in frühen konzeptionellen Planungsphasen abbilden, Wirkbeziehungen erklären sowie Potenziale zur Effizienzsteigerung aufzeigen zu können. Somit trägt FSMER dazu bei, die komplexen Zusammenhänge einer Fabrik und die Auswirkungen von Planungsentscheidungen in vereinfachter und grafisch orientierter Form darstellen und beurteilen zu können.

Abstract

Energy and resource efficiency are fundamental instruments and objectives for factory planning that is focused on sustainability. Against this background, which is relevant for both science and practice, the method for factory system modeling in the context of energy and resource efficiency (FSMER) is developed and evaluated in this thesis. The method FSMER is composed of a meta model, four factory system concepts (hierarchy, function, structure and life cycle of the factory), a reference model and a procedure model. The goals of this method are the holistic, methodic and model-based description of the factory with respect to the objectives energy and resource efficiency in early conceptual planning phases, the explanation of interrelationships and the identification of potentials for efficiency improvements. Thus, FSMER helps to represent and assess the complexities of a factory and the effects of planning decisions in a simplified and graphical form.

Inhaltsverzeichnis

Abbildungsverzeichnis

Alle Abbildungen sind in Farbe zusätzlich auf springer.com verfügbar.

Tabellenverzeichnis

Abkürzungs- und Symbolverzeichnis

a	Funktion Abgeben
A	Systemtyp Abgabesystem
Ab	Zustand Arbeitsbetrieb
AB	Fabriksystemablaufstrukturen
Af	Gegenstand Abfall
Al	Gegenstand Abluft/Abgas
Alb	Gegenstand Abluft/Abgas belastet
Ar	Zustand Arbeitsbereit
AU	Fabriksystemaufbaustrukturen
aus	ausgehend
Aw	Gegenstand Abwasser
Awae	Gegenstand Abwärme
Awb	Gegenstand Abwasser belastet
b	Funktion Behandeln
B	Systemtyp Behandlungssystem
Bb	Zustand Betrieb
Bbs	Gegenstand Betriebsstoffe
Br	Zustand Betriebsbereit
Che	Gegenstand Chemikalien
Die	Gegenstand Diesel
Dl	Gegenstand Druckluft
e	Funktion Erzeugen
E	Systemtyp Erzeugungssystem
ein	eingehend
El	Fabriksystemeigenschaften
Eg	Gegenstand Erdgas
El	Gegenstand Elektroenergie
EL	Fabriksystemelemente
Em	Gegenstand Emissionen
En	Gegenstand Energie
Er	Gegenstand erneuerbare Energie
E/RB	Energie-/Ressourcenbedarf
EWS	Energiewertstrom
FS	Fabriksystem

FSM*ER*	Fabriksystemmodellierung im Kontext von Energie- und Ressourceneffizienz
FU	Fabriksystemfunktionen
g	Gleichzeitigkeitsfaktor
g	Funktion Gebrauchen
G	Systemtyp Gebrauchssystem
GE	Fabriksystemgegenstände
GoM	Grundsätze ordnungsgemäßer Modellierung
GR	Fabriksystemgrenzen
GS	Gebäudesystem
Hf	Zustand Hochfahren
Hi	Gegenstand Hilfsstoffe
HI	Fabriksystemhierarchien
HOAI	Honorarordnung für Architekten und Ingenieure
HT	Haustechnik
Hw	Gegenstand Heizwasser
IDEF	Integrated Definition
In	Gegenstand Information
Kae	Gegenstand Kälte
KEA	Kumulierter Energieaufwand
KEV	Kumulierter Energieverbrauch
Kaw	Gegenstand Kaltwasser
Kw	Gegenstand Kühlwasser
n	Funktion Nutzen
N	Systemtyp Nutzungssystem
Nb	Zustand Nichtbetrieb
LE	Fabriksystemlebenszyklen
Lu	Gegenstand Luft
p	Funktion Produzieren
P	Systemtyp Produktionssystem
PIUS	Produktionsintegrierter Umweltschutz
Pr	Gegenstand Produkt
PS	Produktionssystem
PT	Prozesstechnik
Ro	Gegenstand Roh-/Werkstoffe
$\dot{Q}$	Wärmestrom

r	Raum
r	Funktion Rückgewinnen
R	Systemtyp Rückgewinnungssystem
RE	Fabriksystemrelationen
Rew	Gegenstand Reinstwasser
Rf	Zustand Runterfahren
RT	Raumtemperatur
s	Funktion Speichern
S	Systemtyp Speichersystem
Sa	Zustand Standby
SADT	Structured Analysis and Design Technique
St	Gegenstand Stoff
ST	Fabriksystemstrukturen
t	Funktion Transportieren
T	Systemtyp Transportsystem
TGA	Technische Gebäudeausrüstung
UM	Fabriksystemumwelt
US	Fabriksystemuntersysteme
ÜS	Fabriksystemübersysteme
VE	Ver- und Entsorgung
VES	Ver- und Entsorgungssystem
VES-HT	Ver- und Entsorgungssystem – Haustechnik
VES-PT	Ver- und Entsorgungssystem – Prozesstechnik
v	Funktion verbrauchen
V	Systemtyp Verbrauchssystem
Wa	Gegenstand Wasser
Wae	Gegenstand Wärme
z	Funktion Zuführen
Z	Systemtyp Zuführungssystem
ZU	Fabriksystemzustände
ZW	Fabriksystemzwecke

1 Einleitung

*"Daß es eine continuierliche beständige und nachhaltende Nutzung gebe,
weiln es eine unentberliche Sache ist."*
Hans Carl von Carlowitz

Im ersten Kapitel wird zunächst die Problemstellung umrissen und die Zielsetzung formuliert. Anschließend wird das zugrunde liegende Forschungskonzept erläutert sowie der Aufbau der Arbeit dargestellt.

1.1 Problemstellung

Der schonende und nachhaltige Umgang mit Ressourcen stellt eine maßgebliche Herausforderung der heutigen und zukünftigen Gesellschaft dar. Zunehmende Rohstoffbedarfe und die Erschöpfung endlicher Ressourcen treiben die Rohstoffverknappung weltweit voran und bedingen eine unsichere Verfügbarkeit von Ressourcen. Da die Energieerzeugung im engen Zusammenhang mit dem Rohstoffverbrauch steht, sind die Rohstoff- und Energiebedarfe nicht nur in der Vergangenheit gewachsen. Sie werden auch in Zukunft weiter ansteigen. Klimapolitische Zielstellungen, wie die Reduzierung des weltweiten CO_2-Austoßes und der Ausbau erneuerbarer Energien, untermauern diese Herausforderungen (vgl. Abschnitt 2.1.1).

Die Industrie hat einen maßgeblichen Anteil am Energie- bzw. Ressourcenverbrauch sowie am Emissionsausstoß. Aus diesen Gründen sind industrielle Unternehmen aufgefordert, sich zunehmend mit Energie- und Ressourceneffizienz, als grundlegende Instrumente der ökologischen Nachhaltigkeit, auseinanderzusetzen und diese als Zielgrößen neben Kosten, Zeit und Qualität in ihre Strategien, Zielstellungen, Systeme und Prozesse zu integrieren. Neben den ökologischen sind aber auch die ökonomischen Aspekte der Energie- und Ressourceneffizienz zu berücksichtigen, da diese Größen auch mehr und mehr Einfluss auf die Wettbewerbsfähigkeit des Unternehmens haben. Unternehmen müssen mit weniger Ressourcen auskommen bzw. diese effizient nutzen, alternative Ressourcen erschließen und Abfälle vermeiden (Müller 2013, S. 19). Da der Energie- bzw. Ressourcenverbrauch von produzierenden Unternehmen maßgeblich von der eigentlichen Produktion determiniert wird, sind neuartige energie- und ressourceneffiziente Fabrikkonzepte erforderlich.

Die Fabrikplanung trägt dabei eine besondere Verantwortung, weil gerade in frühen Planungsphasen – bei der Auswahl und Vernetzung von Teilsystemen zu einem Gesamtsystem – die wesentlichen Eigenschaften der Fabrik, wie u. a. der Energie- und Ressourcenbedarf, definiert werden (vgl. Abschnitt 3.1). In der nachfolgenden Betriebsphase sind zwar immer noch Verbesserungen möglich, jedoch nur innerhalb der zuvor festgelegten Schranken. Daher sind Energie- und Ressourcenaspekte bereits in frühen Planungsphasen zu berücksichtigen, um die späteren Bedarfe im

Fabrikbetrieb möglichst gering zu halten. Für die Gestaltung energie- und ressourceneffizienter Fabriken werden folglich Modelle, Methoden und Werkzeuge benötigt, die den Planungsprozess und die Planungsbeteiligten unterstützen, um Systeme und Prozesse unter der Beachtung der Zielgrößen Energie- und Ressourceneffizienz planen zu können.

1.2 Zielstellung

Ziele

Mit der vorliegenden Arbeit soll ein wissenschaftlicher Beitrag zur *energie- und ressourceneffizienzorientierten*[1] *Fabrikplanung* geleistet werden.

Die zentrale zu beantwortende Forschungsfrage der Arbeit besteht darin, wie die Fabrik als System ganzheitlich, methodisch und modellgestützt mit Fokus auf die Zielgrößen Energie- und Ressourceneffizienz abgebildet werden kann, um damit den Fabrikplanungsprozess unterstützen zu können. Daraus leiten sich untergeordnete forschungsleitende Fragestellungen ab:

- In welchem Zusammenhang stehen Fabrikplanung und Energie-/Ressourceneffizienz?
- Wie werden Systeme modelliert?
- Aus welchen Bestandteilen setzt sich das Fabriksystem zusammen?
- Welche für die Fabrik relevanten Energie- und Ressourcenaspekte gibt es und wie sind diese im Fabriksystemmodell abbildbar?
- Welche energie-/ressourcenbasierte Wirkbeziehungen bestehen zwischen den Bestandteilen der Fabrik?
- Wie ist das Fabriksystemmodell zu erstellen?
- Wie ist das Fabriksystemmodell hinsichtlich Energie- und Ressourceneffizienz zu beurteilen?
- Welche Gestaltungsansätze für Fabriksysteme zur Steigerung der Energie- und Ressourceneffizienz lassen sich aus dem Fabriksystemmodell ableiten?

Das Hauptaugenmerk dieser Arbeit liegt auf der Fabrik (Objektbereich), welche das Betrachtungsobjekt der Fabrikplanung ist. Es wird darauf abgezielt, die Fabrik bezüglich ihres Aufbaus und ihrer Wirkzusammenhänge abzubilden (Methodenbereich). Folglich besteht das grundlegende wissenschaftliche Ziel in der Beschreibung des Betrachtungsobjektes. Ergänzt wird dies um eine Beurteilung des modellhaft abgebildeten Fabriksystems hinsichtlich Energie- und

---

[1] Wie im nächsten Kapitel dargestellt wird, kann Energieeffizienz als Teilgebiet in die Ressourceneffizienz eingeordnet werden. In dieser Arbeit werden beide Begrifflichkeiten verwendet, da zum einen Energieeffizienz separat und zum anderen in Verbindung mit anderen Ressourcen betrachtet werden soll.

Ressourceneffizienz, so dass auch die wissenschaftlichen Erklärungs- und Prognoseabsichten zum Tragen kommen. Da der zu entwickelte Ansatz vor allem die Planung unterstützen soll, wird schließlich auch das wissenschaftliche und praxisorientierte Gestaltungsziel verfolgt.

Schwerpunkte

Den inhaltlichen Schwerpunkt dieser Arbeit bildet die Entwicklung einer *Methodik zur Fabriksystemmodellierung im Kontext von Energie- und Ressourceneffizienz (FSMER)*. Mit dieser Methodik sollen Fabriksysteme modellhaft beschrieben und Wirkbeziehungen zwischen den Bestandteilen der Fabrik unter Beachtung der Zielgrößen Energie- und Ressourceneffizienz erklärt und beeinflusst werden können. Dabei fokussiert dieser Ansatz die integrative Betrachtung der verschiedenen Systemtypen einer Fabrik, sämtlicher Stoffe und Energien sowie deren Verknüpfung, um eine ganzheitliche Sicht auf das Fabriksystem zu gewährleisten. Im Kern zerlegt die Methodik die Fabrik auf Basis modell- und systemtheoretischer Betrachtungsweisen in ihre Bestandteile (Sub-)Systeme, Funktionen, Gegenstände etc. und beschreibt diese hinsichtlich ihres energie- und ressourcenbezogenen Zwecks und Einsatzes. Die Methodik ist modular aufgebaut, um verschiedene Planungsfälle mit unterschiedlichen Anforderungen und Detaillierungen unterstützen zu können. Die Abbildung der Fabrik erfolgt in mehreren Schritten und Modellierungssichten.

Der modellbasierte Ansatz soll dazu beitragen, die Transparenz und das Verständnis über die komplexen Beziehungen in der Fabrik zu erhöhen, um Untersuchungen durchführen und Gestaltungsvarianten erproben zu können, die in der realen Fabrik nicht durchführbar wären. Daher werden insbesondere grafische Abbildungen zur Darstellung des Aufbaus und der Abläufe sowie Indikatoren zur Beurteilung verwendet. Den Fabrikplanungsbeteiligten soll damit ein Instrument zur Verfügung gestellt werden, mit dem die Auswirkungen von Planungsentscheidungen (z. B. Auswahl einer Maschine) auf Lösungsvarianten hinsichtlich des Energie- und Ressourceneinsatzes nachvollzogen werden können, um ökologisch nachhaltige Planungslösungen zu entwickeln.

Mit dieser Arbeit wird nicht darauf abgezielt, eine umfassende Prognose oder Bilanzierung der gesamten Bedarfe einer Fabrik zu erstellen, weil hierfür sehr detaillierte Informationen über das Verhalten einzelner Systeme in Abhängigkeit der ablaufenden Prozesse und Produkte vorhanden sein müssen. Diese Daten liegen jedoch oft nur in sehr unterschiedlichen Qualitäten und Quantitäten vor. Vielmehr sollen mit der vorgestellten Methodik modellhafte Aspekte in die Planung integriert werden, die es erlauben, eine Fabrik bereits in frühen Planungsphasen energie- und ressourceneffizient auszulegen. Dies ist erforderlich, weil gerade in diesen Phasen das spätere Niveau der Energie- und Ressourcenbedarfe einer Fabrik maßgeblich determiniert wird.

Abgrenzung

Die Arbeit ordnet sich in zwei wesentliche Themengebiete des Instituts für Betriebswissenschaften und Fabriksysteme der Technischen Universität Chemnitz ein. Dies betrifft zum einen die wissenschaftlichen Arbeiten auf dem Gebiet der (fluss-)systemtheoretischen Betrachtungsweise der Fabrik (u. a. (Hildebrand, Mäding & Günther 2005), (Schenk, Wirth & Müller 2014), (Wirth 1989)) und zum anderen die Thematik energie- und ressourceneffiziente Fabrik (u. a. (Engelmann 2009), (Löffler 2003), (Müller et al. 2009)). Eine wesentliche Herausforderung dieser Arbeit besteht darin, die Felder Fabrikplanung, Fabriksysteme, Systemmodellierung sowie Energie- und Ressourceneffizienz, welche jeweils bereits komplexe Themengebiete darstellen, in Form eines handhabbaren praxisorientierten Modellierungsansatzes zu vereinen. In Abbildung 1 werden ausgewählte Merkmale der Arbeit zusammengefasst, die in den nachfolgenden Kapiteln weiter präzisiert werden.

Bereich	Fabrikbetrieb			Fabrikplanung	
Fabrik-lebenszyklus	Entwicklung	Aufbau	Anlauf	Betrieb	Abbau
Planungs-phase	Zielplanung		Konzeptplanung	Ausführungsplanung	
Planungs-instrument	Methoden	Modelle		Theorien	Werkzeuge
Planungs-dimension	Mensch		Organisation	Technik	
Planungs-gegenstand	Produkt		Prozess	System	
Planungs-zielgröße (I)	Geschwindigkeit	Nachhaltigkeit	Qualität	Wandlungs-fähigkeit	Wirtschaftlichkeit
Planungs-zielgröße (II)	Energieeffizienz		Materialeffizienz	Ressourceneffizienz	

Abbildung 1:   Abgrenzung des Betrachtungsbereichs

Demnach dienen die Ergebnisse der Arbeit im Rahmen der Fabrikplanung der Konzeption von Fabriken, wobei diese vorwiegend in der Entwicklungsphase betrachtet werden. Hierfür werden Methoden und Modelle geschaffen, die zur Gestaltung des technischen Fabriksystems unter dem Aspekt der Nachhaltigkeit zur Anwendung kommen. Der ökologischen Nachhaltigkeit wird insbesondere durch die Verfolgung der Zielgrößen Energie- und Ressourceneffizienz[2] nachgekommen. Neben diesen fokussierten Merkmalen werden aber auch angrenzende Bereiche, wie bspw. der Fabrikbetrieb oder die Prozessgestaltung, auszugsweise mitbetrachtet.

---

[2] Materialeffizienz, bei der die Gegenüberstellung der materiellen Ein- und Ausgaben im Mittelpunkt steht, soll hier nicht explizit herausgehoben werden, weil diese Begrifflichkeit insbesondere in Zusammenhang mit dem Produkt bzw. der Produktentwicklung verwendet wird. Die materielle Betrachtung geschieht in dieser Arbeit als Teil der Ressourceneffizienz.

1.3 Forschungskonzept

Die vorliegende Arbeit ist in die Fabrikplanung, als eine Fachdisziplin der Ingenieurwissenschaften bzw. technischen Wissenschaften (OECD 2007, S. 7), einzuordnen. Die Ingenieurwissenschaften sind durch ihre hohe Anwendungsorientierung zur Lösung praktischer Probleme gekennzeichnet. Die anwendungsorientierten bzw. angewandten Wissenschaften zielen darauf ab, auf Basis von Erkenntnissen der theoretischen Wissenschaften oder Grundlagenwissenschaften Regeln, Modelle und Verfahren für die Praxis zu entwickeln, das heißt, einen Entwurf (Konzeption) einer neuen Realität zu schaffen (Ulrich 1984, S. 200-203). Dementsprechend bietet sich dieser Ansatz an, um die konzeptionellen Vorgehen und Inhalte der Fabrikplanung, die grundsätzlich einen engen Bezug zur Praxis aufweisen, zu untersuchen. Der empirische Forschungsansatz – Erkenntnisse werden aus Erfahrungen gesammelt bzw. beruhen darauf (Ebster & Stalzer 2013, S. 140) – dient bei den angewandten Wissenschaften vorwiegend der Erfassung von Praxisproblemen sowie der Überprüfung entwickelter Gestaltungsmodelle (Ulrich 1984, S. 179).

Die genannten Eigenschaften der anwendungsorientierten Wissenschaften beeinflussen das Forschungsvorgehen dieser Arbeit. Der zugrunde liegende Forschungsansatz folgt der *Strategie angewandter Forschung* nach ULRICH (1984, S. 192-194), welche in Abbildung 2 als Vorgehen in Verbindung mit den verwendeten Forschungsinstrumenten dargestellt ist.

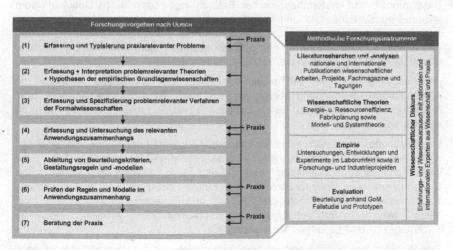

Abbildung 2: Angewandte Wissenschaft im Theorie- und Praxisbezug nach (Ulrich 1984, S. 193) sowie verwendete Forschungsinstrumente

Die vorliegende Forschungsarbeit beruht auf einer aktuell sehr bedeutsamen und aus der Praxis stammenden Problemstellung, der Gestaltung energie- und ressourceneffizienter Fabriken bzw. Produktion, welche zunächst erläutert wird. Durch die Spezifizierung der Problemstellung und der daraus abgeleiteten Zielstellung wird der Forderung nachgekommen, nur wissenschaftlich relevante Tatsachen zu untersuchen (Chalmers 2007, S. 27).

In der zweiten und dritten Phase sind problemrelevante Theorien, Hypothesen und Verfahren verschiedener Disziplinen zu erfassen. Im Rahmen der Arbeit werden dazu die Thematiken Energie- und Ressourceneffizienz sowie das Fachgebiet der Fabrikplanung aufgearbeitet. Zudem werden die Modell- und Systemtheorie als grundlegende wissenschaftliche Instrumente analysiert und damit der Rahmen für die Konzeption der Methodik erarbeitet. Diese Theorien werden gewählt, da sie zahlreiche Grundmodelle und -methoden anbieten, die für die Abbildung von Fabriken als komplexe Systeme dienlich sind.

Nachfolgend wird in der vierten Phase der Anwendungszusammenhang, in dem die Erkenntnisse zum praktischen Einsatz kommen sollen, untersucht, wobei dies vor allem die Systemabgrenzung und die Anerkennung der Systemkomplexität betrifft (Ulrich 1984, S. 175-176). Dies geschieht durch die objekt- und methodenbezogene Abgrenzung des Betrachtungsbereichs sowie die detaillierte Analyse des Standes der Forschung und die Gegenüberstellung mit den praxisrelevanten Anforderungen.

In der fünften Phase erfolgt die Konzeption der fokussierten Methodik FSM*ER* auf Basis modell- und systemtheoretischer Betrachtungsweisen durch Deduktion vom allgemeinen Systemansatz und Induktion von empirisch untersuchten Einzelfällen zum Gesamtfabriksystem. Um der geforderten Praxisnähe nachzukommen, werden verschiedene Beispiele aus der Praxis herangezogen, um daran einzelne Bestandteile des Modellierungsansatzes zu untersetzen.

Im Anschluss wird in der sechsten Phase die entwickelte Methodik im Anwendungszusammenhang geprüft, um vor allem die praktische Anwend- bzw. Nutzbarkeit (Praktikabilität) zu testen. Schließlich sind die Ergebnisse in die Praxis zu überführen.

Die Forschungsarbeit stützt sich auf umfangreiche Literaturrecherchen und -analysen nationaler und internationaler Wissenschaftspublikationen. Für die wissenschaftlichen Grundlagen der Fabrikplanung sowie der Modell- und Systemtheorie wird insbesondere auf anerkannte Literaturquellen zurückgegriffen. Für die Forschungsproblematik der Energie- und Ressourceneffizienz werden vor allem aktuelle Veröffentlichungen wissenschaftlicher Arbeiten, Projekte, Fachmagazine und Tagungen herangezogen.

Des Weiteren beruht die Arbeit auf empirischen Untersuchungen und Entwicklungen im Laborumfeld sowie in Forschungs- und Industrieprojekten. Dabei konnten Erfahrungen, die insbesondere die Gestaltung energieeffizienter Systeme und Prozesse im Rahmen der Fabrik- und Logistikplanung betreffen, gesammelt werden. In diesem Zusammenhang wurden auch vielfältige experimentelle Daten (z. B.

Energiemesswerte) erhoben, die in diese Arbeit einfließen. Diese wurden vor allem in der Experimentier- und Digitalfabrik der Professur Fabrikplanung und Fabrikbetrieb der Technischen Universität Chemnitz aufgenommen (Müller 2013, S. 89), (Müller et al. 2013, S. 626).

Für die Evaluation wird die entwickelte Methodik zunächst anhand der *Grundsätze ordnungsgemäßer Modellierung* (*GoM*) beurteilt und dann mit Hilfe einer komplexen Fallstudie untersucht. Die dafür verwendeten Daten und Informationen basieren auf vier praktisch durchgeführten Machbarkeitsstudien eines Planungsunternehmens. Anhand erstellter prototypischer Anwendungen werden abschließend Ansätze zur digitalen Abbildung des Modellierungsansatzes dargestellt, um die Transfermöglichkeiten in die Praxis zu untersetzen.

Während der gesamten Forschungsarbeiten, von der Analyse über die Konzeption bis zur Prüfung, ist ein permanenter Erfahrungs- und Wissensaustausch mit Experten aus Wissenschaft und Praxis im Rahmen von Projekten[3], Weiterbildungen[4], Workshops und Vorlesungen[5] sowie Konferenzen[6] sichergestellt worden.

1.4   Aufbau der Arbeit

Das Forschungsvorgehen findet sich in der Gliederung der vorliegenden Arbeit wieder, in der zunächst ausgehend von der praktischen Problemstellung die Grundlagen und der Stand der Forschung analysiert, die Methodik FSM*ER* auf Basis von Theorie und Praxis entwickelt und anschließend erprobt wird. Insgesamt ist die Arbeit in sechs Kapitel unterteilt (Abbildung 3).

In diesem ersten Kapitel wird die Arbeit hinsichtlich der Problem- und Zielstellung eingeordnet, abgegrenzt und präzisiert sowie das zugrundliegende Forschungskonzept erläutert.

Das zweite Kapitel fasst die für das Forschungsvorhaben essentiellen Grundlagen zusammen. Dies beinhaltet zunächst die praktische Relevanz und Notwendigkeit sowie Begrifflichkeiten und Zusammenhänge von Energie- und Ressourceneffizienz. Dann werden die Grundzüge der Fachdisziplin Fabrikplanung, insbesondere des Planungsprozesses, aufgearbeitet. Schließlich werden die Modell- und Systemtheorie als wissenschaftliche Instrumente näher untersucht, um damit den theoretischen Beschreibungsrahmen zur Modellierung von Systemen herzuleiten, welcher im vierten Kapitel auf das Betrachtungsobjekt Fabrik übertragen wird.

---

[3] Projektbearbeitung im Spitzentechnologiecluster „Energieeffiziente Produkt- und Prozessinnovationen in der Produktionstechnik" (eniPROD) sowie in Industrieprojekten bezüglich Energieanalyse und -optimierung sowie Energiemanagement in der Automobilindustrie
[4] Absolvierung des „IHK-Zertifikatslehrgangs EnergieManager (IHK)/European EnergyManager"
[5] Durchführung von Workshops zum Thema „Energieeffiziente Fabriken planen und betreiben" und Vorlesungen zum Thema „Energiemanagementsystem"
[6] Teilnahme u. a. an „Die Energieeffiziente Fabrik in der Automobil-Produktion", „Advances in Production Management Systems" (APMS), „Flexible Automation and Intelligent Manufacturing" (FAIM)

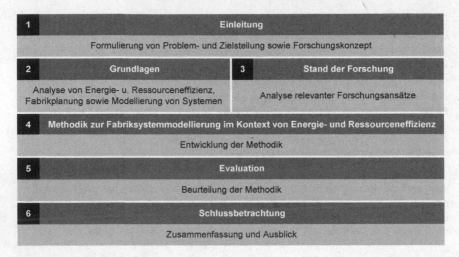

Abbildung 3:   Aufbau der Arbeit

Das vierte Kapitel bildet den Schwerpunkt der Arbeit, die Entwicklung der Methodik FSM*ER*. Dazu wird zunächst ein Metamodell aufgestellt, welches den modell- und systemtheoretischen Rahmen für die schrittweise Herausarbeitung der einzelnen Fabriksystemaspekte darstellt. Nachdem die einzelnen Fabriksystemkonzepte modellhaft abgebildet sind, werden diese in einem Referenzmodell zusammengeführt. Im Anschluss wird das Vorgehensmodell zur Modellierung, von der qualitativen und quantitativen Abbildung des Fabriksystems über die Bewertung bis zur Ableitung von Gestaltungsempfehlungen, erläutert.

Die Beurteilung der Methodik wird im vorletzten Kapitel vorgenommen. Dies geschieht anhand der Grundsätze ordnungsgemäßer Modellierung, einer Fallstudie und prototypischen Anwendungen. Den Abschluss bilden die Zusammenfassung der Arbeit und der Ausblick auf den potenziellen Forschungs- und Entwicklungsbedarf.

2 Grundlagen

Nachfolgend werden die für die Arbeit notwendigen begrifflichen und methodischen Grundlagen für die Forschungsproblematik Energie- und Ressourceneffizienz sowie für das Fachgebiet Fabrikplanung zusammengefasst. Dabei werden auch die praxisrelevanten Herausforderungen dieser Thematiken erläutert. Schließlich werden die Modell- und Systemtheorie aufgearbeitet, um damit den wissenschafts-theoretischen Rahmen für die Konzeption der Methodik herzuleiten.

2.1 Energie- und Ressourceneffizienz

2.1.1 Notwendigkeit

Klima und Politik

Langfristige Klimabeobachtungen zeigen, dass die Durchschnittstemperaturen auf der Erde in den letzten Jahrhunderten und insbesondere in den letzten Jahrzehnten permanent steigen. Für die vergangenen 130 Jahre wird der globale Temperaturanstieg auf 0,85 °C beziffert, wobei Prognosen davon ausgehen, dass sich dieser Anstieg auf über 4 °C bis Ende dieses Jahrhunderts fortsetzen könnte (IPCC 2013, S. 194, 1032). Als Grund für diese Entwicklung wird hauptsächlich der Einfluss der Menschen auf die Umwelt insbesondere durch den Ausstoß klimaschädlicher Gase, vor allem CO_2, angeführt. Auch wenn es zu dieser These gegenläufige Einschätzungen gibt, so ist dennoch das Risiko für eine irreversible Beeinträchtigung des Klimas und der Umwelt viel zu groß, um keine entsprechenden Klimaschutzstrategien und -maßnahmen auf nationaler und internationaler Ebene einzuleiten. Mit dem *Kyoto-Protokoll* verpflichten sich die Mitgliedsländer durch eine völkerrechtliche Vereinbarung, den weltweiten Ausstoß von Treibhausgasen langfristig zu verringern (UNFCCC 1997). Eines der wichtigsten Instrumente in Europa ist der Emissionshandel, mit dem das Ausmaß an Emissionen durch die Vergabe bzw. dem Handel von Emissionszertifikaten geregelt werden soll (EC 2009).

Da zwei Drittel der weltweiten Treibhausgasemissionen durch den Energiesektor verursacht werden, ist dieser Bereich von besonderer Bedeutung zur Erreichung der Klimaziele (IEA 2013, S. 1). Die europäische *Energy Roadmap 2050* zielt auf die Reduzierung des globalen CO_2-Ausstoßes und hebt dabei eine effiziente und klimafreundliche Energieerzeugung und -nutzung hervor (EC 2012, S. 5). Auf nationaler Ebene beschreibt das Energiekonzept der Bundesregierung die energiepolitische Ausrichtung Deutschlands bis 2050 und konzentriert sich dabei auf den Ausbau erneuerbarer Energien und der Energienetze sowie auf die Steigerung der Energieeffizienz (BReg 2010). Damit soll die Energieversorgung und -nutzung nachhaltiger, sicherer, wettbewerbsfähiger und unabhängiger von fossilen Energieträgern, aber auch von anderen Ländern werden.

Bevölkerung und Ressourcenbedarf

Die Weltbevölkerung umfasste um 1800 ca. 1 Milliarde, um 1900 ca. 1,6 Milliarden und zur Jahrtausendwende bereits 6 Milliarden Menschen, so dass sich im 20. Jahrhundert die Bevölkerungszahl vervierfacht hat (Stiftung Weltbevölkerung 2013). Der Großteil ist dabei auf die Länder China und Indien zurückzuführen, deren Einwohnerzahlen buchstäblich explodieren. Die zunehmende Lebenserwartung der Menschen aufgrund höherer Lebensstandards hat ebenfalls einen erheblichen Einfluss auf das gegenwärtige Bevölkerungswachstum. Laut den Vereinten Nationen könnten diese Entwicklungen soweit voranschreiten, dass sich die Weltbevölkerung bis 2050 auf 9,6 Milliarden vergrößern wird, wobei vor allem die Bevölkerung in Afrika wächst (UN 2013, S. 2). Dies hat weitreichende Auswirkungen. Insbesondere wird der weltweite Ressourcenbedarf an Nahrungsmitteln, Rohstoffen und Energien noch weiter zunehmen.

Wasser ist einer der wichtigsten Stoffe überhaupt. Der globale Wasserbedarf soll bis 2050 um 55 % ansteigen, wobei dies auch stark von der Energienachfrage getrieben wird, da die Energieerzeugung sehr wasserintensiv ist (UNESCO 2014). Der weltweite Energieverbrauch hat sich innerhalb von 1973 bis 2012 fast verdoppelt (IEA 2014, S. 28). Dieser Trend setzt sich fort. Gegenüber 2010 soll der Energiebedarf um mehr als ein Drittel bis 2035 zunehmen, jedoch werden für einzelne Länder aber auch höhere Anstiege prognostiziert (z. B. China und Indien über 50 %) (BP 2015, S. 11), (IEA 2012, S. 49). Diese Entwicklungen wirken sich auf die Verfügbarkeiten und Kapazitäten sowie auf die Versorgungssicherheit, sowohl global als auch lokal in einzelnen Ländern, aus. Auf der Suche nach neuen Energiequellen werden aber auch Verfahren (z. B. Fracking) angewendet, die erhebliche Auswirkungen auf die natürliche Umwelt haben können.

Die Beanspruchung der natürlichen Ressourcen durch den Menschen ist bereits so weit vorangeschritten, dass die Kapazitäten und das Regenerationsvermögen der Erde überschritten und irreversible Schäden entstanden sind. Laut dem *Living Planet Report* werden 2030 zwei und 2050 sogar drei Planeten benötigt, um den Bedarf an Nahrung, Wasser und Energie decken zu können (WWF 2012, S. 100).

Industrie

Die Industrie übt einen maßgeblichen Einfluss auf Umwelt durch Entnahme und Zufuhr von Stoffen und Energien aus, was sich in entsprechenden Energie- und Ressourcenverbräuchen sowie Emissionsaustößen niederschlägt. In Deutschland nimmt bspw. der Industriesektor ca. 30 % am Endenergieverbrauch ein, wovon der Großteil auf Prozesswärme und mechanische Energie entfällt (BMWi 2014). Dieser Stellung und der damit verbundenen Verantwortung müssen sich Unternehmen bewusst sein. Dies betrifft aber nicht mehr nur die angesprochenen ökologischen Aspekte der Energie- und Ressourceneffizienz. Diese Größen nehmen auch zunehmend Einfluss auf ökonomische Faktoren des Unternehmens, wie z. B. die Material- und Energiekostenanteile eines Produkts oder die sichere Versorgung mit Rohstoffen und Energien. Durch Effizienzmaßnahmen wird der Kostendruck verringert und die Wettbewerbsfähigkeit gesteigert (BMU 2013, S. 31). Der Energie- und Ressourcenverbrauch von produzierenden Unternehmen wird maßgeblich von der eigentlichen Produktion getrieben, so dass energie- und ressourceneffiziente Fabriken erforderlich sind.

Es bleibt an dieser Stelle festzustellen, dass umfangreiche Maßnahmen und Programme notwendig sind, um die Auswirkungen auf das Klima und die Umwelt einzudämmen. Die aufgeführten Studien, Statistiken und Prognosen zeigen eindeutig, dass der Ressourcenbedarf immer weiter zunehmen wird, die Ressourcenkapazität abnimmt und damit Ressourcen knapper werden.

2.1.2 Einordnung

Der schonende und verantwortungsbewusste Umgang mit Ressourcen zu deren langfristigen Nutzung wurde von CARLOWITZ (Carlowitz 1713) geprägt, woraus der Begriff der Nachhaltigkeit entstanden ist. Der Grundsatz der nachhaltigen Entwicklung – den heutigen Anforderungen bzw. Bedürfnissen genügen ohne die Möglichkeiten zukünftiger Generationen zu beeinträchtigen – ist im *Brundlandt-Bericht* fixiert (UN 1987, S. 54). Unter Nachhaltigkeit werden neben ökologischen auch ökonomische und soziale Aspekte einbegriffen. Die ökologische Nachhaltigkeit fokussiert umweltschonende bzw. -freundliche Verhaltensweisen. In Tabelle 1 werden die wesentlichen Aspekte der ökologischen Nachhaltigkeit zusammengefasst.

Tabelle 1:   *Aspekte der ökologischen Nachhaltigkeit nach (Dyckhoff & Souren 2008, S. 49)*

Handlungsregeln	Gesunderhaltung ökologischer Systeme, Beachtung der Aufnahmefähigkeit ökologischer Systeme, Ausgewogene Nutzung regenerierbarer Ressourcen, Ausgewogene Nutzung nicht-regenerierbarer Ressourcen
Grundstrategien	Suffizienz, Effizienz, Konsistenz
Grundprinzipien	Verantwortungsprinzip, Kooperationsprinzip, Kreislaufprinzip, Prinzip der Funktionsorientierung
Konzepte	Entstofflichung, Energieeffizienzsteigerung, Entflechtung, Entschleunigung

Die Effizienz stellt neben Suffizienz (Reduzierung der Bedürfnisse und damit des Verbrauchs) und Konsistenz (Einbettung bzw. Anpassung der Technologie in/an die Natur) eine Grundstrategie dar (Dyckhoff & Souren 2008, S. 51). Die Steigerung der Energieeffizienz ist eines der grundlegenden Konzepte. Um eine industrielle Produktion unter Beachtung der ökologischen Aspekte der Nachhaltigkeit planen und betreiben zu können, sind verschiedene Ansätze entwickelt worden, die unter den Begriffen nachhaltige Produktion, *Produktionsintegrierter Umweltschutz* bzw. *Cleaner*

Production, ressourceneffiziente bzw. energieeffiziente Produktion einzuordnen sind. Letztere können als Teilgebiet der vorher genannten Rahmenwerke gesehen werden, wobei sie die übergeordneten Konzepte immer um bestimmte Inhalte spezifizieren und detaillieren. In diesem Sinne ist Energieeffizienz auch ein Teil der Ressourceneffizienz.

2.1.3   Energie und Energieeffizienz

Energie (E) ist eine physikalische Grundgröße mit der Einheit Joule (Diekmann & Rosenthal 2014, S. 2). Im Allgemeinen ist Energie die Fähigkeit eines Körpers, Arbeit zu verrichten (Arbeitsvermögen bzw. Arbeitsvorrat) (Kuchling 2011, S. 111). Energie, Arbeit und Wärme sind aus physikalischer Sicht Äquivalente, wobei Energie eine Erhaltungs-/Zustandsgröße, dagegen Arbeit (W) und Wärme (Q) Prozessgrößen (Übergang von Energie) darstellen (Baehr & Kabelac 2012, S. 56, 68, 70):

$$W = P \times t \tag{1}$$

$$Q = \dot{Q} \times t \tag{2}$$

$$\Delta E = W + Q \tag{3}$$

Dabei beschreibt die Leistung (P) die Arbeit, die pro Zeitintervall geleistet, und die Wärmeleistung bzw. der Wärmestrom ($\dot{Q}$) die Wärme, die pro Zeitintervall übertragen werden kann (VDI 4661, S. 9):

$$P(t) = \frac{W}{t} \tag{4}$$

$$\dot{Q} = \frac{Q}{t} \tag{5}$$

Leistungen bzw. Mengenströme sind folglich Momentangrößen, die sich auf einen Zeitpunkt beziehen, wohingegen Energien bzw. Mengen Integralgrößen sind, die Summen bzw. Integrale über eine Zeitspanne darstellen (VDI 4661, S. 47). Energie besteht aus arbeitsfähiger Exergie, das heißt, Energie, die in andere Energieformen umwandelbar ist, und nicht umwandelbarer und damit technisch nicht nutzbarer Anergie (VDI 4661, S. 6). Letztere kann erst wieder durch die Zufuhr von Exergie nutzbar gemacht werden. Energie tritt in verschiedenen Energieformen auf (Diekmann & Rosenthal 2014, S. 1), (Konstantin 2009, S. 1-2):

- chemische Energie,
- elektrische Energie,
- elektromagnetische Energie,
- mechanische Energie (kinetische und potenzielle Energie),
- nukleare Energie/Kernenergie,
- thermische Energie/Wärme.

Energie kann physikalisch gesehen nicht erzeugt oder vernichtet werden, sondern wandelt sich immer in eine andere Energieform um, so dass in einem abgeschlossenen System die Energie konstant bleibt (Energieerhaltungssatz) (Weigand, Köhler & Wolfersdorf 2013, S. 3, 18). Beim Übergang von Energie über die Systemgrenzen hinweg wird Arbeit verrichtet bzw. Wärme abgegeben oder umgekehrt die innere Energie erhöht (Baehr & Kabelac 2012, S. 54).

Energie ist grundsätzlich[7] an Energieträger als Übertragungs- und Speichermedien gebunden. Die für den Menschen nutzbaren Energiequellen (primäre Energieträger) werden als fossile Energien (Erdgas, Erdöl, Kohle), erneuerbare Energien (Sonnenenergie, Wasserkraft, Windenergie, Biomasse, Geothermie) und Kernenergien (Spaltung oder Fusion) klassifiziert (Diekmann & Rosenthal 2014, S. 4-5), (Konstantin 2009, S. 2). Neben diesen physikalischen Begrifflichkeiten werden aus energiewirtschaftlicher Sicht auch die Begriffe

* Primärenergie als Energieinhalt von Energieträgern aus der Natur,

* Sekundärenergie als Energieinhalt von Energieträgern aus technisch gewandelter Primärenergie,

* Bezugsenergie als Energieinhalt aller gehandelten primären und sekundären Energieträger,

* Endenergie als Energieinhalt gehandelter Energieträger für die Erzeugung bzw. Umwandlung von Nutzenergie,

* Zielenergie als Energieinhalt der gewünschten Energieformen aus Energieumwandlungen und

* Nutzenergie als Energieinhalt der beim Verbraucher zur Anwendung kommenden Energieformen (z. B. Wärme, mechanische Energie, Licht)

für verschiedene Umwandlungsstufen der Energie verwendet (VDI 4661, S. 9). In Abbildung 4 wird die prinzipielle Umwandlungskette vom Rohstoff bis zur Nutzung verkürzt zusammengefasst.

In Deutschland wird die Energieversorgung durch das *Energiewirtschaftsgesetz* (*EnWG*) (BMJV 2005) geregelt. Damit soll der Binnenmarkt für Strom und Gas wettbewerbsfähig gestaltet werden. Der Kernansatz besteht in der Entflechtung der Wertschöpfung, wodurch eine Aufteilung der Energieversorgung in Energieerzeugung, Energienetz und Energievertrieb vorgenommen wird. Dadurch werden diese Aufgaben auf unterschiedliche Unternehmen verteilt. Die vom Erzeuger produzierte Energie wird über die Netze an den Endkunden geliefert und durch die Vertriebsunternehmen verkauft. Die Netzbetreiber müssen dabei eine neutrale und transparente Nutzung für alle Erzeugungs- und Vertriebsunternehmen gewährleisten, um Wettbewerbsverzerrungen auszuschließen. Die Strom- und Wärmeerzeugung beruht derzeit hauptsächlich auf Kernenergie, Braun- und

---

[7] Jedoch kann Energie im physikalischen Sinn – bspw. in einem geschlossenen System oder als elektromagnetische Strahlung – auch ohne stoffliches Medium übertragen werden.

Steinkohle, Gas und Öl sowie zunehmend auf erneuerbaren Energien. Der Strom wird über Höchst-, Hoch-, Mittel- und Niederspannungsnetze in Deutschland verteilt (Diekmann & Rosenthal 2014, S. 285). Zudem findet aber auch ein Austausch mit den europäischen Nachbarländern, wie bspw. Frankreich und Österreich, statt. Der Handel des erzeugten Stroms wird über die Energie-/Strombörsen in Europa oder Direktverkäufe vollzogen (Konstantin 2009, S. 43).

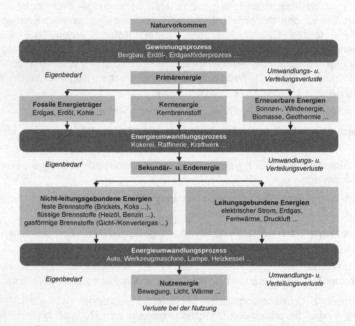

Abbildung 4:   Übersicht Energieumwandlung und -anwendung nach (Konstantin 2009, S. 2)

Aus technischer Sicht ist der Energieverbrauch die aufgebrachte Menge an eingesetzter/angewendeter Energie einer Energieform unter realen Bedingungen (gemessene Größe), um den Energiebedarf zu decken (DIN EN ISO 50001, S. 8), (VDI 4600, S. 4). Als Verbrauch wird auch der Übergang von Exergie in Anergie gesehen, wodurch die verbrauchte, entwertete Energie nicht erneut genutzt werden kann. Der Energiebedarf ist die Prognose der benötigten Energie. Energieverlust bezeichnet den aus dem System austretenden Teil der zugeführten Energie, der nicht im Sinne des Prozesses bzw. der geplanten Verwendung genutzt wurde (VDI 4661, S. 14-15). Wenn dieser Teil innerhalb des Systems für eine andere Nutzung eingesetzt werden kann, wird der Energieverlust nach außen reduziert.

Aufgrund der Energieumformungen, insbesondere in Wärme, nimmt ein System im Betrieb immer mehr Energie auf, als es in nutzbarer Form wieder abgibt. Der Quotient aus nutzbarer, abgegebener Leistung und zugeführter Leistung ist als Wirkungsgrad η beschrieben (Rudolph & Wagner 2008, S. 43):

$$\eta = \frac{P_{abgegeben}}{P_{zugeführt}} \tag{6}$$

Vor dem Hintergrund der praktischen Nutzung kann der Wirkungsgrad auch nachträglich aus dem Verhältnis der entsprechenden Energiemengen für das betrachtete Zeitintervall berechnet werden, wobei sich dabei der Zustand des Systems nicht wesentlich ändern darf (Kuchling 2011, S. 116), (VDI 4661, S. 17):

$$\eta = \frac{W_{abgegeben}}{W_{zugeführt}} \tag{7}$$

Der Gesamtwirkungsgrad verketteter Energieumwandlungen ist das Produkt der einzelnen Wirkungsgrade (Kuchling 2011, S. 117):

$$\eta_{Gesamt} = \eta_1 \times ... \times \eta_n \tag{8}$$

In Tabelle 2 werden typische Wirkungsgrade ausgewählter Systeme dargestellt.

Tabelle 2:   Typische Wirkungsgrade ausgewählter Systeme nach (Pehnt 2010, S. 26)

Energiewandler	Energieformen	Wirkungsgrad [%]
Generator	m –> e	98-99
Dampferzeuger	c –> t	92-97
großer Elektromotor	e –> m	90-96
Heizungskessel	c –> t	90-94
kleiner Elektromotor	e –> m	60-75
Dampfturbine	t –> m	45-50
Windturbine	m –> m	40-50
Gasturbine	t –> m	30-35

Legende:

c ... chemische Energie   e ... elektrische Energie

m ... mechanische Energie   t ... thermische Energie

Diese können als Anhaltspunkt genommen werden, um die Effizienz eines Systems bei der Energiewandlung einzuschätzen. Während der Wirkungsgrad das Verhältnis von Aus- zu Eingaben des gleichen Mediums beschreibt, ist der Begriff Effizienz weiter gefasst. Effizienz wird im Allgemeinen als Verhältnis von Nutzen zu Aufwand definiert, wobei der Nutzen nicht die gleiche Dimension wie der Aufwand haben muss. Als Energieeffizienz wird demnach das spezifizierte und messbare Verhältnis von einer erzielten Leistung (Ertrag/Nutzen) und der dafür eingesetzten Energie verstanden (DIN EN ISO 50001, S. 8), (Müller et al. 2009, S. 2):

$$Energieeffizienz = \frac{Leistung/Ertrag/Nutzen}{Energieeinsatz} \tag{9}$$

Der Nutzen ist dabei auch in nichtenergetischer Betrachtungsweise, bspw. als hergestellte Stückzahl von Produkten oder als erwirtschafteter Umsatz, beschreibbar. Energieeffizienz[8] bedeutet also auch, „ ... einen gewünschten Nutzen (Produkte oder Dienstleistungen) mit möglichst wenig Energieeinsatz herzustellen oder aus einem bestimmten Energieeinsatz möglichst viel Nutzen zu ziehen" (Müller et al. 2009, S. 2). Aus dem beschriebenen Verhältnis folgt, dass zur Steigerung der Energieeffizienz

- zum einen der Nutzen erhöht (z. B. Erhöhung des Ertrags) und/oder
- zum anderen der Aufwand (Energieeinsparung) reduziert

werden kann. Dies trifft für alle Bereiche der Energiewandlungskette von Energieerzeugung bis zur Energienutzung zu, wobei insbesondere die nicht nutzbaren Verluste minimal gehalten werden sollten.

An dieser Stelle sei angemerkt, dass die Energieeffizienz einen Indikator für die effiziente Nutzung von Energie darstellt. Damit wird nicht automatisch auch eine absolute Einsparung an Energie erzielt, was aber angesichts der globalen Herausforderungen (vgl. Abschnitt 2.1.1) unabdingbar ist. Dieser Zusammenhang wird durch den Rebound-Effekt erklärt: Aufgrund von Effizienzsteigerungen werden bspw. Kosten eingespart (z. B. bei der Energieerzeugung), was dazu führt, dass ein Ertrag/Nutzen günstiger erbracht, angeboten und abgesetzt werden kann, woraus letztlich eine Zunahme des absoluten Verbrauchs resultiert (Thomas 2012, S. 8).

Dennoch ist Energieeffizienz eines der wichtigsten Mittel, um die Thematik Energie zu fokussieren, Energie einzusparen und damit einen Beitrag zum Umweltschutz zu leisten. Das Einsparpotenzial durch effizientere Energienutzung wird für die Industrie in verschiedenen Studien mit mindestens 20 - 30 % beziffert, wobei aber auch ergänzt wird, dass diese Zahlen sehr stark von Betrieb zu Betrieb variieren können (Hesselbach 2012, S. 11). Viele Maßnahmen können mit geringen Investitionen und Amortisationszeiten umgesetzt werden (BMU 2013, S. 31). Energieeffizienz ist als ein wesentliches Instrument anerkannt, um Energieeinsparungen voranzutreiben. Der *World Energy Outlook 2013* betont aber auch, dass dieses Potenzial bei weitem noch nicht ausgeschöpft ist (IEA 2013, S. 3).

2.1.4   Ressourcen und Ressourceneffizienz

Im Allgemeinen werden als Ressourcen alle Mittel, die zur Durchführung eines Prozesses bzw. zur Erfüllung einer Aufgabe benötigt werden, zusammengefasst (VDI 4499 Blatt 1, S. 49). Es wird deutlich, dass dieser Begriff sehr offen definiert ist, so dass es verschiedene Auffassungen und abgeleitete bzw. abweichende Definitionen gibt.

Im Produktionsumfeld werden als Ressourcen materielle und nicht-materielle Dinge verstanden, die zur Ausführung der Produktion notwendig sind (im Sinne von

---

[8] Zum Teil wird in der Praxis auch der Begriff Energieproduktivität verwendet. Die Energieproduktivität ist eine von der Energieeffizienz abgeleitete, ökonomische Kenngröße, die eine wirtschaftliche Leistung in Beziehung zum Energieeinsatz bringt.

Produktionsfaktoren). Das sind die technischen (z. B. Maschinen, Anlagen, Einrichtungen) und nicht-technischen Betriebsmittel (z. B. Personal). Außerdem werden dazu notwendige Materialien, Energien, Informationen und Kapital gezählt. Die Ressourceneffizienz selbst wird oftmals grob als Zusammenfassung von Material- und Energieeffizienz definiert, wobei das Material vor allem als (Roh-/Werk-)Stoffe des Produktes eingegrenzt wird.

Im umweltwissenschaftlichen Sprachgebrauch werden als Ressourcen die natürlichen Ressourcen erneuerbare und nicht-erneuerbare Primärrohstoffe, physischer Raum (Fläche), Umweltmedien (Wasser, Boden, Luft), strömende Ressourcen bzw. Energien (z. B. Erdwärme, Wind-, Gezeiten- und Sonnenenergie) und Biodiversität (u. a. Vielfalt der Arten und der Ökosysteme) verstanden, wobei Ressourcen als Quelle (für die Herstellung von Erzeugnissen) und als Senke (für die Aufnahme von Emissionen) gesehen werden (UBA 2012, S. 3, 21-22). Im Rahmen des betrieblichen Umweltmanagements werden insbesondere die Ressourcen Material, Energie, Wasser/Abwasser, Abfall, biologische Vielfalt (u. a. durch Flächen-/Bodenverbrauch) und Emissionen betrachtet (BMU 2013, S. 23). Aus den Beschreibungen wird ersichtlich, dass Energie auch immer als Ressource gesehen werden kann. Für die vorliegende Arbeit werden

- Stoffe,
- Energien,
- Fläche/Raum und
- Emissionen

in Form von Quellen und Senken als relevante Ressourcen für das Betrachtungsobjekt Fabrik eingegrenzt.

Unter Ressourcenschonung wird die sparsame Nutzung von Ressourcen verstanden, wohingegen als Ressourcenverbrauch die Nutzung bzw. Umwandlung von Ressourcen gesehen wird, durch die sie nicht mehr erneut verwendet werden können (UBA 2012, S. 25-26). Analog der Energieeffizienz ist Ressourceneffizienz als Verhältnis von Leistung/Ertrag/Nutzen und den dafür eingesetzten Ressourcen zu definieren:

$$Ressourceneffizienz = \frac{Leistung/Ertrag/Nutzen}{Ressourceneinsatz} \qquad (10)$$

Das bedeutet wiederum, dass ein gewolltes Ergebnis mit minimalem Ressourceneinsatz erreicht werden sollte. Der Einsatz wird vor allem durch die ressourcenorientierte Auswahl von Stoffen und Energien sowie Technologien, deren optimierte Vernetzung in Prozessen, die Verknüpfung und Wiederverwendung in Kreisläufen (z. B. Recycling), die Reduktion des Verbrauchs und die Vermeidung von ungewollten Ausgaben (z. B. Abfälle) minimal gehalten. Mit Ressourceneffizienz wird zusammenfassend das Ziel verfolgt, zum einen den Einsatz, die Inanspruchnahme bzw. den Verbrauch (Quelle) und zum anderen die Belastung (Senke) von (natürlichen) Ressourcen zu minimieren.

2.2   Fabrikplanung

2.2.1   Begrifflichkeiten und Einordnung

Im Allgemeinen wird unter dem Begriff Planung die gedankliche Vorwegnahme bzw. das Vorausdenken zukünftiger Ergebnisse unter Beachtung des dazu erforderlichen Vorgehens verstanden (VDI 5200 Blatt 1, S. 4). Die Planung ist immer auf einen definierten Objektbereich (Planungsgegenstand) ausgerichtet (Riedel 2012, S. 12). Dabei werden die Funktion und der Nutzen der zu planenden Objekte maßgeblich definiert (Kettner, Schmidt & Greim 1984, S. 3). Entsprechend des zeitlichen Planungshorizontes werden weiterhin die strategische, taktische und operative Planung unterschieden (Schmigalla 1995, S. 72).

Die Fabrikplanung ist ein systematischer Prozess, der im Kern den Planungsgegenstand Fabrik einschließlich der damit in Verbindung stehenden (Sub-/ Teil-)Systeme und Abläufe unter Beachtung jetziger und zukünftiger Anforderungen gestaltet. Dieser Prozess setzt sich aus strukturierten, aufeinander aufbauenden Phasen zusammen und beschreibt die Planung einer Fabrik von der Zielfestlegung bis zum Hochlauf der Produktion bzw. auch die Anpassung im laufenden Betrieb (VDI 5200 Blatt 1, S. 3). Hierfür sind entsprechende Ziele, Organisationsstrukturen, Gestaltungsbereiche, Lösungsprinzipien sowie Ressourcen einschließlich Theorien, Modelle, Methoden und Werkzeuge zu definieren, bereitzustellen und zu nutzen (Pawellek 2008, S. 20-21), (Schenk, Wirth & Müller 2014, S. 28).

In den meisten Planungsansätzen folgt auf die Phase der Fabrikplanung in zeitlicher Abstufung der Fabrikbetrieb, der die Planung und Steuerung der Produktion innerhalb der Fabrik bzw. während ihrer Nutzung umfasst. Jedoch führen verschiedene Veränderungstreiber (z. B. kurze Produktlebenszyklen oder Forderung nach Wandlungsfähigkeit) dazu, dass innerhalb des Fabrikbetriebs die Fabrik ständig angepasst werden muss. Daher ist das Zusammenspiel von Fabrikplanung und Fabrikbetrieb weniger durch eine lineare Trennung sondern mehr als vernetzter Kreislauf zwischen beiden Disziplinen charakterisiert. In diesem Zusammenhang wird auch von einer Fabrikbetriebs-/Betriebsplanung gesprochen (Grundig 2009, S. 29), (Riedel 2012, S. 4, 182), (Schenk, Wirth & Müller 2014, S. 29).

Aus organisatorischer Sichtweise wird die Fabrikplanung als ein Teilgebiet der Unternehmensplanung angesehen (Aggteleky 1987, S. 26-29), (Schmigalla 1995, S. 70). Die Unternehmensplanung definiert den Rahmen (Ziele und Vorgaben bspw. bezogen auf das Produktionsprogramm) für die Fabrikplanung (VDI 5200 Blatt 1, S. 7). Unternehmensstrategien, die Auswirkungen auf die Produktion haben, nehmen Einfluss auf die Fabrikplanung (Wiendahl, Reichardt & Nyhuis 2009, S. 25). Daher ist die strategische Ausrichtung des Unternehmens, bspw. unter dem Aspekt der Nachhaltigkeit, von hoher Bedeutung für die Planung.

2.2.2 Planungsobjekt Fabrik

Das Betrachtungsobjekt der Fabrikplanung, die Fabrik, ist der „Ort, an dem Wertschöpfung durch arbeitsteilige Produktion industrieller Güter unter Einsatz von Produktionsfaktoren stattfindet" (VDI 5200 Blatt 1, S. 3). Für die Fabrik werden oftmals die Begriffe (Produktions-)Betrieb, Arbeits-/Betriebs-/Produktionsstätte oder Werk als Synonyme verwendet (Schmigalla 1995, S. 43), (VDI 5200 Blatt 1, S. 3). Als industrieller Betrieb bzw. Produktionsbetrieb, neben bspw. Handwerksbetrieben oder Land-/Forstwirtschaftsbetrieben, verfolgt die Fabrik als Teil eines Unternehmens erwerbswirtschaftliche, aber auch gemeinwirtschaftliche Zwecke, wobei produktionstechnische und -organisatorische Aspekte den Fabrikbegriff betonen (Schmigalla 1995, S. 34). Fabriken bestehen selbst aus räumlich, organisatorisch und infrastrukturell verbundenen Produktions- und Dienstleitungsbereichen (Schenk, Wirth & Müller 2014, S. 28).

Fabriken werden für bestimmte Zwecke, Zielsetzungen und Bedingungen zeitlich befristet erstellt und genutzt, wodurch sie einem Fabriklebenszyklus mit Entwicklung, Aufbau, Anlauf, Betrieb und Abbau (Stilllegung) unterliegen (Schenk, Wirth & Müller 2014, S. 27-28). Im Laufe der Jahre haben sich durch veränderte Anforderungen und Zielstellungen verschiedene Fabrikarten und -typen (z. B. funktionale, segmentierte, wandlungsfähige, vernetzte oder ressourceneffiziente Fabrik) herausgebildet (Wirth, Schenk & Müller 2011, S. 800). Diese Typen können als grundlegender Rahmen gesehen werden, durch den bestimmte Zielrichtungen verwirklicht werden sollen. Jedoch sind die einzelnen Fabriktypen auch in Verbindung zu einander zu sehen. Eine wandlungsfähige Fabrik kann bspw. auch ressourceneffizient sein.

Eine oder mehrere Fabriken bilden den örtlichen Rahmen für die Produktion, wobei in der Fabrik die gesamte Produktion eines Produktes oder nur Teile davon untergebracht sein können. Unter Produktion werden alle Tätigkeiten/Prozesse zusammengefasst, die für die betriebliche Leistungserstellung notwendig sind, das heißt zur Herstellung, zum Erhalt und zum Recycling von materiellen und immateriellen Produkten (VDI 5200 Blatt 1, S. 4), (Westkämper 2006, S. 24).

2.2.3 Planungsziele und -aufgaben

Grundsätzlich verfolgt die Fabrikplanung das Ziel, die Fabrik so effizient und effektiv zu gestalten, dass damit wettbewerbsfähige Produkte und Dienstleistungen hervorgebracht werden können. Dabei sind jetzige und zukünftige ökonomische, ökologische, gesellschaftliche und rechtliche Anforderungen zu berücksichtigen.

Die zu entwickelnden Lösungen sind insbesondere an den allgemeinen unternehmerischen Zielstellungen Mitarbeiterorientierung, Flexibilität/Wandlungsfähigkeit, Produkt- und Prozessqualität, Geschwindigkeit, Transparenz, Wirtschaftlichkeit und Nachhaltigkeit auszurichten (VDI 5200 Blatt 1, S. 5). Für die Konzeption bedeutet dies vor allem günstiger Produktions-/Fertigungsfluss, menschengerechte Arbeitsbedingungen, gute Flächen-/

Raumausnutzung sowie hohe Flexibilität der Bauten, Anlagen und Einrichtungen (Kettner, Schmidt & Greim 1984, S. 3).

In der Fabrikplanung werden mehrere Planungsgrundfälle unterschieden, nach denen das Planungsvorgehen ausgerichtet wird. Diese können in Bezug zum Fabriklebenszyklus in

- Neuplanung,

- Umplanung,

- Rückbau und

- Revitalisierung

unterteilt werden (VDI 5200 Blatt 1, S. 4). Bei einer Neuplanung wird eine bisher nicht vorhandene Fabrik entworfen. Da dies quasi auf einem freien Gelände bzw. sinngemäß auf einer „grünen Wiese" geschieht, wird auch von sogenannten „Greenfield"-Projekten gesprochen. Im Gegensatz dazu wird bei der Umplanung in „Brownfield"-Projekten eine bestehende Fabrik an veränderte Anforderungen angepasst. Beim Rückbau werden die Fabrik oder Teile davon abgebaut und entsorgt. Durch die Revitalisierung wird die Fabrik für eine andersartige Verwendung umfunktioniert. Als hauptsächliche Gestaltungsfelder der Fabrikplanung werden Fabrik, Logistik, Standort und Gebäude, die nach den Aspekten Mensch, Technik und Organisation in verschiedenen Hierarchiestufen (Arbeitsplatz bis Netzwerk), als Gesamtsystem, Sub-/Teilsysteme (Elemente) oder übergreifende Prozesse und Strukturen betrachtet werden, gesehen (Schmigalla 1995, S. 72), (VDI 5200 Blatt 1, S. 6), (Wiendahl, Reichardt & Nyhuis 2009, S. 32).

2.2.4   Planungsprozess

2.2.4.1   Hintergrund

Die Fabrikplanung ist im Allgemeinen gekennzeichnet durch komplexe Problemstellungen, die nur in interdisziplinärer Zusammenarbeit von Fabrik- und Fachplanern gelöst werden können. Weiterhin verfügt die Fabrikplanung über einen ausgeprägten Projektcharakter. Die Planungsbeteiligten kommen daher in zeitlich begrenzten und verschiedenartigen Planungsprojekten zusammen, so dass ein entsprechendes Projektmanagement notwendig ist. Daher basieren viele Planungsvorgehen auf dem Grundgedanken des Systems Engineering, bei dem die Systemgestaltung und das Projektmanagement eng miteinander verknüpft werden (vgl. Abschnitt 2.3.3.1). Zudem wird in der Literatur auch von einer Fabrikprojektierung gesprochen, bei der die Gestaltung und Durchführung des Planungsprojektes im Vordergrund steht (Helbing 2010, S. 11).

Die Fabrikplaner haben grundsätzlich die Aufgabe, die Fabrik als Ganzes zu sehen, systematisch in Teilbereiche aufzulösen und für die verschiedenen Aufgabenstellungen die entsprechenden Fachplaner in den Planungsprozess zu integrieren. Dadurch ist ihre Arbeitsweise durch einen generalistischen, projektierenden Charakter geprägt. Die spezialisierten Fachplaner sind verantwortlich für die konkrete Ausgestaltung ihrer Aufgabenbereiche, wie bspw. Gebäude, Anlagen oder Ausrüstungen.

Die Herausforderung der Fabrikplanung liegt daher in der Komplexitätsbeherrschung des Betrachtungsobjektes Fabrik sowie der damit verbundenen Planungsaufgaben mit Hilfe systematischer Vorgehensweisen und Instrumentarien. Durch die ganzheitliche Betrachtungsweise der Fabrikplanung, die großen Einflussmöglichkeiten in frühen Planungsphasen und der Zusammenführung verschiedener Fachrichtungen wird die Bedeutung dieser Disziplin für die Realisierung energie- und ressourceneffizienter Fabriken deutlich, da gerade hierfür das Fachwissen aller Planungsbeteiligten eingebracht werden muss.

2.2.4.2 Planungsphasen

Die Fabrikplanung ist, wie eingangs beschrieben, ein systematischer Prozess. Dementsprechend sind definierte Vorgehensweisen notwendig, um diesen Prozess ganzheitlich und effizient in Planungsprojekten ausführen zu können. Im Laufe der Zeit sind verschiedene Ansätze entstanden, um das Planungsvorgehen zu strukturieren. Grundlegend sind die Phasen Zielplanung, Konzeptplanung und Ausführungsplanung (Aggteleky 1987, S. 33), (Schmigalla 1995, S. 93). Um eine gemeinsame Sprachwelt für die Fabrikplanung zu schaffen, ist in der VDI 5200 ein einheitliches Planungsvorgehen festgelegt (VDI 5200 Blatt 1, S. 23). Dieses umfasst mehrere, zeitlich aufeinander folgende Planungsphasen und ein begleitendes Projektmanagement (Abbildung 5).

Das Phasenmodell beginnt mit der Zielfestlegung. Das ist ein wesentlicher Punkt des Planungsprojektes, weil hier die grundsätzlichen Planungsziele und Anforderungen sowie die notwendigen Rahmenbedingungen des Projekts definiert werden. Dazu gehören u. a. eine Unternehmens- und Umfeldanalyse (z. B. Standort, Lieferanten, Kunden und Produkte) sowie eine Ziel- und Strategiefindung (z. B. Vision, Erfolgsfaktoren und Veränderungstreiber) (Wiendahl, Reichardt & Nyhuis 2009, S. 437). Als Ergebnis stehen Aufgabenstellungen (z. B. Lösungsrichtungen, Finanz- und Kostenrahmen, Terminkette, Projektorganisation) für die folgenden Planungsphasen (Aggteleky 1987, S. 31), (Grundig 2009, S. 56).

In der zweiten Phase, der Grundlagenermittlung, wird die Ausgangssituation untersucht, das heißt, eine Ist-Analyse durchgeführt, um den Ist-Zustand zu beschreiben und vorhandene Planungsdaten und -informationen zu erfassen. Darüber hinaus werden weitere benötigte Eingangsdaten für die Planung ermittelt. Die aufzunehmenden Daten können bspw. nach den Kriterien Projektmanagement, Unternehmen (z. B. organisatorische Strukturen), Werks- und Fabriklayout sowie Produkte (z. B. Produktionsprogramm und Produkt-/Artikelnummern) sortiert werden (Wiendahl, Reichardt & Nyhuis 2009, S. 450). An dieser Stelle bleibt festzuhalten, dass die ersten beiden Planungsphasen ausschlaggebend sind, um den Aufwand für die darauffolgenden Phasen abschätzen zu können.

Die Konzept- und die Detailplanung bilden den Kern des Planungsprozesses, wobei im ersten Teil eine höhere Kreativität und im zweiten Teil weitreichendes Fachwissen für verschiedene Domänen benötigt werden. In der Konzeptplanung wird ein Fabrikkonzept der zukünftigen Fabrik in Form eines bewerteten Reallayouts entworfen (VDI 5200 Blatt 1, S. 12). Dazu werden verschiedene Varianten erarbeitet, verglichen und bewertet sowie in eine oder mehrere Vorzugsvarianten überführt (Schmigalla 1995, S. 104). Die ausgewählte Variante des Fabrikkonzepts wird in der nächsten Phase, der Detailplanung, detailliert (VDI 5200 Blatt 1, S. 15). Dies betrifft u. a. die Ausgestaltung der Maschinenaufstellung, der Arbeitsplätze sowie der Ver- und Entsorgung (Grundig 2009, S. 209-217). An dieser Stelle ist umfangreiches Wissen verschiedener Fachdisziplinen für die einzelnen Teilsysteme und -prozesse der Fabrik zu bündeln. Als Ergebnis steht ein detailliertes, umsetzbares Fabrikkonzept.

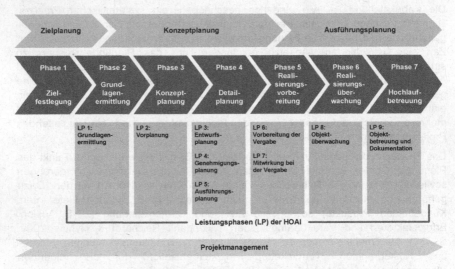

Abbildung 5:   Phasenmodell des Fabrikplanungsprozesses nach (VDI 5200 Blatt 1, S. 23)

Die finalen Phasen des Planungsprozesses beinhalten alle technischen, ökonomischen und organisatorischen Aktivitäten, um das Investitionsvorhaben Fabrik zu realisieren (Aggteleky 1987, S. 32). Diese Phasen sind dadurch geprägt, dass sie Aufgabenkomplexe, Abläufe und Termine sowie Zuständigkeiten und Verantwortlichkeiten beinhalten (Grundig 2009, S. 218). Nachdem die Fabrik in der Theorie ausgeplant ist, wird ihre praktische Realisierung zunächst planerisch vorbereitet. Dies ist notwendig, um den Aufbau der Fabrik mit den involvierten Personen, Abteilungen und Firmen zeitlich und inhaltlich abstimmen zu können. Dazu gehören u. a. Genehmigungen, Ausschreibungen sowie Angebote und Aufträge (Schenk, Wirth & Müller 2014, S. 158-159). Während der Realisierung sind die Arbeiten zu überwachen und mit dem Fabrikkonzept und den Projektplänen abzugleichen. Schließlich erfolgt in der realisierten Fabrik eine Hochlaufbetreuung bis zum Start der Produktion. Die folgenden Phasen werden üblicherweise dem Fabrikbetrieb zugeordnet.

Wie bereits angedeutet, ist in einem Fabrikplanungsprojekt eine enge Zusammenarbeit zwischen Fabrik- und Fachplanern notwendig. In der *Honorarordnung für Architekten und Ingenieure* (*HOAI*) werden die Honorare für Architekten- und Ingenieurleistungen im Bauwesen in Deutschland geregelt. Damit werden u. a. die Leistungsumfänge der Fach-/Objektplanung bezogen auf Gebäude, Innenräume oder auch technische Ausrüstungen beschrieben. Wie in der Abbildung 5 verdeutlicht, können die Leistungsphasen der HOAI (BMJV 2013, § 34, 55) in den Fabrikplanungsprozess eingeordnet werden (VDI 5200 Blatt 1, S. 23). Anhand dessen sollen die Tätigkeiten der verschiedenen Planungsbeteiligten im Planungsprozess aufeinander abgestimmt werden. Diese verknüpfte Planung von Standort, Gebäude, Haustechnik sowie (Produktions-)Prozesse und Einrichtungen wird auch als *synergetische Fabrikplanung* bezeichnet (Wiendahl, Reichardt & Nyhuis 2009, S. 429).

2.2.4.3 Planungsschritte

Die Ausgestaltung der inhaltlichen Aufgaben in den einzelnen Phasen wird durch Fabrikplanungsschritte beschrieben, die mehreren Phasen zugeordnet und in unterschiedlichen Detaillierungen ausgeführt werden können. Diese Schritte werden prinzipiell sequentiell abgearbeitet, wobei jedoch an vielen Stellen iterative Schleifen notwendig sind. Die grundlegenden Planungsschritte zur Erstellung des Fabrikkonzeptes sind nach VDI 5200 Blatt 1 (S. 12) die

- Strukturplanung (Funktions-/Prozessbestimmung),
- Dimensionierung,
- Idealplanung (Strukturierung) und
- Realplanung (Gestaltung/Integration),

wobei ergänzend in Klammern die Bezeichnungen nach (Grundig 2009, S. 49), (Schenk, Wirth & Müller 2014, S. 294), (Schmigalla 1995, S. 105) für ein besseres Verständnis mitgeführt werden. Der Strukturplanung kann auch noch die Aufbereitung der Produktions- und Leistungsprogramme separat vorangestellt werden (Schenk, Wirth & Müller 2014, S. 294). Neben diesen Planungsschritten werden in der Literatur auch andere Möglichkeiten zur Gruppierung der Planungsinhalte vorgegeben, wie bspw. die Strukturentwicklung und -dimensionierung (Wiendahl, Reichardt & Nyhuis 2009, S. 460, 463) oder die Struktur- und Systemplanung (Pawellek 2008, S. 51). Des Weiteren können Planungsinhalte auch als Bausteine oder Module zusammengefasst und dann entsprechend der Aufgabenstellung miteinander kombiniert werden. Die grundsätzlichen Inhalte der konzeptionellen Planung bleiben aber gleich.

Im ersten Planungsschritt, Strukturplanung (Funktions-/Prozessbestimmung), werden auf Basis der Produkte sowie des Produktions- und Leistungsprogramms die notwendigen Arbeitsschritte und die funktionalen Zusammenhänge der dafür benötigten Produktionsressourcen abgeleitet, um die Produktherstellung durchführen zu können. Daher ist in diesem Schritt zu bestimmen, welche Funktionen des zu planenden Produktionssystems notwendig sind, welche ablaufenden Prozesse sich hieraus ergeben sowie welche Elemente/Funktionseinheiten/Ressourcen (Betriebsmittel und Arbeitskräfte) hierfür benötigt werden (Schenk, Wirth & Müller 2014, S. 301). Dies wird zum einen in der Prozess-/Arbeitsablaufplanung (produktabhängige Folge einzelner Operationen) zusammengefasst (Schmigalla 1995, S. 107). Zum anderen wird auf Basis dieses Ablaufschemas ein Funktionsschema (auch Produktionsschema) abgeleitet, welches die notwendigen Funktionseinheiten und deren (materialflussseitige) qualitative Verknüpfung (funktionale Struktur) abbildet (Grundig 2009, S. 79). Dadurch erfolgt an dieser Stelle eine erste grobe funktionale und ablaufbezogene Strukturierung. Ergebnis dieses Schrittes ist demzufolge die Beschreibung der grundsätzlichen Arbeits-/ Prozessabläufe, der notwendigen Produktionsressourcen sowie der funktionalen Einteilung der Fabrik.

Im zweiten Schritt, Dimensionierung, werden die quantitativen Ausprägungen der ermittelten Produktionsressourcen berechnet. Dazu gehört die mengen-/ größenmäßige Bestimmung der Arbeitskräfte, Betriebsmittel, Flächen, Gebäude und Kosten (Schenk, Wirth & Müller 2014, S. 307). Dies basiert auf einem Vergleich zwischen Belastung (Bedarf) und Belastungsvermögen (Kapazität) (z. B. benötigter Zeitaufwand zu verfügbarer Zeitkapazität – Zeitfonds) (Schmigalla 1995, S. 109, 112). Anhand des zugrunde liegenden Bilanzierungsansatzes muss die Kapazität durch ihre Menge/Größe dem Bedarf angepasst werden (z. B. Anzahl eines Maschinentyps erhöhen oder reduzieren, um die notwendigen Bearbeitungszeitfonds der Produkte zu gewährleisten). Dazu werden Methoden der statischen oder der dynamischen Dimensionierung eingesetzt (Krauß 2012, S. 23). Das Ergebnis der Dimensionierung bilden Bedarfslisten u. a. für Betriebsmittel, Personal, Flächen, Energie und Medien (Schmigalla 1995, S. 109).

In dem Planungsschritt Idealplanung (Strukturierung) werden die räumlichen und zeitlichen Strukturen ermittelt, das heißt die räumliche Anordnung und Verknüpfung der Betriebsmittel sowie die zeitliche Abfolge der Prozesse über diese Stationen. Durch die zeitliche Strukturierung (im Rahmen der Ablaufplanung) werden vor allem die Prozesse und Prozessschritte sowie die Losgrößen und deren Reihenfolgen festgelegt (Schenk, Wirth & Müller 2014, S. 321). Bei der räumlichen Strukturierung (im Rahmen der Aufbauplanung) sind die an einem Prozess beteiligten Produktionsressourcen (z. B. Betriebsmittel, Werker, Werkstücke) örtlich zusammenzuführen, wobei die ortsfesten und beweglichen Elemente differenziert werden müssen (Schmigalla 1995, S. 113-114). Hierfür können verschiedene Grundstrukturen, wie bspw. die Punkt-, Linien- oder Netzstruktur, als Vorlage dienen (Schenk, Wirth & Müller 2014, S. 325). Im Ergebnis dieses Schrittes entsteht ein Ideallayout (Grundig 2009, S. 79).

Im letzten Schritt, Realplanung (Gestaltung/Integration), erfolgt die Übertragung der idealisierten Planungslösungen in ein unter Beachtung sämtlicher Restriktionen realisierbares Fabrikkonzept mit Groblayout und Gebäudevorentwurf (VDI 5200 Blatt 1, S. 14). Im Kern dieses Schrittes steht die räumlich-funktionelle Integration durch Einordnung und Anpassung der geplanten Objekte in das Realsystem (Grundig 2009, S. 168). Dabei sind insbesondere Anforderungen aus Ökonomie, Ökologie sowie Arbeits- und Gesundheitsschutz zu berücksichtigen (Schenk, Wirth & Müller 2014, S. 330-331). Reallayouts, Anordnungs-/Einrichtungs- und Verlaufspläne, Funktionsbeschreibungen und Ausführungshinweise sowie Ausrüstungslisten sind die Ergebnisse dieses Planungsschrittes (Schenk, Wirth & Müller 2014, S. 331).

2.2.4.4 Planungsgrundsätze

Das planerische Vorgehen wird durch Planungsgrundsätze geleitet. Diese variieren von der jeweiligen Planungsaufgabe. Für die Fabrikplanung sind grundsätzlich eine ganzheitliche Planung, stufenweises Vorgehen, Variantenprinzip, Wertschöpfungsbetrachtung, Wirtschaftlichkeit, Interdisziplinarität, Komplexitätsreduktion und Vereinheitlichung sowie Flexibilität und Wandlungsfähigkeit anzustreben (Grundig 2009, S. 25-29), (Kettner, Schmidt & Greim 1984, S. 4-8). Dies wird untersetzt, indem Planungsaufgaben nach den Prinzipien

- „Top-down" (vom Ganzen zum Einzelnen),
- „Bottom-up" (vom Einzelnen zum Ganzen),
- „Vom Zentralen zum Peripheren",
- „Vom Idealen zum Realen" und
- „Optimieren und Variieren"

ausgeführt werden (Schmigalla 1995, S. 90-91). Diese Grundsätze stellen auch wichtige Leitplanken für die Modellierung dar (vgl. nächsten Abschnitt).

2.3   Modellierung von Systemen

2.3.1   Modell

2.3.1.1   Modellbegriff

Wissenschaftliche Erkenntnisprozesse beruhen auf dem Denken in Modellen (Stachowiak 1980, S. 53). Der Begriff Modell tritt in verschiedenen Zusammenhängen mit unterschiedlichen Bedeutungen auf. So werden Modelle in vielen wissenschaftlichen Disziplinen, angefangen von Kunst und Architektur über Mathematik und Physik bis hin zur Ökonomik oder auch Psychologie, angewendet, um damit den Erkenntnisgewinn zu unterstützen.

Vor diesem Hintergrund existieren mannigfaltige Definitionen für den Modellbegriff. Im Ursprung ist er aus dem italienischen Begriff modello und dem lateinischen Wort modulus für Maß bzw. Maßstab abgeleitet (Zschocke 1995, S. 218). Im deutschen Sprachgebrauch wird der Begriff Modell als Muster, Entwurf, Nachbildung, Urform, Repräsentation, Beispiel, Ab- oder Vorbild verwendet. Dabei kann sich das Modell auf ein vorhandenes oder zu schaffendes Original beziehen. Im Sinne der Modelltheorie sind Modelle Konstrukte oder Repräsentanten von Systemen in Form von Strukturen, bestehend aus Objektmengen und Relationen, und Axiomen (Balzer 1997, S. 90).

Nach STACHOWIAK ist ein Modell durch die Merkmale Abbildung, Verkürzung und Pragmatismus gekennzeichnet. Ein Modell ist demnach eine Abbildung bzw. Repräsentation eines natürlichen oder künstlichen Originals, welches selbst auch ein Modell sein kann (Abbildung). Das Modell gibt dieses Original in verkürzter Weise wieder. Es enthält nicht alle Eigenschaften, sondern eben nur die für den Zweck relevanten Merkmale des Originals (Verkürzung). Modelle ersetzen ihre Originale (wovon) für bestimmte modellbenutzende Subjekte (für wen), innerhalb bestimmter Zeitintervalle (wann) und für bestimmte gedankliche oder tatsächliche Operationen (wozu). Das Modell wird demnach für einen bestimmten Verwendungszweck geschaffen. Dadurch ist das Modell dem Original nicht automatisch eindeutig zuordenbar (Pragmatismus). (Stachowiak 1973, S. 131-133)

Ergänzend können Modelle als konkrete oder abstrakte Ab- bzw. Vorbilder für konkrete oder abstrakte Originale beschrieben werden (Kastens & Büning 2008, S. 18-19). Die hervorgehobenen Merkmale des Originals im Modell können die Struktur (Zusammensetzung des Originals aus seinen Teilen), die Eigenschaften, die Beziehungen von Teilen oder auch das Verhalten des Originals bei Operationen sein (Kastens & Büning 2008, S. 22).

Folglich gibt ein Modell ein natürliches oder künstliches Original (auch Urbild, Wirklichkeitsausschnitt) in abstrahierter Form – durch Vernachlässigung bestimmter Merkmale (Reduktion) und Hervorhebung für den Modellierungszweck bedeutender Merkmale in vereinfachter Weise (Idealisierung) – für einen bestimmten Zweck wieder.

Aus dem Modellbegriff wird deutlich, dass Modelle in erster Linie dem Erkenntnisgewinn, das heißt der Generierung von Erkenntnissen über das abgebildete Original, dienen. Durch die Vereinfachung sowie Beschreibung und Erklärung werden das Verständnis und das Wissen des Anwenders für das Original geschärft. Dadurch sind Modelle auch ein Informations-, Kommunikations- und Dokumentationsmittel. Weiterhin können mit Modellen verschiedene Dinge erprobt werden, die mit dem Original nicht (sinnvoll) realisierbar wären. Darauf aufbauend helfen Modelle, Optimierungsansätze abzuleiten, Entscheidungen zu finden sowie Sachverhalte bzw. Entwicklungen zu prognostizieren.

2.3.1.2 Klassifikation von Modellen

Wie bereits angedeutet, gibt es verschiedene Varianten von Modellen. Die Vielfalt der Modellbegriffe lässt sich im Rahmen dieser Arbeit nicht vollständig darstellen. Dennoch soll mit der Tabelle 3 eine grobe Klassifikation planungsrelevanter Modelle vorgenommen werden. Die Abgrenzung nach dargestellten Merkmalen hilft zum einen bei der zielgerichteten Entwicklung und zum anderen bei der rationalen und verständlichen Anwendung von Modellen.

Tabelle 3: Klassifikation verschiedener Modelle nach (Klein & Scholl 2004, S. 33), (Schmigalla 1995, S. 244-245)

Merkmal	Ausprägung
Einsatzzweck	Beschreibungs-, Erklärungs-, Prognose-, Simulations-, Entscheidungsmodelle
Messniveau	qualitative, quantitative Modelle
Darstellungsform	physische, formale, grafische, verbale Modelle
Informationssicherheit	deterministische, stochastische Modelle
Zeitbezug	statische, dynamische Modelle
Raumbezug	raumbezogene, nicht raumbezogene Modelle
Umfang der Abbildung	Total-, Partialmodelle

Einsatzzweck

Nach dem Einsatzzweck bzw. dem verfolgten Erkenntnisziel findet zunächst eine erste, aber sehr wesentliche Untergliederung statt. Modelle sind immer für einen bestimmten Zweck vorgesehen (Dyckhoff 2006, S. 6). Dieser erklärt, für welche Anwendung das Modell entworfen wurde. Der Zweck ist damit das grundlegende Unterscheidungsmerkmal.

Das deskriptive Erkenntnisziel (Beschreibungsziel) besteht in der zutreffenden Beschreibung realer Sachverhalte (Zelewski 1999, S. 27). Das Beschreibungsmodell liefert Aussagen über den Betrachtungsgegenstand mit seinen Gegenständen und den dazugehörigen Eigenschaften und Relationen (Schweitzer & Küpper 1997, S. 5). Beschreibungsmodelle dienen besonders auch als Kommunikationsmittel für komplexe oder schwer erfassbare Originale (Krallmann, Bobrik & Levina 2013, S. 58).

Erklärungsmodelle bauen auf Beschreibungsmodellen auf und liefern generalisierte Aussagen zu den beschriebenen bzw. beobachteten realen Sachverhalten (Becker & Pfeiffer 2006, S. 6). Mit diesen Modellen werden Ursache-Wirkungs-Zusammenhänge untersucht (Klein & Scholl 2004, S. 33). Sie legen das Zustandekommen von etwas dar (Vergangenheitsbezug).

Mit Prognosemodellen werden die Auswirkungen möglicher Handlungsalternativen abgeschätzt (Klein & Scholl 2004, S. 33). Sie zeigen daher künftige Entwicklungen auf (Zukunftsbezug). Simulationsmodelle, die ein Systemverhalten widerspiegeln, können auch in die Gruppe der Prognosemodelle eingeordnet werden (Klein & Scholl 2004, S. 34).

Entscheidungsmodelle unterstützen Entscheidungsprozesse und gehen damit über die reine Beschreibung oder Erklärung realer Zusammenhänge hinaus (Dyckhoff & Spengler 2010, S. 37). Entscheidungsmodelle bestehen aus Alternativen (Handlungsmöglichkeiten) und Zielvorstellungen (Prämissen) (Schweitzer & Küpper 1997, S. 8). Daher können diese Modelle auch als Gestaltungsmodelle bezeichnet werden (Zelewski 1999, S. 49).

Messniveau

Informationen und Daten werden zur Beschreibung von Eigenschaften eines Systems benötigt (Klein & Scholl 2004, S. 34). Das Messniveau (Informationsart) kann qualitativer oder quantitativer Art sein. Quantitative Aussagen geben Sachverhalte mit messbaren Mengen- bzw. Zahlenangaben wieder. Dadurch können sie oftmals präziser formuliert werden als Qualitative. Weiterhin fällt der subjektive Einfluss geringer aus.

Darstellungsform

Die Darstellungsform kann physisch, formal, grafisch oder verbal sein. In physischer Form, wie z. B. Skulpturen, haben die Modelle durch ihre räumliche Ausdehnung einen sehr starken Bezug zur realen Welt. Sie sind für den Anwender greifbar und können deshalb durch mehrere Sinneseindrücke wahrgenommen werden. Formale Modelle, auch mathematische Modelle, dienen zur Darstellung quantitativer Zusammenhänge (Klein & Scholl 2004, S. 38). Grafische Modelle, wie z. B. Zeichnungen oder Bilder, können sehr komplexe Zusammenhänge in anschaulicher und verständlicher Form darstellen. Verbale Modelle nutzen zur Beschreibung bzw. Darstellung qualitative Informationen (Klein & Scholl 2004, S. 38).

Informationssicherheit

Die Informationssicherheit kann deterministischer oder nicht-deterministischer Art sein. In deterministischen Modellen sind die Modellgrößen eindeutig bestimmbar, so dass von einem großen Sicherheitsgrad ausgegangen werden kann (Schweitzer & Küpper 1997, S. 4). In nicht-deterministischer stochastischer Form sind die Größen vom Zufall beeinflusst. Die damit verbundene Unsicherheit wird explizit im Modell dargestellt (Klein & Scholl 2004, S. 38). Für die Modellgrößen können statistische Verteilungsfunktionen angegeben werden (Schweitzer & Küpper 1997, S. 4).

Zeitbezug

Bei dem Zeitbezug in statischer Form wird das Modell für eine festgelegte Zeit betrachtet. Die Modellgrößen beziehen sich alle auf denselben Zeitpunkt bzw. Zeitraum (Schweitzer & Küpper 1997, S. 4). In dynamischer Form wird die Änderung des Modells über die Zeit abgebildet. Dies geschieht anhand einer kontinuierlichen oder diskreten Zeiteinteilung (Klein & Scholl 2004, S. 39). In einem zeitkontinuierlichen Modell kann zu jedem beliebigen Zeitpunkt der Modellzustand festgestellt werden, in zeitdiskreten Modellen nur zu bestimmten Zeitpunkten. Zwischen den diskreten Zeitpunkten bleibt das Modell mit seinen Eigenschaften konstant. Jedoch ändert es sich beim Erreichen eines Zeitpunktes sprunghaft.

Raumbezug

Die Abbildung von Objekten mit Raum- und Flächenkoordinaten in einer oder in mehreren Ebenen ist sehr typisch in der Projektierung (Schmigalla 1995, S. 244-245). Neben der zeitlichen Ausdehnung ist die räumliche Betrachtung dann besonders sinnvoll, wenn damit ein funktionaler Zusammenhang wiedergegeben wird bzw. wenn die räumliche Ausdehnung einen Einfluss auf die Funktion bzw. Größen des Betrachtungsgegenstandes hat. Es findet eine Unterscheidung in nicht-raumbezogen und raumbezogen statt. Der Raum kann diskret oder kontinuierlich eingeteilt werden. In raumdiskreten Modellen wird der Raum in festgelegte Raumpunkte unterteilt. Eine weitere Untergliederung ist nicht möglich. Veränderliche Objekte können sich nur zwischen diesen Raumpunkten bewegen. In raumkontinuierlichen Modellen kann jeder Raumpunkt, an dem sich das Objekt befindet, berechnet werden.

Umfang der Abbildung

Modelle bilden das Original nur in Teilstücken (partial) oder als Ganzes (total) ab. In partialer Ausprägung werden bestimmte Aspekte bzw. Teile des Ganzen hervorgehoben und dadurch in einer sehr detaillierten Form beschrieben. Ergänzend ist dann aber noch die Verbindung bzw. die Einordnung ins Ganze vorzunehmen. In einem Totalmodell werden hingegen alle Zusammenhänge des Betrachtungsgegenstandes abgebildet (Schweitzer & Küpper 1997, S. 4).

Wie eingangs beschrieben, gibt es verschiedenste Modellarten. So werden bspw. Meta- oder Referenzmodelle für die zu entwickelnde Methodik verwendet (vgl. Kapitel 3). Zur Charakterisierung dieser spezifischen Modellarten wird aber auf die oben erläuterten Merkmale zurückgegriffen.

2.3.2   Modellierung

2.3.2.1   Begrifflichkeiten

Modellierung ist als ein wesentliches Kernelement der Planung anzusehen (Klein & Scholl 2004, S. 31). Modellierung beschreibt den Prozess zur Überführung der realen Objekte in ein Modell (Schenk, Wirth & Müller 2014, S. 220). Unter dem Begriff Modellierung wird oftmals auch Modellbildung, Modellentwicklung oder Modellerstellung verstanden.

Daneben stehen noch weitere Begriffe mit der Modellierung in Beziehung. Modellierungsprinzipien stellen allgemeine Handlungsrichtlinien dar, die bei der Modellierung berücksichtigt werden sollten. Mit Hilfe von Modellierungssprachen werden Modelle unter Beachtung von Syntaxregeln beschrieben (Becker, Probandt & Vering 2012, S. 2). Modellierungssprachen bestehen aus Zeichen/Symbolen, Syntax (geregelte Kombination der Zeichen) und Semantik (inhaltliche Bedeutung) (Bolick 2009, S. 27), (Dangelmaier 2003, S. 49). Modellierungsmethoden regeln die Form der Modellierung (Fink, Schneidereit & Voß 2005, S. 91). Dazu gehört die Anwendung der Modellierungssprache, Vorschriften zum Aufbau und zur Beschreibung von Modellen (Bolick 2009, S. 28). Modellierungswerkzeuge sind (meist softwaregestützte) Hilfsmittel zur Durchführung der Modellierung.

2.3.2.2   Phasen der Modellierung

In Abbildung 6 wird zunächst der enge Zusammenhang zwischen dem Original und dem Modell verdeutlicht.

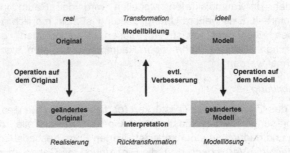

Abbildung 6:   Bezug zwischen Original und Modell nach (Dangelmaier 2009, S. 6),
(Kastens & Büning 2008, S. 22)

Das Modell wird auf Basis des Originals erstellt. An diesem Modell können nun Veränderungen (Operationen) durchgeführt werden. Finden relevante Veränderungen am Original statt, so sind diese auch auf das Modell zu übertragen. Die Interpretation des geänderten Modells bzw. Veränderungen am Original führen zu einem geänderten Original (Kastens & Büning 2008, S. 22). Zur Untersetzung dieses Zusammenhangs werden in Abbildung 7 die Modellentwicklung und -nutzung als Phasen eines modellbasierten Erkenntnisprozesses dargestellt, welcher zum Teil auch iterativ und schleifenartig durchlaufen wird (Nyhuis 2008, S. 8).

Zu Beginn wird das betrachtete Original definiert und abgegrenzt (Abgrenzung). Der Abbildungszweck wird durch die Problemstellung und den daraus abgeleiteten Zielen beschrieben (Wiendahl 2008, S. 281).

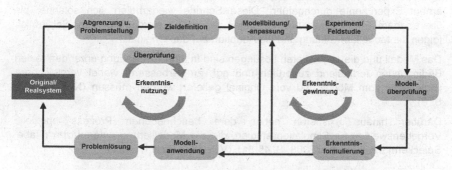

Abbildung 7:   Phasen eines modellbasierten Erkenntnisprozesses nach (Nyhuis 2008, S. 8)

Auf dieser Grundlage wird nun ein Modell gebildet oder ein vorhandenes Modell an die neuen Zielstellungen angepasst. Hierfür wird vom Original ein Abbild abstrahiert. Dazu werden zunächst die relevanten Merkmale und ihre Beziehungen untereinander ausgewählt (Merkmalsausprägung), um anschließend qualitative und quantitative Modellmerkmale bzw. -variablen aufzustellen sowie Zusammenhangsaussagen, bspw. in Form von Gesetzmäßigkeiten, zu formulieren (Modellformalisierung) (Wiendahl 2008, S. 281-282). Bei der Vereinfachung (Abstraktion) ist darauf zu achten, dass alle entscheidenden Merkmale enthalten sind, um die gewünschte Genauigkeit der Ergebnisse zu erreichen (Klein & Scholl 2004, S. 32). Für diesen Schritt sind die notwendigen Informationen über das Original zu sammeln. Zudem muss ein entsprechendes Verständnis aufgebaut werden.

Für die Abgrenzung und die Modellbildung können sowohl das Top-down-Prinzip – schrittweise Zerlegung und Detaillierung des betrachteten Objektes von oben nach unten – als auch das Bottom-up-Prinzip – schrittweise Zusammensetzung des Gesamtobjektes aus Teilobjekten von unten nach oben – angewendet werden.

Mit Hilfe des aufgestellten Modells können nun Experimente bzw. Feldstudien durchgeführt werden, um zu neuen Erkenntnissen über das abgebildete Original zu gelangen. Dazu ist das Modell zu analysieren, zu strukturieren, zu bewerten und ggf. zu ändern. Durch die Modellexperimente können Informationen über die Eigenschaften und das Verhalten des Originals beschrieben, erklärt und ggf. prognostiziert werden (Krallmann, Bobrik & Levina 2013, S. 59).

Das Modell selbst ist hinsichtlich seiner Korrektheit und Gültigkeit zu prüfen, um zu Erkenntnissen und Lösungen zu gelangen, die auf das Original übertagbar sind (Nyhuis 2008, S. 9). Das Modell wird demzufolge auf seine Eignung zur Erfüllung des angestrebten Zweckes bewertet (Modellüberprüfung) (Wiendahl 2008, S. 282).

Im Anschluss werden die gewonnenen Erkenntnisse formuliert und Lösungen für die definierte Problemstellung abgeleitet. Falls weitere Untersuchungen notwendig sind, wird das Modell modifiziert, um die Ergebnisse zu präzisieren. In diesem Fall würden erneut Experimente durchgeführt. Diese Schritte wiederholen sich solange, bis übertragbare Erkenntnisse und Lösungen gewonnen werden konnten. Schließlich folgen die Modellanwendung und die Adaption auf das Original.

Das Modell und die abgeleiteten Lösungen sind in ihrer Anwendung unter den realen Bedingungen fortlaufend zu prüfen und ggf. zu verbessern, wobei vergleichbare Ergebnisse vom Modell und vom Original geliefert werden müssen (Nyhuis 2008, S. 9).

Darüber hinaus existieren neben dem beschriebenen Prozess spezielle Vorgehensweisen für Simulationsstudien, die die Modellierung unterstützen (Rabe, Spieckermann & Wenzel 2008, S. 45-51), (VDI 3633 Blatt 1, S. 19).

2.3.2.3   Modellierungsgrundsätze

Die Modellierung kann als komplexer Prozess mit hohen subjektiven Einflüssen angesehen werden. Um die Effizienz der Modellierung zu steigern und die Qualität der Modelle sicherzustellen, sind allgemeingültige Gestaltungsregeln und -empfehlungen notwendig (Fink, Schneidereit & Voß 2005, S. 103). Diese Prinzipien stellen neben den syntaktischen Regeln der Modellierungssprache Grundsätze dar, um die Erstellung von Modellen zu vereinheitlichen und deren Anwendbarkeit zu verbessern. Mit den Grundsätzen ordnungsgemäßer Modellierung wird das Ziel verfolgt, die Qualität von (Informations-)Modellen sicherzustellen bzw. zu erhöhen (Rosemann, Schwegmann & Delfmann 2005, S. 48). Anhand dieser Grundsätze werden sowohl Ziele (Aussagen über die Qualität des Modells) für die Modellierung spezifiziert als auch Modellierungskonventionen (Richtlinien zur Verbesserung der Modellqualität) vorgeschlagen (Becker, Probandt & Vering 2012, S. 31, 36).

Richtigkeit

Dieser Grundsatz zielt auf die korrekte Abbildung des Sachverhalts einschließlich der beschriebenen Struktur und des beschriebenen Ablaufes sowohl von der syntaktischen als auch der semantischen Richtigkeit ab (Becker, Probandt & Vering 2012, S. 32).

Relevanz

Der Grundsatz der Relevanz beschreibt, dass nur relevante Sachverhalte im Modell enthalten sein sollen, wobei die Relevanz vom Modellierungszweck abhängig ist (Becker, Probandt & Vering 2012, S. 33).

Wirtschaftlichkeit

Ein angemessenes Aufwand-Nutzen-Verhältnis bei der Modellerstellung wird durch den Grundsatz der Wirtschaftlichkeit angestrebt. Durch Einsatz geeigneter Modellierungswerkzeuge und Referenzmodelle kann der Modellierungsaufwand reduziert werden (Fink, Schneidereit & Voß 2005, S. 104).

Klarheit

Mit dem Grundsatz der Klarheit soll eine leichte Lesbarkeit, Anschaulichkeit und Verständlichkeit erreicht werden (Becker, Probandt & Vering 2012, S. 35). Eindeutige Begrifflichkeiten tragen zur Klarheit bei (Fink, Schneidereit & Voß 2005, S. 104).

Vergleichbarkeit

Zum einen müssen Modelle mit ihrem Original und zum anderen aber auch mit anderen Modellen – unabhängig von der Modellierungssprache – vergleichbar sein (Grundsatz der Vergleichbarkeit) (Becker, Probandt & Vering 2012, S. 36).

Systematischer Aufbau

Der Grundsatz des systematischen Aufbaus fordert definierte Schnittstellen, da Modelle immer nur einen Teil des Originals abbilden und mit anderen Modellen verknüpft sind (Rosemann, Schwegmann & Delfmann 2005, S. 49).

In Ergänzung zu den Grundsätzen ordnungsgemäßer Modellierung sind insbesondere die Anforderungen an die Abbildungsgüte im Bezug zum Modellierungsaufwand zu beachten. Die Abbildungsgüte wird durch den Abstraktionsgrad oder auch Detaillierungsgrad eines Modells beschrieben, wobei mit zunehmender Detaillierung der Modellierungsaufwand steigt, aber auch die Ergebnisinterpretation einfacher wird (VDI 3633 Blatt 1, S. 27). Demzufolge sind das Untersuchungsziel, die Ergebnisgenauigkeit und die Modelldetaillierung so abzustimmen, dass mit minimalem Aufwand brauchbare Modelle entstehen (Nyhuis 2008, S. 15). Die Auswahl bzw. die Entwicklung eines Modells ist daher maßgeblich vom Aufwand-Nutzen-Verhältnis abhängig (Nyhuis 2008, S. 15).

2.3.3 System

2.3.3.1 Bedeutung der Systemtheorie

Zur Beschreibung einer Fabrik wird in der wissenschaftlichen Literatur oftmals auf die *allgemeine Systemtheorie* zurückgegriffen.

ROPOHL umreißt die historische Entwicklung der Systemtheorie, begonnen bei der griechischen Philosophie, über naturwissenschaftliche und technologische Ansätze (insbesondere Kybernetik) bis hin zu Problemlöseansätzen wie dem Systems Engineering. Die Grundzüge der Systemtheorie werden auf den griechischen Philosophen ARISTOTELES zurückgeführt. Für die moderne Systemtheorie sind vor allem die Arbeiten von BERTALANFFY grundlegend. (Ropohl 2009, S. 71-75)

Die Allgemeine Systemtheorie ist eine eigenständige Disziplin, die primär auf die Formulierung und Ableitung von Prinzipien für Systeme zielt (Bertalanffy 1968, S. 32). Sie ist fächerübergreifend, das heißt auf verschiedenen Gebieten anwendbar (Ropohl 2009, S. 71). Sie erlaubt es, unterschiedliche Erscheinungen bzw. Objekte als Systeme aufzufassen und nach den gleichen Prinzipien zu beschreiben. Die Systemtheorie zielt auf die Schaffung einer einheitlichen formalen Sprache ab, mit der verschiedenartige Erfahrungsbereiche systematisch beschrieben werden können (Ropohl 2009, S. 88). Die ganzheitliche Betrachtung von Systemen wird dabei fokussiert. Dadurch ist die Systemtheorie auch eine Modelltheorie (Ropohl 2009, S. 83). Das bedeutet, dass jede Systemdarstellung bzw. -beschreibung auch immer als ein Modell fungiert.

Die Bildung von Systemen und Denkmodellen ist eine wesentliche Grundlage des Problemlösungsprozesses (Aggteleky 1990, S. 225). Durch das Systemdenken können komplexe Gesamtheiten und Zusammenhänge dargestellt werden (Haberfellner et al. 2012, S. 33). Weiterhin ist der Systemansatz auch als Strukturierungshilfe zu sehen, mit dem auf Basis von Modellen Problemstellungen formalisiert und kategorisiert werden (Patzak 1982, S. 5). Durch die systemische Darstellung wird ein vereinfachtes Abbild der Problemstellung erarbeitet, welches den Betrachtungsbereich strukturiert und abstrahiert, aber auch als Kommunikationsmittel den Arbeitsprozess unterstützt. Hierfür sind sowohl entsprechende Kompetenzen der beteiligten Personen (z. B. Abstraktionsvermögen) notwendig als auch Instrumentarien (z. B. Methoden und Modelle), die die methodische Systembeschreibung ermöglichen. Folglich umfasst der Systemansatz das systemorientierte Denken (System Point of View, System Thinking), das systemorientierte Strukturieren (System Structuring, Systems Concepts) und das systemorientierte Vorgehen (Systems Methodology) (Patzak 1982, S. 4-5).

In Hinblick auf die Gestaltung von Systemen in Rahmen von Projekten hat sich der Ansatz des *Systems Engineering* etabliert. Das Systems Engineering basiert auf Systemdenken und Vorgehen und vereint dabei die Systemgestaltung und das Projektmanagement, um für ein Problem Lösungen zu erarbeiten (Problemlösungsprozess) (Haberfellner et al. 2012, S. 28). Die Anwendung des Systems Engineering ist auf verschiedenen Ebenen möglich, wie z. B. für Produkte/Subsysteme, Projekte, Unternehmen, Industrie oder Sozial-/Volkswirtschaft (Hitchins 2007, S. 114).

2.3.3.2   Systembegriff

Der Begriff System stammt von dem griechischen Wort systema – das Zusammengestellte bzw. das Ganze aus mehreren zusammengesetzten Teilen – ab (Krallmann, Bobrik & Levina 2013, S. 41). Ein System ist im Allgemeinen eine Menge bzw. ein Komplex von Elementen, die in Beziehung miteinander stehen (Bertalanffy 1968, S. 33). Nach ROPOHL ist ein System das Modell einer Ganzheit, die einen funktionalen Zusammenhang zwischen Attributen (Ein- und Austräge, Zustände) hat, aus mit miteinander verknüpften Elementen besteht und die sich von ihrer Umgebung bzw. von einem Supersystem abgrenzen lässt (Ropohl 2009, S. 77-78).

Das betrachtete System nimmt entsprechend seines Systemzwecks bzw. seiner Aufgabe Eingaben aus seiner Umgebung entgegen, verarbeitet diese und gibt sie als Ausgaben wieder ab. Durch diese Ein- und Ausgabebeziehungen wird die Funktion des Systems beschrieben (Czichos 2008, S. 9). Die Systemfunktion ist folglich die Fähigkeit, Eingaben in Ausgaben zu überführen (Patzak 1982, S. 64). Die Ein- und Ausgaben sind dabei als Flussgrößen anzusehen, die die Zustandsgrößen beeinflussen (Krallmann, Bobrik & Levina 2013, S. 103).

Das System und seine Elemente können in Abhängigkeit der Funktionen und Relationen verschiedene Systemzustände annehmen. Zustände werden durch konstante und variable Attribute (Zustandsgrößen) beschrieben, wobei die Zustandsübergänge als kontinuierliche oder diskrete Änderungen mindestens einer Zustandsgröße zu sehen sind (VDI 3633 Blatt 1, S. 4).

Die Objekte, die ein System von der Eingabe in die Ausgabe durch Funktionen überführt, werden weiterhin auch als Systemgegenstände bezeichnet (vgl. Abschnitt 4.4.2). Dazu gehören vor allem Stoffe, Energien und Informationen.

Die Systemelemente (Teile, Komponenten, Bausteine) stehen miteinander in Beziehung (Relationen) und können aber auch selbst wiederum als Systeme betrachtet werden (Haberfellner et al. 2012, S. 34). Die Art der Elemente ist nicht festgelegt. Elemente können bspw. natürliche und künstliche Gegenstände oder auch Denkvorgänge und deren Ergebnisse sein (DIN IEC 60050-351, S. 11). Elemente besitzen Systemeigenschaften (Attribute, Merkmale), die sie näher beschreiben (Klein & Scholl 2004, S. 31).

Systemrelationen bezeichnen die Beziehungen zwischen zwei oder mehreren Elementen (z. B. Zeit- oder Ortsbeziehungen) (Ropohl 2009, S. 80).

Die Systemstruktur ist das geordnete Gefüge aus der Menge der Relationen über die Elemente (Haberfellner et al. 2012, S. 35). Sie ist als Ordnung oder Organisation zwischen den Elementen zu verstehen (Krieger 1996, S. 20). Dabei wird grundsätzlich zwischen Aufbaustruktur (Gefüge von Ordnungsrelationen, Ordnungsbeziehungen) und Ablaufstruktur (Gefüge von Flussrelationen, Wirkungsbeziehungen) unterschieden (Krallmann, Bobrik & Levina 2013, S. 43), (Patzak 1982, S. 40).

In der Systemumwelt (auch Umgebung oder Umfeld) befinden sich Systeme bzw. Elemente, die außerhalb der Systemgrenze (in physischer oder auch gedanklicher Form) des betrachteten Systems liegen, aber dennoch in Beziehung mit ihm stehen (Haberfellner et al. 2012, S. 35). Die Umwelt ist immer in Abhängigkeit des untersuchten Systems zu sehen, das heißt, Umwelt und System gehören immer zueinander (Krieger 1996, S. 13).

Über eine gedachte Hüllfläche (Systemgrenze) wird das System von der Umgebung abgegrenzt (DIN IEC 60050-351, S. 12). Diese Randstruktur stellt durch die Ein- und

Ausgaben die Verbindung zwischen dem System und seiner Umgebung her
(Schmigalla 1995, S. 81). In Tabelle 4 werden die Systembegrifflichkeiten
zusammengefasst.

Tabelle 4:   Zusammenfassung relevanter Systembegriffe

Begriff	Beschreibung	Beispiele
System	Gesamtheit von in Beziehung stehenden Elementen	Produktionsanlage
Systemelemente	Subsysteme und Elemente	Transporteinrichtung
Systemzweck	beabsichtigtes Ergebnis	Produktherstellung
Systemfunktion	Überführung von Eingaben in Ausgaben	Fertigen, Transportieren, Lagern
Systemzustand	Zusammenfassung momentaner Systemeigenschaften	Betrieb, Nichtbetrieb
Systemeigenschaft	kennzeichnen die Systemelemente	Farbe, Menge an Stoffen
Systemgegenstand	gehandhabte Objekte	Stoffe, Energien, Informationen
Systemrelationen	Beziehung zwischen Systemelementen	Orts- und Zeitbeziehungen
Systemstruktur	Menge der Systemrelationen	Aufbau- und Ablaufstruktur
Systemumwelt	Umgebende Systeme	natürliche Umwelt
Systemgrenze	Abgrenzung zur Systemumwelt	Gebäudehülle

2.3.3.3   Systemmodellierung

Aus den vorangegangenen Ausführungen wird deutlich, dass die Begriffe System
und Modell miteinander verbunden sind. Für die Systemgestaltung ist es notwendig,
das vorhandene – ohne Beeinträchtigung des realen Objektes – oder das geplante –
keine Beobachtungen an einem realen Objekt möglich – System in Modellform
abzubilden. Dies ist in der Komplexität der Systeme und den damit verbundenen,
planerischen Aufgaben begründet. Demzufolge ist das System in einem oder
mehreren Modellen in abstrahierter und zweckorientierter Form zu beschreiben, um
daran Analyse-, Optimierungs- und Gestaltungstätigkeiten durchführen zu können.

Die Systemmodellierung richtet sich grundsätzlich nach dem allgemeinen
Modellierungsvorgehen, das heißt vom Original zum Modell und zurück (vgl.
Abschnitt 2.3.2.2). Die Systembetrachtung erfolgt dabei prinzipiell nach zwei
grundlegenden Vorgehensweisen. Nach dem Top-down-Prinzip wird das System von
„oben" mit einer ganzheitlichen, jedoch grob detaillierten Sichtweise nach „unten" mit
einer spezifizierten, detaillierten Sichtweise aufgelöst. Dadurch wird das betrachtete
System nach und nach in Subsysteme zerlegt und somit immer weiter detailliert. In

umgekehrter Weise werden nach dem Bottom-up-Prinzip erst die kleinsten Systeme bzw. Elemente gebildet, die dann als Gesamtsystem zusammengesetzt werden.

Das System ist als Modell mit seinen drei wesentlichen Aspekten abzubilden (Ropohl 2009, S. 75):

- Hierarchie,
- Funktion,
- Struktur.

Diese sogenannten Systemkonzepte können miteinander verbunden werden, so dass bspw. zunächst die Funktion, dann der innere Aufbau und letztlich der größere Zusammenhang betrachtet wird, wobei ein vollständiges Systemmodell dann vorliegt, wenn das System mit den drei Systemkonzepten beschrieben ist (Ropohl 2009, S. 77). Dementsprechend ist diese Herangehensweise – Betrachtung von Teilaspekten und Zusammensetzung zum Ganzen – auch mit dem Ansatz der Sichtenkonzepte in der (Prozess-)Modellierung (Gadatsch 2008, S. 78) zu vergleichen.

Hierarchisches Systemkonzept

Durch das hierarchische Konzept wird verdeutlicht, dass das betrachtete System sich aus mehreren, untergeordneten Subsystemen (Untersystem) zusammensetzt, selbst aber auch Teil eines übergeordneten Supersystems (Übersystem) ist (Ropohl 2009, S. 77). Dadurch wird bei dieser Betrachtungsweise auch von der vertikalen Gliederung oder Ordnung von Systemen gesprochen. Die unterste hierarchische Stufe stellen dabei die Elemente dar, die nicht weiter unterteilt werden (Haberfellner et al. 2012, S. 38). Subsysteme und Elemente werden auch als Komponenten des Systems zusammengefasst (Patzak 1982, S. 43).

Funktionales Systemkonzept

Im funktionalen Konzept wird das System als „Black Box" (schwarzer Kasten, Blockschema) mit seinen Inputs (Eingaben, Eingangsgrößen oder Einträge), Outputs (Ausgaben, Ausgangsgrößen oder Austräge) und Zuständen (Verfassung) aufgefasst, wobei der innere Aufbau des betrachteten Objektes nicht von Bedeutung ist, sondern nur dessen Verhalten bzw. Funktion innerhalb seiner Umgebung (Ropohl 2009, S. 75-76). Hiermit wird die Übertragungsrelation zwischen Ein- und Ausgabe beschrieben (Patzak 1982, S. 57). Zur Datenermittlung wird oftmals auf die Input-(Throughput-)Output-Analyse zurückgegriffen (vgl. Abschnitt 3.2.3). Diese Sichtweise wird gegenüber der hierarchischen Ordnung auch horizontale Gliederung genannt. Mit der funktionalen Systembeschreibung wird deutlich, wie die Umwelt auf das System durch Inputs wirkt und welche Outputs das System als Reaktion zu den Umwelteinflüssen nach außen erzeugt (Baum 2011, S. 38).

Strukturales Systemkonzept

Anhand des strukturalen Konzepts wird das System als Ganzheit miteinander verknüpfter Elemente gesehen, wobei nicht nur die Summe der Elemente gesehen werden darf, denn es bestehen vielfältige Beziehungen und Abhängigkeiten zwischen den Elementen, die verschiedene Systemeigenschaften hervorrufen (Ropohl 2009, S. 75). Die wesentlichen Eigenschaften eines Systems ergeben sich aus den Relationen, welche durch das strukturale Systemkonzept beschrieben werden (Baum 2011, S. 39). Die Verknüpfungen sind in dieser Darstellung als Kopplungsrelationen zu betrachten (Patzak 1982, S. 57). Die Struktur ist folglich die Menge der Relationen, wobei Relationen Zeit- und Ortsbeziehungen aber auch andere Formen sein können (Ropohl 2009, S. 75). Mit Hilfe dieses Systemkonzepts wird das System als „White Box" beschrieben.

2.3.3.4 Technische und soziotechnische Systeme

Im Allgemeinen können Systeme in natürliche/ökologische (natürliche Entstehung, beinhalten Lebewesen), soziale (künstliche Entstehung, beinhalten Lebewesen) und technische (künstliche Entstehung, beinhalten keine Lebewesen) Systeme unterteilt werden (Hildebrand, Mäding & Günther 2005, S. 4). In Tabelle 5 werden weitere allgemeine Klassifikationskriterien für Systeme aufgeführt.

Tabelle 5:   *Klassifikationskriterien für Systeme nach (Krallmann, Bobrik & Levina 2013, S. 51), (Weigand et al. 2013, S. 3-4)*

Merkmal	Ausprägung
Anwendungsgebiet	natürlich, sozial, technisch
Entstehungsart/Ursprung	natürlich, künstlich
Seinsbereich	real, ideell
Bestimmbarkeit	deterministisch, stochastisch
Parameterabhängigkeit der Eigenschaften	statisch, dynamisch
Beziehungen zur Umwelt	(ab-) geschlossen, offen

Ein technisches (Sach-)System[9] ist der allgemeine Oberbegriff für technische Hervorbringungen und kennzeichnet nutzenorientierte, künstliche, gegenständliche Gebilde (Ropohl 2009, S. 117). Zur Beschreibung eines technischen Systems wird auf die dargestellten Systemkonzepte zurückgegriffen. In Abbildung 8 wird zunächst eine allgemeine Hierarchie der technischen Systeme dargestellt.

---

[9] ROPOHL fügt zu dem Begriff des technischen Systems den Begriff Sache hinzu, um damit zu verdeutlichen, dass es sich um künstliche Gegenstände handelt (Ropohl2009, S. 118). Im Weiteren werden Sachsysteme bzw. technische Sachsysteme als technische Systeme verstanden.

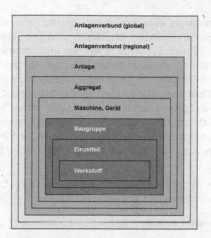

Abbildung 8: Hierarchie der technischen Systeme nach (Ropohl 2009, S. 122)

Zu erkennen ist, dass die Systeme von globalen Anlagenverbünden bis zu den Werkstoffen aufgegliedert werden können. Die Werkstoffe werden nicht weiter unterteilt, weil deren Elemente nicht mehr technologisch, sondern nur noch chemisch oder physikalisch zu betrachten sind (Ropohl 2009, S. 77). Abbildung 9 zeigt das Blockschema eines technischen Systems zu dessen Funktionsbeschreibung.

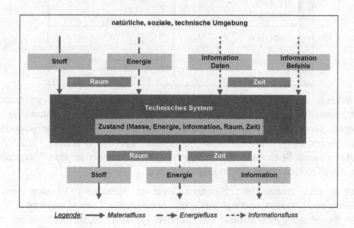

Abbildung 9: Blockschema eines technischen Systems nach (Ropohl 2009, S. 120), (Patzak 1982, S. 34)

Demnach ist das System in eine natürliche, soziale und technische Umgebung eingebettet, nimmt Stoffe (Masse, Materie), Energien und Informationen als Eingaben auf und gibt veränderte Stoffe, Energien und Informationen als Ausgaben ab. Das System befindet sich dabei in einem Zustand, der aber durch die Eingaben und deren Verarbeitung verändert werden kann, indem bspw. die Menge der Stoffe und Energien im System vergrößert oder verkleinert wird. Sowohl die Ein- und Ausgaben als auch der Zustand beziehen sich dabei immer auf einen bestimmten Raum und auf eine bestimmte Zeit. Folglich sind Stoffe, Energien und Informationen sowie Raum und Zeit die grundlegenden Attribute, die die Ein- und Ausgaben (als Flussgrößen) und den Zustand (als Zustandsgrößen) eines technischen Systems charakterisieren.

Die Funktionen eines Systems gliedern sich in die drei Grundfunktionsklassen Transformieren, Transportieren und Speichern (Tabelle 6).

Tabelle 6:   Funktionsklassen technischer Systeme nach (Ropohl 2009, S. 125)

	Output-Attribute Y, RY, TY	Zustands-Attribut Z
Input-Attribute X, RX, TX	Transformieren $Y \neq X$ (qualitativ/quantitativ)	Zustandsveränderung $X \neq const$ $Z \neq const$
	Transport $Y = X$ $RY \neq RX$ $TY \neq TX$	Zustandserhaltung $X \neq const$ $Z = const$
	Speichern $Y = X$ $RY = RX$ $TY \neq TX$	X ...Inputs Y ...Outputs Z ...Zustände RX, RY ...Raumkoordinaten TX, TY ...Zeitkoordinaten const ...unverändert

Transformieren verändert die Ausgabe gegenüber der Eingabe in qualitativer und/oder quantitativer Form. Dies kann weiter in eine mengenmäßige (z. B. Kombinieren, Trennen), artmäßige (z. B. Umformen) oder Existenz betreffende (z. B. Kreieren, Vernichten) Transformation unterteilt werden (Patzak 1982, S. 75). Transportieren und Speichern führen keine Veränderungen an den Eingaben aus, bewegen diese jedoch durch Raum und/oder Zeit.

Die Struktur des technischen Systems wird in Abbildung 10 dargestellt. Die abgebildeten Subsysteme sind auf Basis der prinzipiellen Funktionen sowie Ein- und Ausgaben hergeleitet. Als Schnittstelle werden Aufnahmesysteme benötigt, die die Eingaben entgegennehmen und Abgabesysteme, die die Ausgaben abführen. Diese Subsysteme bilden folglich die Schnittstellen zur Umwelt. Dazwischen befinden sich unterschiedliche Transformations-, Transport- und Speicherungssysteme für Stoffe/Materialien, Energien und Informationen. Zwischen den Systemen bestehen verschiedene strukturelle Beziehungen. Prinzipiell werden Stoffe vom System aufgenommen, gehandhabt und in veränderter Form abgegeben. Dazu werden zum einen Energien benötigt, um den Systembetrieb zu ermöglichen. Zum anderen wird das gesamte System mit Hilfe von Informationen gesteuert. Die Informationen werden dazu von einem Rezeptor entgegengenommen, verarbeitet, gespeichert, angewendet und mittels Effektor abgegeben. Zu erkennen ist dabei, dass die einzelnen Flüsse miteinander in Beziehung stehen und einander bedingen.

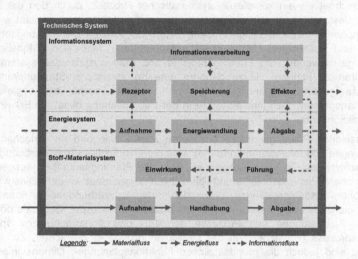

Abbildung 10: Struktur eines technischen Systems nach (Ropohl 2009, S. 104)

Als Soziotechnische Systeme werden Systeme bezeichnet, welche sich aus in Verbindung stehenden menschlichen und technischen Subsystemen zusammensetzen (Ropohl 2009, S. 141). Soziale und soziotechnische Systeme sind durch Ziele bzw. Systemziele gekennzeichnet (Krallmann, Bobrik & Levina 2013, S. 44). Die Ziele beschreiben die Wirkung, die mit dem Handeln (zweckorientierte Tätigkeit) erzielt werden soll (Ropohl 2009, S. 89, 97).

2.4 Fazit zu den Grundlagen

Durch den Klimawandel und das Bevölkerungswachstum ist ein verantwortungsvoller Umgang mit Ressourcen in allen Bereichen des Lebens unabdingbar. Der Industrie kommt dabei eine besondere Rolle zu, da sie zum einen zu den größten Ge- und Verbrauchern von Ressourcen gehört und zum anderen massive Auswirkungen auf die Umwelt ausübt. Auch aus ökonomischer Sicht nimmt die Bedeutung von Ressourcen für Unternehmen zu. Dementsprechend sind im Zuge der ökologischen Nachhaltigkeit Ansätze zu entwickeln, mit denen Ressourcen optimal genutzt und dadurch eingespart werden können. Zu derartigen Konzepten gehören die Energie- und Ressourceneffizienz, die auf eine effiziente Nutzung von Energien bzw.

Ressourcen abzielen. Hierfür werden entsprechende Instrumente benötigt, mit denen Systeme und Prozesse unter Beachtung von Energie- und Ressourceneffizienz gestaltet werden können.

Eingebunden in die strategische Unternehmensplanung gestaltet die Fabrikplanung vor allem die operativ ausgerichtete Produktion unter Beachtung ökonomischer, ökologischer, rechtlicher und gesellschaftlicher Bedürfnisse. Die Fabrikplanung ist gekennzeichnet als ein komplexer, systematischer Prozess, durch den die Fabrik und ihre Bestandteile (z. B. Produktionsressourcen und Prozesse) geplant werden. Die Komplexität dieser Disziplin entsteht durch die Vielzahl der Planungsobjekte, -inhalte und -beteiligten. Daher sind entsprechende Methoden, Modelle und Werkzeuge notwendig, um Planungsprojekte und Planungsprozesse systematisch durchführen zu können. Hierzu gehören eine grundsätzliche Strukturierung der Planungsaufgaben in Planungsphasen und -schritte sowie ein begleitendes Projektmanagement. Den inhaltlichen Kern der Fabrikplanung bildet die Entwicklung des Fabrikkonzepts.

Die klassischen Planungsansätze orientieren sich vorwiegend an wirtschaftlichen Zielstellungen und fokussieren daher den Material-/Produktfluss bzw. Fertigungsfluss als dominierendes Gestaltungsobjekt, an dem alle Planungsaufgaben ausgerichtet bzw. periphere Planungsobjekte und -bereiche untergeordnet werden. Dies wird mit der hohen Kostenrelevanz und den damit verbundenen finanziellen Einsparpotenzialen begründet. Aus diesem Grund werden bspw. Gebäude oder die Anlagen, Ausrüstungen und Prozesse der Ver- und Entsorgung erst spät im Planungsprozess (vorwiegend in der Detailplanung) näher betrachtet. Zu diesem Zeitpunkt sind jedoch die grundsätzlichen Funktionsplanungs-, Dimensionierungs- und Strukturierungsaufgaben auf Seiten der Produktionsanlagen bereits abgeschlossen, so dass kaum Möglichkeiten für Änderungen bzw. Rückkopplungen vorhanden sind. Das bedeutet, dass die Ver- und Entsorgung lediglich nach den Vorgaben der Produktion ausgerichtet wird und dass infrastrukturelle Anforderungen oder Optimierungspotenziale nicht zurückgespielt werden.

Jedoch sind für eine ganzheitliche Fabrikplanung, die auch Energien bzw. Ressourcen gezielt berücksichtigt, erweiterte Betrachtungsweisen notwendig. Dieser methodischen Lücke soll mit neueren Planungsansätzen, wie bspw. der synergetischen oder energieeffizienzorientierten Fabrikplanung, entgegengewirkt werden.

Mit Modellen werden Zusammenhänge in vereinfachter Weise dargestellt, um damit zu Erkenntnissen über das betrachtete Original zu gelangen. Systeme sind Modelle, mit denen komplexe Sachverhalte abstrahiert und strukturiert wiedergegeben werden. Modelle und Systeme sind wesentliche Instrumente, um den Problemlösungsprozess zu unterstützen. Diese Denkweisen sind auf verschiedene Betrachtungsobjekte anwendbar. Daher sind die Modell- und Systembetrachtungsweise essentielle Werkzeuge für die Fabrikplanung. Die Fabrik selbst ist als komplexes System zu sehen, welches aus einer Vielzahl an statischen und dynamischen Bestandteilen und Beziehungen besteht. Daher ist es notwendig, die Fabrik als Fabriksystem aufzufassen, um dieses Gebilde in einer vereinfachten Form abbilden, verstehen und gestalten zu können.

Gerade für die Untersuchung und Gestaltung energie- und ressourceneffizienter Fabriken spielt diese Herangehensweise eine besondere Rolle, da hiermit die verschiedenen Bestandteile, Einflussfaktoren und Wirkzusammenhänge beschrieben und erklärt werden können. Dies ist eine wesentliche Grundlage, um den Planungsprozess unterstützen zu können, indem mit einem derartigen Systemmodell Transparenz geschaffen wird, Ursachen und Zusammenhänge aufgezeigt sowie Handlungsansätze abgeleitet werden. Auf dieser Basis können verschiedene Lösungsvarianten erstellt, analysiert, erprobt und bewertet werden. Die Entwicklung eines solchen Modellierungsansatzes in Hinblick auf Energie- und Ressourceneffizienz wird im vierten Kapitel dargestellt.

3 Stand der Forschung

"Am Anfang jeder Forschung steht das Staunen.
Plötzlich fällt einem etwas auf."
Wolfgang Wickler

Der Stand der Forschung zur Planung energie- und ressourceneffizienter Fabriken wird in diesem Kapitel aufgearbeitet. Zunächst wird hierfür die Charakteristik der energie- und ressourceneffizienten Fabrik erläutert, um den Objektbereich zu definieren. Im nächsten Schritt werden methodische Instrumente, die für die Gestaltung derartiger Fabriktypen von Bedeutung sind, auf Basis wissenschaftlicher und technischer, nationaler und internationaler Publikationen untersucht und hinsichtlich ihrer Vorgehensweisen und Anwendungsbereiche analysiert. Schließlich wird der aktuelle Stand der Forschung resümiert und der wissenschaftliche Handlungsbedarf abgeleitet.

3.1 Objektbereich – Fabrik

Die energieeffiziente Fabrik hat sich als neuartiger Fabriktyp herauskristallisiert, der mit möglichst wenig Energieeinsatz auf die Herstellung von Sach- und Dienstleistungen ausgerichtet ist und bei dem der Energiefluss für Gestaltungszwecke hervorgehoben wird (Müller et al. 2009, S. 2), (Wirth, Schenk & Müller 2011, S. 801). Hierfür umfasst sie energieoptimierte Systeme und Prozesse, wobei diese nicht separat voneinander, sondern als Gesamtheit mit ihren komplexen Wirkbeziehungen gesehen werden. Weiterhin wird der Energiebedarf teilweise durch erneuerbare Energien gedeckt, die selbst erzeugt, gespeichert und genutzt werden. Geschlossene Energiekreisläufe der Fabrik tragen zur Minimierung von Energieverlusten bei (Neugebauer 2013, S. 5). Mit Hilfe des Energiemanagements wird die Zielgröße Energieeffizienz ganzheitlich in die Aufbau- und Ablauforganisation dieser Fabrik integriert. Als aktiver Teilnehmer der Energiewandlungskette agiert die energieeffiziente Fabrik nicht nur als Verbraucher, sondern auch als Erzeuger und Speicher von Energie (Müller et al. 2013, S. 626).

In einem weiterreichenden Blickwinkel ist die ressourceneffiziente Fabrik vor allem durch die ressourcensparsame und -schonende Nutzung von Energien und Materialien gekennzeichnet (Schenk, Wirth & Müller 2014, S. 57). Dabei gilt es, bei zunehmender Produktionsmenge, den Einsatz von Ressourcen zu senken, um damit die Ressourcenproduktivität zu erhöhen (Hesselbach 2012, S. 7). Neben dem Einsatz bzw. Verbrauch von Ressourcen ist aber auch eine möglichst geringe Belastung der Umwelt anzustreben. Zur Steigerung der Ressourceneffizienz kann die Fabrikplanung insbesondere Einfluss auf die zielgerichtete Auswahl, Dimensionierung, Strukturierung und Optimierung von Fertigungssystemen und -prozessen sowie von Gebäudeinfrastrukturen, Energieverbräuchen und -kreisläufen nehmen (VDI 4800 Blatt 1, S. 21). In Abbildung 11 werden die wesentlichen Eigenschaften von energie-/ressourceneffizienten Fabriken zusammengefasst.

In der Konsequenz kommt der Fabrikplanung, als übergreifende Fachdisziplin, eine besondere Bedeutung zu, denn sie nimmt wesentlichen Einfluss auf den Energie- bzw. Ressourcenbedarf der Fabrik. Gerade in frühen Planungsphasen sind noch viele Handlungsspielräume vorhanden, um Planungslösungen energie- und ressourcenorientiert auszulegen (Engelmann, Strauch & Müller 2008, S. 61). Hier werden die äußeren Schranken für das Energieniveau bzw. den Ressourcenbedarf festgelegt. In den darauffolgenden Planungs- und Betriebsphasen sind nur noch Handlungen innerhalb dieser Grenzen möglich. Daher muss es einen Wandel von reaktiven zu proaktiven Planungsansätzen geben, um energie-, ressourcen- und umweltrelevante Aspekte bereits in die Planungsphase zu integrieren (F. Müller et al. 2012, S. 1).

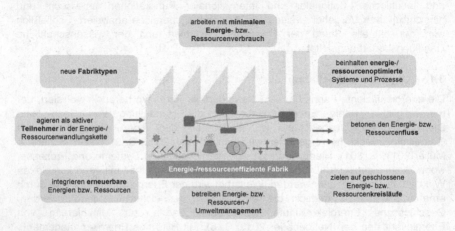

Abbildung 11:   Charakteristik energie-/ressourceneffizienter Fabriken

Jedoch bestand bzw. besteht eine Lücke zwischen den Instrumentarien der Fabrikplanung und der Zielausrichtung hinsichtlich Energie- und Ressourceneffizienz, so dass die Potenziale für eine energie- bzw. ressourcenoptimierte Gestaltung von Fabriken nicht ausreichend genutzt werden. Aus den genannten Gründen ergeben sich neue Anforderungen, die dazu führen, dass die Fabrikplanung um zahlreiche energie- bzw. ressourcenrelevante Planungsinhalte und -umfänge in verschiedenen Gestaltungsfeldern (z. B. Produktionsanlagen, Gebäude, Versorgungstechnik) erweitert werden muss, wodurch die Komplexität dieser Disziplin noch weiter anwächst. Daher besteht der Bedarf nach neuen oder angepassten Methoden, Modellen und Werkzeugen, um die Planungsbeteiligten bei ihren Aufgaben zu unterstützen. Dies betrifft u. a. ganzheitliche Simulation von Produktionssystemen, Gestaltungsrichtlinien sowie disziplinübergreifende Modelle zur Beschreibung von Systemen (Abele & Reinhart 2012, S. 168).

3.2 Methodenbereich – Modelle, Methoden und Werkzeuge

Im Folgenden werden Modelle, Methoden und Werkzeuge erläutert, die im Rahmen aktueller Forschungsarbeiten entstanden sind. Diese sind für die Planung von energie- und ressourceneffizienten Fabriken bzw. von Teilen davon (z. B. Prozessplanung) relevant. Zur Übersichtlichkeit werden diese Instrumente in die Abschnitte Fabrikplanung, Fabrikbetrieb sowie Bilanzierung und Bewertung eingeordnet.

3.2.1 Fabrikplanung

Die Planungsmethode von ENGELMANN (2009) untersetzt den Fabrikplanungsprozess mit energierelevanten Themen und Faktoren zur rationellen Energienutzung. Dabei werden grundlegende Handlungsansätze – Wirkungsgrad, Reduzierung der Verluste, Rückgewinnung, Substitution, Dimensionierung und Fahrweise – zur Energieeffizienzsteigerung zusammengefasst (Engelmann 2009, S. 93) (ergänzt durch den Handlungsansatz Sensibilisierung in (Reinema, Schulze & Nyhuis 2011, S. 251)). Der Planungsansatz konzentriert sich auf den Planungsschritt der Funktionsbestimmung, das heißt in diesem Zusammenhang der Auswahl energieeffizienter Systeme und Verfahren auf Basis des zyklusbedingten Energiebedarfs. Das Vorgehen wird an empirischen Beispielen aus der Fertigung einer Automobilfabrik dargestellt und bewertet.

Dieser Ansatz geht als Grundlage in ein umfassendes Planungshandbuch von MÜLLER ET AL. (2009) ein, in dem die Bedeutung und die Potenziale der energieeffizienten Fabrik sowie Lösungsvarianten detailliert beschrieben werden. Auf Basis der theoretischen Grundlagen zu Energieeffizienz und Fabrikplanung wird die Methodik zur energieeffizienzorientierten Fabrikplanung aufgebaut. Diese orientiert sich an den Fabrikplanungsaktivitäten und integriert dabei Zielgrößen, Aufgaben und Handlungsansätze zur Energieeffizienzsteigerung. Das *Peripheriemodell* (Schenk, Wirth & Müller 2014, S. 135-138), (Wirth 1989, S. 25) ist dabei neben anderen ein grundsätzliches Instrument, um die energetischen Zusammenhänge zwischen den Systemen der Haupt- und Hilfsprozesse zu beschreiben und damit den Energiebedarf auf seinen Ursprung zurückzuführen (Müller et al. 2009, S. 43-47). Weiterhin werden anhand energierelevanter Prozesse und Anlagen einer Fabrik konkrete Maßnahmen und Planungshinweise u. a. bezüglich des produktionsbezogenem Energieeinsatzes, des Gebäudes oder der Gebäudeausrüstung dargestellt. Die Analyse und Bewertung des Energieverbrauchs ist ebenfalls ein wesentlicher Bestandteil des Handbuchs.

Von F. MÜLLER ET AL. (2012), (2013) wird ein Konzept für die Planung grüner Fabriken beschrieben, welches Vision und Rahmen, Planungsprozess, Methoden und unterstützende Werkzeuge umfasst. Den Kern dieses Konzepts bildet ein fabrik-/ anwendungsspezifisches, modulares Planungsvorgehen. Mittels einer Fabrikklassifizierung, welche verschiedene Merkmale einer Fabrik in den Gruppen Fabrikumgebung, Produkt und Prozess zusammenfasst, wird zunächst das Beschreibungsobjekt eingegrenzt, um im nächsten Schritt produktions- und systembezogene sowie organisatorische Ansätze zur Energieeffizienzsteigerung im Rahmen von Planungsmodulen zuzuordnen. Diese werden unterstützend in Entscheidungsprozesse der Fabrikplanung eingesetzt. Schließlich werden anhand von Energieindikatoren die entwickelten Planungslösungen bewertet.

Ansätze und Methoden zur nachhaltigen Neuplanung energieeffizienter Fabriken, insbesondere für den Bereich der Automobilmontage, werden von IMGRUND (2014) vorgestellt und Planungsprämissen für einen Werksneubau (Standortauswahl, Werks- und Gebäudestruktur sowie Gebäudekonstruktion) zusammengefasst.

Ein weiteres Planungsvorgehen stellt die *synergetische Fabrikplanung* nach WIENDAHL, REICHARDT und NYHUIS (2009, S. 417-491) dar. Dabei wird nicht vordergründig auf die Effizienzbetrachtung von Energien und Ressourcen abgezielt, aber auf die direkte Verknüpfung von Fabrik- und Fach-/Objektplanung und somit der Planungsbereiche Standort, Gebäude, Haustechnik sowie (Produktions-)Prozesse und Einrichtungen.

Dementsprechend sind die Vorgehen von ENGELMANN, MÜLLER ET AL. und F. MÜLLER ET AL., IMGRUND sowie von WIENDAHL, REICHARDT und NYHUIS derzeit die einzigen Planungsmethoden, die die Phasen und Schritte des Fabrikplanungsprozesses gezielt mit energie- und ressourcenrelevanten Zielgrößen, Inhalten und Gestaltungsansätzen untersetzen.

In weiteren Forschungsarbeiten werden Teilaspekte des Planungsprozesses aufgegriffen. Eine internetbasierte Methode zur Bewertung und Gestaltung energieeffizienter Fabriken unter Beachtung von Standort, Gebäude, Prozess, Haustechnik und Organisation wird von REINEMA, MERSMANN und NYHUIS (2011) erläutert. Ein Vorgehen zur Integration von energierelevanten Kriterien in die Entscheidungsfindung bei der Layoutplanung wird von YANG und DEUSE (2012) vorgestellt. DOMBROWSKI und RIECHEL (2013) präsentieren ein Konzept für ein nachhaltigkeitsorientiertes Fabrikprofil, welches ökologische, ökonomische, logistische, technische und soziale Gestaltungskriterien umfasst und anhand dessen der Planungsprozess unterstützt werden soll. Ein Vorgehen zur energieorientierten Lebenszykluskostenberechnung wird von GÖTZE ET AL. (2013) beschrieben, mit dem Energieeffizienzmaßnahmen in der Fabrikplanung ökonomisch bewertet werden können. KRONES und MÜLLER (2014) zeigen ein Vorgehen, um auf Basis qualitativer Eingangsinformationen strukturierte Energieeffizienzmaßnahmen für situationsabhängige Planungsfälle abzuleiten. SCHACHT (2014) erweitert den Planungsprozess im Karosseriebau mit Energieaspekten, um mittels einer Energieprognose die Auslegung der elektrischen Gebäudeausrüstung zu optimieren.

Im erweiterten Fokus der Ressourceneffizienz und Nachhaltigkeit werden weiterhin mehrere Ansätze entwickelt, die neben dem Faktor Energie insbesondere auch Materialien, Abfälle etc. sowie neben der Produktion auch weitere Teilbereiche der Fabrik betrachten.

Ein Modell, welches die Beziehungen zwischen Fabrikgebäude, Produktionseinrichtungen, Nachhaltigkeit und Fabrikplanungsprozess aufgreift, wird durch CHEN ET AL. (2012) vorgestellt. Das Modell soll die Entscheidungsfindung in der Planungsphase unterstützen, in dem Nachhaltigkeitsaspekte sowie physische Elemente der Fabrik (z. B. Maschine) und deren Schnittstellen im Planungsprozess berücksichtigt werden.

Von BALL ET AL. (2013) wird ein konzeptionelles Modell zur Modellierung von Fabriken erläutert, welches Gebäude, Einrichtungen und Produktionsprozesse in Verbindung bringt, um anhand dessen Energie und Material einzusparen, Abfälle zu reduzieren und damit die Ressourceneffizienz der Fabrik zu steigern. Die prototypische Anwendung des Ansatzes wird am Beispiel eines Simulationsmodells für Gebäude dargestellt. SMITH und BALL (2012) zeigen ein Vorgehen, welches als Handlungsempfehlung für die Analyse und Gestaltung einer Produktion unter Beachtung von Nachhaltigkeitskriterien dienen soll. Dabei fokussiert dieses Vorgehen die Modellierung von Material, Energie und Abfall als Prozesse bzw. Prozessflüsse mit Hilfe von IDEF0 (IDEF 2015) als Modellierungssprache (vgl. auch (Ball et al. 2009)).

Ein Ökosystemmodell einer Produktion bzw. Fabrik wird in DESPEISSE ET AL. (2012) vorgeschlagen, welches ebenfalls Produktionsprozesse, Einrichtungen und Gebäude sowie die Material-, Energie- und Abfallflüsse betrachtet. In diesem Zusammenhang wird in (Despeisse, Oates & Ball 2013) ein Vorgehen zur Fabrikmodellierung im Kontext der Nachhaltigkeit beschrieben, welches den Energiebedarf von Gebäuden (abgebildet als Gebäudemodell) und Produktionsprozessen (abgebildet als qualitative, quantitative oder optimierte Prozessmodelle) berücksichtigt.

Neben MÜLLER ET AL. (2009) sind weitere umfangreiche Werke entstanden, die sowohl für die Planung als auch für den Betrieb energie- bzw. ressourceneffizienter Fabriken relevant sind. In DUFLOU ET AL. (2012) wird ein umfassender Überblick über den Stand der Technik von energie- und ressourcenorientierten Methoden und Technologien im Bereich der Stückgutfertigung gegeben sowie Maßnahmen zur Energieeffizienzsteigerung für verschiedene Betrachtungsbereiche (z. B. einzelne Prozesse, Fabrik oder Wertschöpfungskette) zusammengefasst. HESSELBACH (2012) liefert ein Handbuch für die Gestaltung einer energie- und klimaeffizienten Produktion, in dem neben thermodynamischen Grundlagen und der Energiedatenerfassung besonders Energieeffizienzmaßnahmen in verschiedenen Bereichen (z. B. Druckluft oder Klima- und Lüftungstechnik) erläutert werden. Zur Beschreibung wird in diesem Buch u. a. auf ein Schalenmodell zurückgegriffen, welches die Energiebetrachtung nach Prozess, Maschine, TGA-Infrastruktur, dezentrale Energie und Netzversorgung unterteilt (Hesselbach 2012, S. 15). Das Sammelwerk von NEUGEBAUER (2014) beschreibt Ansätze und Lösungen für die ressourcenorientierte Produktion, welche in die Bereiche Ressourcenbereitstellung und -verteilung (Ressourcenmanagement, -beschaffung und Datenerfassung/-verarbeitung) sowie Energieverbraucher (Fabrik und Infrastruktur, Maschinen und Anlagen, Produktionsprozess) gegliedert sind.

In Ergänzung zu den erläuterten Instrumenten sind für einzelne Teilbereiche der Fabrik (z. B. Heizung, Lüftung, Klima, Beleuchtung) vielfältige Informationen für deren Gestaltung und Betrieb hinsichtlich Energie- und Ressourceneffizienz verfügbar, die aber in dieser Arbeit nicht näher ausgeführt werden können.

3.2.2   Fabrikbetrieb

Von DIETMAIR, VERL und WOSNIK (2008) wird der Ansatz für zustandsbasierte Energieverbrauchsprofile auf Anlagen-/Maschinenebene erläutert. Ein modularer Modellierungsansatz zur Ermittlung des Energieverbrauchs von Maschinen und Anlagen wird von VERL ET AL. (2011) gezeigt, welcher in der Produktionsplanung und -steuerung bzw. in der Maschinensteuerung zur Anwendung kommt.

Mit dem *EnergyBlocks-Planungssystem* nach WEINERT (2010) wird der Energiebedarf eines Produktionssystems prognostiziert. Der Kern dieses Ansatzes sind Energieprofile aus der Leistungsaufnahme über die Zeit, die für jeden Betriebszustand eines Betriebsmittels erfasst und als EnergyBlocks zusammengefasst werden. Die zugrunde liegende Dauer eines Betriebszustandes ist als feste (immer gleich, z. B. Start der Maschine) oder veränderliche (abhängig vom konkreten Prozess, z. B. bei verschiedenen Werkstücken) Zeit zu betrachten (Weinert 2010a, S. 504). Prozessketten werden durch das Aneinanderreihen der Blöcke gebildet. Auf dieser Basis können Energiebedarfe, -kosten etc. bezogen auf das Produktionssystem, die Betriebsmittel oder die Produkte bestimmt werden. Das Modellierungsvorgehen mit dem EnergyBlocks-Planungssystem kann somit als Werkzeug für die Produktionsplanung und -steuerung gesehen werden, um detaillierte Energieprognosen zu erstellen und um Varianten von Prozessketten zu bewerten. Da jedoch die Energieprofile für jeden Betriebszustand benötigt werden, ist der erhebliche Datenbedarf nicht zu vernachlässigen.

In diesem Zusammenhang untersetzt die Methode von MOSE und WEINERT (2013) die Bewertung von Prozessketten. Hierbei werden neben den Kernprozessen auch die vor- und nachgelagerten Prozesse berücksichtigt, um zu einem Optimum der gesamten Prozesskette zu gelangen.

Eine ebenfalls zustands-/statusbasierte Planungs- und Bewertungsmethodik zur Steigerung der Energieeffizienz in der Produktion wird durch HAAG (2013) erarbeitet, mit der Produktionsszenarien hinsichtlich des Energieverbrauchs analysiert und bewertet werden können, wobei die Arbeit auf die spanende Bearbeitung und die elektrische Energie fokussiert ist. Nach diesem Vorgehen werden den einzelnen Systemen der Fabrik statusabhängige Energieprofile zugeordnet. Dabei wird auch die Betonung auf die peripheren Systeme einer Fabrik gelegt (Haag, Siegert & Westkämper 2013). Ein permanenter Datenaustausch zwischen den Systemen und der Leitebene soll ein energieoptimiertes Verhalten der Produktion gewährleisten, wobei ein entsprechendes Energiemonitoring vorausgesetzt wird. Mit Hilfe eines Kennzahlensystems wird eine Bewertung der Produktionsszenarien ermöglicht. Der Anwendungsbereich dieser Methodik wird vor allem in der Arbeitsplanung und Arbeitssteuerung gesehen.

Ein oft publiziertes Instrument zur Analyse und Optimierung von Prozessketten unter energetischen Gesichtspunkten ist der *Energiewertstrom* (*EWS*). Der EWS erweitert den originären Wertstrom – Hauptaugenmerk sind u. a. Zeiten und Bestände – um Energieaspekte, wie Energiekennzahlen und Gestaltungsempfehlungen. Für die Systemplanung kann der EWS jedoch aufgrund der wertstromspezifischen Grundsätze (z. B. Prozesskettenbetrachtung auf Basis einer Momentaufnahme) nur unterstützend eingesetzt werden.

In ERLACH und WESTKÄMPER (2009) wird das Vorgehen zur Energiewertstromanalyse und -design sowie Energieeffizienzmaßnahmen für ausgewählte energieintensive Produktionstechnologien beschrieben. Von REINHART ET AL. (2011) wird ebenfalls die Analyse- und Designphase eines EWS erläutert, jedoch werden dabei auch periphere Einrichtungen (z. B. Druckluftsystem) beachtet. Ein erweiterter EWS, der dynamische Lastprofile, verschiedene Betriebszustände und technische Gebäudeausrüstungen beinhaltet, wird in BOGDANSKI ET AL. (2013) angewendet. Die Energiewertstromanalyse von SCHILLIG, STOCK und MÜLLER (2013) unterteilt den Energieverbrauch durch duale Energiesignaturen in wertschöpfende und nicht-wertschöpfende Anteile, um Wertschöpfungsketten hinsichtlich des Zeit- und Energieeinsatzes optimieren zu können.

In weiteren Ansätzen, werden ökologische Aspekte (z. B. CO_2-Emissionen) in den Wertstrom integriert (Brüggemann & Müller 2009), (Erlach et al. 2012). Das *Lean, Energy and Climate Toolkit* setzt u. a. den Wertstrom ein, um Energieverschwendungen in Prozessketten zu verdeutlichen (EPA 2011). Von KURDVE ET AL. (2011) wird die Anwendung des ökologischen Wertstroms an zwei Fallstudien gezeigt, in denen der Energieverbrauch nach wertschöpfenden, nicht wertschöpfenden und benötigten nicht-wertschöpfenden (z. B. Beleuchtung) Prozessanteile gegliedert wird.

Der *Produktionsintegrierte Umweltschutz* (*PIUS*) zielt auf technische und/oder organisatorische Veränderungen von Produktionsprozessen zur Verminderung von Umweltbelastungen, wobei neben Energien auch Roh-/Werk-, Hilfs-, Betriebsstoffe, Abfälle, Abgase/Geräusche, Wasser/Abwasser beachtet werden (VDI 4075 Blatt 1).

Weiterhin stellen das Energiemanagement (DIN EN ISO 50001) bzw. auch das Umweltmanagement (DIN EN ISO 14001) umfassende organisatorische Instrumente dar, um betriebliche Abläufe kontinuierlich zu verbessern. LEVEN (2005) entwickelt im Rahmen des betrieblichen Energiemanagements in der Investitionsgüterindustrie ein branchenspezifisches System von Energiekennwerten, welches für die Automobilindustrie umgesetzt wird. Die identifizierten Kennwerte werden für definierte Anwendungsbereiche bzw. Bilanzräume (z. B. Werk oder Maschine) spezifiziert. BUSCHMANN beschäftigt sich mit der Planung, Nutzung und wirtschaftlichen Bewertung der Energiedatenerfassung und -verarbeitung von technischen Systemen im Rahmen des Fabrikbetriebes (Buschmann 2013).

In HESSELBACH ET AL. (2008) wird hervorgehoben, dass in Produktionssystemen dynamische interne und externe Wirkzusammenhänge zwischen

Produktionsprozessen, Gebäude und Einrichtungen vorliegen, so dass folglich entsprechende Produktionssteuerungsansätze, die z. B. mit Hilfe von Simulationsmodellen entwickelt und getestet werden, zur Energieeinsparung im Fabrikbetrieb führen können. Vor diesem Hintergrund wird in mehreren Forschungsarbeiten die Erweiterung von Simulationsmethoden und -werkzeugen untersucht.

Für die energieeffizienzorientierte Produktionssteuerung entwirft JUNGE (2007) ein Simulationssystem, welches Material- und Energieflüsse innerhalb der Produktion abbildet. Das prototypische Simulationssystem basiert auf der Kopplung verschiedener Simulatoren, wodurch Materialflussmodelle, Maschinenmodelle und Gebäudemodelle miteinander verbunden werden, um bspw. Produktionsereignisse, Wärmeabgaben oder Temperaturen auszutauschen, die durch die Produktionssteuerung beeinflusst werden können (Junge 2007, S. 85). Der Ansatz beschreibt folglich den Zusammenhang zwischen der Produktionssteuerung und den damit verbundenen Auswirkungen auf die Produktion bzw. deren Umgebung für ausgewählte Betrachtungsobjekte.

SEOW und RAHIMIFARD (2011) schlagen ein Framework zur Modellierung des Energieverbrauchs von Fertigungssystemen vor, in dem die drei Sichtweisen Anlage/Fabrik, Prozess und Produkt zur Anwendung kommen. In diesem Ansatz findet zudem eine Unterscheidung in direkten (z. B. zur Herstellung des Produktes) und indirekten (z. B. durch Heizung, Lüftung und Klima) Energieverbrauch statt. In einem Simulationsmodell können die produkt- und prozessbezogenen Energiebedarfe untersucht werden.

Die Erweiterung einer ereignisdiskreten Materialflusssimulation zur Ermittlung von Energieverbräuchen in der Fertigung wird von WOLFF, KULUS und DREHER (2012) dargestellt. Nach diesem Ansatz wird jedem Betriebszustand einer betrachteten Maschine ein Energiezustand mit jeweiliger elektrischer Leistungsaufnahme zugeordnet. Durch die simulierten Prozesse in der Materialflussbetrachtung ändern sich diese Zustände, so dass schließlich Leistungskurven und Energieverbräuche prognostiziert werden können.

Von SCHAARSCHMIDT ET AL. (2012) wird die kombinierte Material- und Energieflusssimulation in Form eines Bausteinkastens für den Anwendungsfall einer Photovoltaikfabrik angewendet, um u. a. einer optimierten Dimensionierung der Energie- und Medienversorgung nachzugehen.

Die Simulationsmethodik von THIEDE (Thiede 2012) zielt auf die Abbildung der Energieflüsse von Fertigungssystemen zur Verbesserung der Energieeffizienz ab. Das Simulationssystem ist modular aufgebaut und umfasst Komponenten zur Beschreibung und Visualisierung von Prozessen, Produktionsplanung und -steuerung sowie technischer Gebäudeausrüstungen, wobei die resultierenden Energiebedarfe der Fertigungssysteme einzelnen, prozessabhängigen Betriebszuständen zugeordnet werden (Thiede 2012, S. 97). Mit diesem Ansatz können dementsprechend die prozessbezogenen Energieflüsse und Energiebedarfe in der Fertigung ermittelt werden. In weiteren Arbeiten wird dabei der Fokus auf die Simulation von Prozessketten im Rahmen von Fertigungssystemen gelegt (Herrmann & Thiede 2009), (Herrmann et al. 2011), (Thiede et al. 2013).

In HEILALA ET AL. (2013) wird die Anwendung von diskreter Simulation, Wertstromdesgin und Lebenszyklusbetrachtung zur Bewertung der Energieeffizienz in der Fertigung diskutiert. Der Simulationsbaustein *eniBRIC* von STOLDT ET AL. (2013) bildet auf Basis zustandsbasierter Verbräuche Energie-/Medienflüsse in Verbindung mit dem Materialfluss ab, wobei neben den verbrauchenden Produktionssystemen auch die infrastrukturellen Erzeugungssysteme betrachtet werden. Über Schnittstellen soll auch die Kopplung zu Steuerungssystemen einer Fertigung möglich sein. Von STAHL ET AL. (2013) wird ein Ansatz zur integrierten bzw. ganzheitlichen Fabriksimulation vorgestellt, in dessen Kern die Material-, Energie- und Gebäudesimulation vereint werden soll, um sowohl die Produktionsmaschinen als auch die peripheren Systeme abbilden zu können. KOHL, SPRENG und FRANKE (2014) nutzen die um Energieaspekte erweiterte Materialflusssimulation, um damit den Energieverbrauch in Abhängigkeit der Produkte und Produktvarianten zu berechnen.

3.2.3 Bilanzierung und Bewertung

Neben den bereits vorgestellten Instrumenten existieren noch weitere Ansätze, die speziell zur energetischen oder ökologischen Bilanzierung und Bewertung genutzt werden.

Ein Großteil der bereits vorgestellten sowie der folgenden Instrumentarien basiert im Grunde auf der *Input-Output-Analyse*, mit der die Eingaben (Inputs) und die Ausgaben (Outputs) eines Gebildes (z. B. System, Produkt oder Prozess) qualitativ und quantitativ für einen definierten Zeitraum gegenübergestellt werden. Dadurch wird ersichtlich, mit welchen Eingaben/Aufwänden welche Ausgaben/Ergebnisse erzielt werden, so dass dieses Werkzeug neben der Schaffung von Transparenz vor allem für die Bilanzierung geeignet ist. Als Erweiterung wird bei der Input-Throughput-Output-Analyse auch der mittlere Teil des Bilanzierungsobjektes berücksichtigt, um auch die Transformation innerhalb der festgelegten Grenzen zu betrachten (Dyckhoff 2006, S. 356). Die Ergebnisdarstellung derartiger Analysen erfolgt üblicherweise als Grafik (Box mit ein- und ausgehenden Pfeilen) oder als Tabelle (Fresner, Bürki & Sittel 2009, S. 66-67).

Stoffstromanalysen nutzen das Prinzip der Input-Output-Analyse zur Bilanzierung von Stoff- und Energieströmen bzw. -flüssen. Mit Hilfe der Stoffstromanalyse werden diese Ströme mengenmäßig und in ihrer vernetzten Komplexität abgebildet, wobei hierfür oftmals auf Petri-Netze zurückgegriffen wird (Dyckhoff & Souren 2008, S. 171-172), (Walther 2010, S. 47-50). Stoffstromanalysen basieren auf der quantitativen Erfassung von Stoffen und Energien, die in einem Umwandlungsprozess ein- und ausgehen. Das bedeutet, dass die jeweiligen Mengen erfasst und deren Umwandlungsbeziehungen – für eine gewisse Ausbringungsmenge wird eine bestimmte Eingabemenge benötigt – beschrieben werden müssen. Diese

Betrachtungen beziehen sich dabei immer auf definierte Zeiträume, typischerweise ein oder mehrere Jahre. Für die grafische Darstellung werden häufig Fließ-/ Flussbilder und Sankey-Diagramme verwendet. In Sankey-Diagrammen werden die Intensitäten anhand von Pfeilen mit unterschiedlichen Stärken dargestellt (VDI 3633 Blatt 3, S. 15).

Betriebliche Abläufe werden, wie bereits erwähnt, oftmals als Prozesse oder Prozessketten abgebildet. Daneben können Abläufe bspw. auch als Ablaufschemas oder Flussdiagramme, die die Reihenfolge von abzuarbeitenden Funktionen darstellen, beschrieben werden. Basierend auf dem Flussdiagramm können in einem Ressourcenflussdiagramm umweltrelevante Werte als Ein- und Ausgaben (z. B. Material, Abfall oder Energieinhalt) integriert und bilanziert werden (Meyer, Creux & Marin 2005, S. 164).

Mit dem *U/P/N-Modell* von SCHIEFERDECKER, FUENFGELD und BONNESCHKY (2006) werden energetische und energiewirtschaftliche Zusammenhänge eines Industrieunternehmens dargestellt. Zur Energiebilanzierung werden die Systeme eines Unternehmens in Umwandlungsanlagen (U), Produktionsanlagen (P) und Nebenanlagen (N) eingeteilt; durch die verknüpfte Darstellung von ein- und ausgehenden Energien (u. a. als Bezugs-, Nutz- und Verlustenergie deklariert) werden die Energieflüsse abgebildet (Schieferdecker, Fuenfgeld & Bonneschky 2006, S. 69-75). Das Modell ist dementsprechend als Instrument zur qualitativen und quantitativen Beschreibung der energetischen Wirkzusammenhänge in einem Unternehmen anzusehen, wobei produktions- bzw. fabrikbezogene Aspekte (z. B. Fertigungs- oder Logistiksysteme) eine eher untergeordnete Rolle spielen.

WICAKSONO, BELZNER und OVTCHAROVA (2013) erweitern das U/P/N-Modell um Transportanlagen (T) zur Darstellung des Energieflusses. Dieses Energieflussmodell wird hauptsächlich als Grundlage zur Kalkulation der Energiekosten sowie zur kostenbezogenen Energieeffizienzbewertung eines Unternehmens herangezogen.

Die Materialflusskostenrechnung als Teil des Umweltmanagements nach (DIN EN ISO 14051) ist ein Instrument, um die mengenmäßige Nutzung und den Verbrauch von Materialien und Energien in Prozessen analysieren und monetär bewerten zu können. Dabei findet eine Mengen- und Kostenaufteilung nach Material, Materialverluste sowie Energie statt, welche den Inputs, Outputs und Beständen einer Mengenstelle (ausgewählter Teil eines Prozesses) zugeordnet werden (DIN EN ISO 14051, S. 22). Eine erweiterte Betrachtungsweise des Energieflusses und der Energieverluste in der Materialflusskostenrechnung wird durch SYGULLA, BIERER und GÖTZE (2011) beschrieben. Die grafische Darstellung von monetären Zusammenhängen kann auch durch Wertflussdiagramme unterstützt werden (Meyer, Creux & Marin 2005, S. 98).

GIACONE und MANCÒ (2012) zeigen eine Methodik, mit der die Energieeffizienz von industriellen Prozessen gemessen werden soll, um damit das energiebezogene Benchmarking, die Budgetierung oder auch die Zielfestlegung zu unterstützen. Dabei werden ein Modell bestehend aus eingehenden Energien, Energieerzeugungssystem, Energieträger, Energieanwendungssystem und Energietreiber zugrunde gelegt sowie spezifische Energieverbräuche analysiert und berechnet.

HERVA, ÁLVAREZ und ROCA (2012) nutzen die Energie- und Materialflussanalyse sowie Indikatoren des ökologischen Fußabdrucks, um eine Produktion unter ökologischen Gesichtspunkten bewerten und Handlungsansätze ableiten zu können.

Der *kumulierte Energieaufwand (KEA)* ist ein Werkzeug, um die Summe der primärenergetischen Aufwendungen für die Herstellung, Nutzung und Entsorgung eines Produktes oder einer Dienstleistung zu berechnen (VDI 4600, S. 6). Demnach ist der KEA ein Bilanzierungselement für den auf den Produktlebenszyklus bezogenen Energieaufwand, um damit produktbedingte Energieeinsparpotenziale zu verdeutlichen. Zur Analyse des KEA wird ein Konstrukt aus mehreren Einzelmethoden (Prozesskettenanalyse, Makroanalyse, Input-Output-Analyse) vorgeschlagen, wobei aber auch die Unsicherheiten und Aufwendungen zur vollständigen Erstellung eines KEA betont werden (VDI 4600, S. 14-15). Der *kumulierte Energieverbrauch (KEV)* stellt die Summe der Primärenergie dar, die zur Herstellung und Nutzung (ohne Entsorgung) eines Produktes oder einer Dienstleistung notwendig ist. Im Gegensatz zu KEA werden die stofflichen Aufwendungen bzw. die stofflich genutzten Energieträger (z. B. Öl als Rohstoff für Kunststoffe) im KEV vernachlässigt, so dass nur die energetisch genutzten bzw. verbrauchten Energiemengen erfasst werden (Duschl et al. 2003, S. 1).

Eine *Ökobilanz* – auch *Life Cycle Assessment* genannt – beschreibt die Umweltaspekte (Input- und Outputflüsse) und Umweltwirkungen eines Produktes bzw. einer Dienstleistung entlang des Produktlebenszykluses von der Rohstoffgewinnung bis zur Entsorgung (DIN EN ISO 14040, S. 4-7). Zur Erstellung von Ökobilanzen werden verschiedene Methoden angewendet bzw. kombiniert, u. a. auch KEA. Als weiteres Instrument, um die ökologischen Auswirkungen von Produkten zu bewerten, ist der (Product) Carbon Footprint zur CO_2-Bilanzierung zu nennen (BMU 2010).

Für das Gestaltungsobjekt Gebäude existiert eine Vielzahl an Normen, Richtlinien und Gesetzen, die auf energieeffiziente Gebäude ausgerichtet sind. Dabei wird zum einen auf die Minimierung der Energieverluste (z. B. Vermeidung der Wärmeabgabe über Türen, Fenster, Wände oder Dächer) und zum anderen auf die effiziente Energieversorgung (z. B. Einsatz erneuerbarer Energien) abgezielt. Eine wesentliche Grundlage hierfür ist die Energiebilanzierung, die zur Berechnung des Nutz-, End- und Primärenergiebedarfes sowie der Verluste herangezogen wird (DIN V 18599-1).

3.3   Defizite und Handlungsbedarf

Die analysierten Instrumente decken unterschiedliche Aspekte der Energie- und Ressourceneffizienz im Bereich der Fabrikplanung einschließlich des Fabrikbetriebs ab. Diese vielfältigen Ansatzmöglichkeiten unterstreichen die Komplexität und die Herausforderungen, die diese Thematik mit sich bringt. Des Weiteren ist der Großteil dieser Ansätze erst in den letzten Jahren erforscht worden, wodurch auch die Bedeutung und die Aktualität von Energie- und Ressourceneffizienz nochmals hervorgehoben wird. In Abbildung 12 wird der Stand der Forschung zusammengefasst.

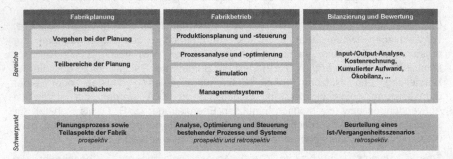

Abbildung 12:   Überblick zum Stand der Forschung

Bei näherer Betrachtung wird deutlich, dass es nur wenige Ansätze gibt, die direkt auf die Fabrikplanung und deren Hauptaufgabengebiete abzielen. Die Vorhandenen konzentrieren sich dabei auf das methodische Planungsvorgehen und auf Teilaspekte, aber weniger auf das Planungsobjekt Fabrik. Ein Ansatz zur ganzheitlichen, modellbasierten Beschreibung des Fabriksystems hinsichtlich Energie- und Ressourceneffizienz konnte nicht identifiziert werden.

Der größte Teil der Beiträge ist im Bereich des Fabrikbetriebs angesiedelt und fokussiert insbesondere die Analyse, Optimierung und Steuerung bereits bestehender Prozesse oder Systeme. Hierbei wird der Betrachtungshorizont – bspw. bei empirischen Untersuchungen mit Energiemessungen – oftmals auf einzelne Maschinen oder Anlagen sowie vor allem auf Prozesse begrenzt. Vielversprechend scheint die Betrachtung verschiedener Betriebszustände zu sein, um daraus Aussagen über den möglichen Energiebedarf ableiten zu können. In dieser Kategorie befinden sich ein Vielzahl an Methoden zur Prozessanalyse, -abbildung und -verbesserung. Da über die Prozesssicht (z. B. Momentaufnahme eines Wertstroms) nur Ausschnitte einer Fabrik dargestellt werden, ist damit das gesamte Fabriksystem nicht abbildbar. Jedoch legen nur wenige Ansätze eine Systemsichtweise zu Grunde.

In diesem Zusammenhang ist auch eine Reihe von Simulationsansätzen entstanden. Hiermit ist es grundsätzlich möglich, das Systemverhalten bzw. Prozesse in Abhängigkeit der Systemfahrweise (z. B. durch die Produktionsplanung und

-steuerung) nachzubilden und damit auch Auswirkungen auf die Energie- und Ressourceneffizienz zu untersuchen. Mit dieser dynamischen Betrachtung können Prognosen über die voraussichtlichen Verbräuche erstellt werden (prospektive Sichtweise). Voraussetzung ist hierfür allerdings, dass die entsprechenden Bedarfsdaten (z. B. Messdaten) verfügbar sind. Diese Daten sind jedoch gerade in frühen Planungsphasen oftmals nicht vorhanden. Zudem fehlt bei den Simulationsansätzen die grundlegende Beschreibung des betrachteten Fabriksystems hinsichtlich seiner Bestandteile sowie Aufbau- und Ablaufstrukturen.

Zur Bewertung der energetischen und ökologischen Auswirkungen von Produkten und Prozessen werden verschiedene Bilanzierungswerkzeuge (z. B. Materialflusskostenrechnung, Ökobilanz, Stoffstromanalyse) eingesetzt, mit denen umfangreiche Analysen vorgenommen werden können. Allerdings ist das Anwendungsgebiet auf bestehende Untersuchungsgegenstände beschränkt, da vor allem detaillierte Ist- und Vergangenheitsdaten als Eingangsgrößen benötigt werden (retrospektive Sichtweise). Zudem können immer nur einzelne Szenarien bzw. Zustände eines Betrachtungsobjektes abgebildet werden. Des Weiteren sind in der Praxis vollständige ausgeglichene Bilanzen aufgrund der Datenmenge und des Aufwands zur Datenerhebung kaum oder nur für Teilaspekte erstellbar. Somit sind derartige Instrumente nur bedingt für Fabrikplanungsaufgaben geeignet.

Es bleibt festzuhalten, dass hauptsächlich Teilbereiche einer Fabrik (z. B. Fertigung, Prozesse, Produkte) aber nicht die gesamte Fabrik betrachtet werden. Eine Fabrik umfasst jedoch eine Vielzahl von Betriebsmitteln, die unterschiedliche Produkte in verschiedenen Prozessen bearbeiten. Daher ist eine integrative Betrachtung verschiedener Teilbereiche der Fabrik (z. B. Funktionsbereiche oder Stoff- und Energieflüsse) vorteilhaft. Für eine ganzheitliche Sicht auf die Fabrik ist deren systematische Beschreibung hinsichtlich Aufbau und Funktionsweise notwendig. Weiterhin wird deutlich, dass die meisten Ansätze quantitative Daten voraussetzen ohne eine systematische qualitative Beschreibung vorwegzunehmen. Dadurch können sie zwar detaillierte Ergebnisse liefern, sind jedoch bei mangelnder Datenbasis nicht anwendbar. In diesem Zusammenhang fehlen auch handhabbare Indikatoren, die zur Abschätzung und Bewertung der Energie- und Ressourceneffizienz herangezogen werden können.

Die in diesem Kapitel zusammengefasste Analyse zeigt mehrere Defizite bestehender Forschungsansätze gegenüber den im ersten und zweiten Kapitel erläuterten wissenschafts- und praxisrelevanten Herausforderungen auf, die in Tabelle 7 gegenübergestellt werden.

Tabelle 7:   *Zusammenfassung Herausforderungen, Stand der Forschung, Handlungsbedarf*

Herausforderung	Stand der Forschung	Handlungsbedarf
Energie- und Ressourceneffizienz		
sparsamer, schonender Umgang mit Ressourcen	zunehmende Beachtung von Materialien, Energien und z. T. weiteren Ressourcen	Fokus auf Energie bzw. Ressourcen
minimale Auswirkungen auf die natürliche Umwelt	zunehmende Beachtung der Abfälle, Emissionen etc.	Beachtung von Umweltauswirkungen
Bewertung erfordert quantitative Aspekte	verschiedene Instrumente zur Bilanzierung und Bewertung	Berücksichtigung quantitativer Aspekte
Fabrikplanung		
Fabrikplanung mit großem Einfluss auf Planungslösungen	vorwiegend Ansätze für Fabrikbetrieb, Bilanzierung und Bewertung, aber weniger Fabrikplanung	Fokus auf Fabrikplanung
Planungsprozess aus verschiedenen Planungsphasen, -schritten, -aufgaben; in frühen Phasen größte Handlungsspielräume	wenige Ansätze orientieren sich am Planungsprozess und unterstützen verschiedene Planungsphasen, -schritte und -aufgaben	Orientierung am Planungsprozess
Planungsobjekt ist Fabrik	einige Ansätze für Planungsvorgehen, viele Ansätze für Teilaspekte der Fabrik	Fokus auf Fabrik
Fabrik ist als System modellhaft zu beschreiben, um Planungskomplexität gering zu halten	nur wenige Ansätze basieren auf Systemsichtweise, Modelle für Teilaspekte vorhanden	System- und Modellbeschreibung
anpassbare Instrumente zur Planungsunterstützung notwendig, da komplexes Themengebiet	z. T. verallgemeinerte und/oder modulare Ansätze	generische, modulare Konzeption
ganzheitliche Sichtweise auf Fabriksystem notwendig, da verschiedenste Planungsinhalte und -beteiligte	nur wenige Ansätze fokussieren ganzheitliche Sicht auf Fabrik	ganzheitliche Betrachtung des Fabriksystems
keine alleinige Betrachtung des Produktionsbereichs und des Produkt-/Materialflusses	zunehmende Beachtung der peripheren Bereiche sowie Energie- und Medienflüsse	integrative Betrachtung von Stoff- und Energieflüssen
qualitative Beschreibung notwendig, da in frühen Planungsphasen nur wenige quantitative Informationen vorliegen	viele Ansätze benötigen Ist-/Vergangenheitsdaten	Berücksichtigung qualitativer Aspekte
vorausschauende Abschätzung bzw. Beurteilung der Planungslösung notwendig	Ansätze der Bilanzierung und Bewertung haben vorwiegend Ist- und Vergangenheitsbezug; Simulationen erlauben Prognosen	prospektive Betrachtung und Bewertungssystem
Gestaltungsansätze für Planungslösungen notwendig	verschiedene Gestaltungsansätze verfügbar	Gestaltungsempfehlungen für das Fabriksystem

Daraus leiten sich grundlegende Anforderungen ab, die bei der Entwicklung eines Modellierungsansatzes berücksichtigt werden müssen:

- Anwendungsgebiet Fabrikplanung,
- Anwendbarkeit in verschiedenen, vor allem frühen, Planungsphasen,
- Fokus auf das Planungsobjekt Fabriksystem,
- generischer Ansatz zur Modellierung des Fabriksystems hinsichtlich Energie- und Ressourceneffizienz,

- ganzheitliche Betrachtung des Fabriksystems einschließlich seiner Elemente, Hierarchien, Funktionen, Zustände, Strukturen etc.,

- integrative Betrachtung von Teilbereichen (z. B. Produkt-, Medien- und Energieflüsse sowie Produktions-, Gebäude- sowie Ver- und Entsorgungssysteme),

- modularer Aufbau und stufenweises Vorgehen zur Abbildung verschiedener Aspekte für unterschiedliche Planungsaufgaben hinsichtlich Zielstellung, Inhalte, Betrachtungsobjekte und Detaillierung,

- qualitative und quantitative Beschreibung der Betrachtungsobjekte,

- prospektive Abschätzung und Beurteilung der Energie- und Ressourceneffizienz der Fabriksystemmodelle bzw. Planungslösungen,

- Basis zur Ableitung von Gestaltungsempfehlungen.

In der Konsequenz bleibt festzustellen, dass die Fabrik ein sehr komplexes System darstellt. Für dessen ganzheitliche Betrachtung bietet sich ein verallgemeinerter Modellierungsansatz an, mit dem der Systemaufbau und die Systemfunktionsweise beschrieben, Wirkzusammenhänge erklärt und Gestaltungsempfehlungen abgeleitet werden können. Dadurch wird die Ausgangsbasis geschaffen, mit der die Zielgrößen Energie- und Ressourceneffizienz bereits in frühen Planungsstadien bei der Gestaltung des Fabriksystems berücksichtigt werden können. Der Kern eines derartigen Modellierungsansatzes wird im folgenden Kapitel hergeleitet.

3.4   Fazit zum Stand der Forschung

Der Stand der Forschung zeigt, dass die Thematik Energie- und Ressourceneffizienz aufgrund der Vielzahl an neueren und vielfältigen Publikationen von besonderer Bedeutung für die Forschung und Praxis ist.

Aus der Analyse der relevanten Forschungsansätze geht hervor, dass die methodischen Beiträge in die Bereiche Fabrikplanung, Fabrikbetrieb sowie Bilanzierung und Bewertung eingeordnet werden können. Ein Großteil davon thematisiert dabei die Analyse, Bewertung und Optimierung vorhandener Prozesse, Produkte oder Systeme. Die umfassende Konzeption von neu zu entwerfenden Fabriken wird in nur vergleichsweise wenigen Beiträgen konkretisiert. In diesem Zusammenhang konzentrieren sich die Ansätze auf das methodische Planungsvorgehen. Die ganzheitliche Beschreibung des Objektbereichs, die Fabrik als Gesamtsystem, spielt dabei eine untergeordnete Rolle.

Aus den erläuterten praxis- und wissenschaftsrelevanten Herausforderungen der Energie- und Ressourceneffizienz ergeben sich ein Handlungsbedarf zur Entwicklung eines Modellierungsansatzes sowie Anforderungen, die dafür berücksichtigt werden müssen.

4 Methodik zur Fabriksystemmodellierung im Kontext von Energie- und Ressourceneffizienz

"Dass ich erkenne, was die Welt im Innersten zusammenhält."
aus Faust I von Johann Wolfgang von Goethe

In diesem Kapitel wird die Methodik zur Fabriksystemmodellierung im Kontext von Energie- und Ressourceneffizienz entwickelt. Dazu wird zunächst der Aufbau der Methodik dargestellt. Im Anschluss wird ein Metamodell aufgestellt, welches die grundlegenden Systembestandteile aus der Systemtheorie auf das Betrachtungsobjekt Fabrik projiziert. Dann werden die Fabriksystemkonzepte zur detaillierten Beschreibung erarbeitet. Die wesentlichen energie- und ressourcenrelevanten Bestandteile werden nachfolgend in einem Referenzmodell zusammengefasst. Abschließend wird ein Vorgehensmodell zur systematischen Modellierung des Fabriksystems erläutert.

4.1 Aufbau der Methodik

Im vorangegangenen Kapitel werden die Anforderungen an einen Modellierungsansatz anhand der praxis- und wissenschaftsrelevanten Herausforderungen abgeleitet. Auf dieser Basis wird im Folgenden die Methodik zur Fabriksystemmodellierung im Kontext von Energie- und Ressourceneffizienz entwickelt. Die Methodik ist eine Gesamtheit mehrerer miteinander in Beziehung stehender Modelle zur ganzheitlichen Abbildung des Fabriksystems (Abbildung 13).

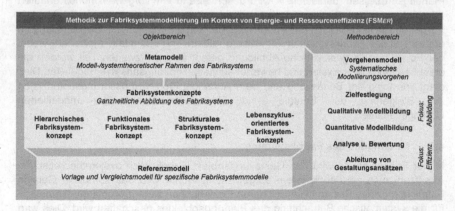

Abbildung 13: Aufbau der Methodik FSMER

Zunächst wird ein *Metamodell* – übergeordnetes Modell, das die Erstellung von Modellen beschreibt und regelt (Gadatsch 2008, S. 82-83) – aufgestellt, welches die im Grundlagenteil hergeleiteten allgemeinen Systembestandteile auf das Betrachtungsobjekt Fabrik überträgt und somit die Fabrik als System deklariert. Das Metamodell liefert einen Überblick, aus welchen Bestandteilen sich das gesamte Fabriksystem zusammensetzt und wie diese miteinander verbunden sind.

Im nächsten Schritt wird der Hauptbestandteil der Methodik erarbeitet. Um das Fabriksystem vollständig modellhaft abbilden zu können, werden das hierarchische, das funktionale, das strukturale und das lebenszyklusorientierte *Fabriksystemkonzept* aufgebaut. Die Fabriksystemkonzepte bilden in detaillierter Form mit Hilfe systemischer Beschreibungs-, Erklärungs- und Prognosemodelle die Systembestandteile und deren Wirkbeziehungen hinsichtlich der Zielgrößen Energie- und Ressourceneffizienz ab.

Im Anschluss werden die wesentlichsten energie- und ressourcenrelevanten Aspekte in einem *Referenzmodell* für Fabriksysteme zusammengefasst. Dieses Modell dient als Vorlage für zu erstellende anwendungsspezifische Modelle, um dadurch den Modellierungsaufwand zu verringern. Gleichzeitig fungiert das Referenzmodell auch als Vergleichsmodell, mit dem geprüft wird, ob ein spezifisches Modell alle grundsätzlichen Bestandteile (u. a. Systeme, Gegenstände oder Relationen) enthält oder ob weitere ergänzt werden können bzw. müssen. An diesem Modell werden auch die hauptsächlichen stofflichen und energetischen Wirkbeziehungen zwischen den Systemen einer Fabrik nachvollziehbar.

An dieser Stelle liegen allgemeine Modelle vor, mit denen das Fabriksystem ganzheitlich und für unterschiedliche Anwendungsfälle abgebildet werden kann (Objektbereich). Um die Anwendung dieser Modelle in der Praxis, insbesondere in Planungsprozessen, darzustellen, wird abschließend ein *Vorgehensmodell* erläutert (Methodenbereich). Dieses Modell beschreibt das systematische und schrittweise Vorgehen zur Modellierung des Fabriksystems. Dazu wird nach der Zielfestlegung im ersten Teil das Fabriksystem stufenweise qualitativ und quantitativ modelliert, wobei der Fokus auf die ganzheitliche Abbildung gelegt wird. Im zweiten Teil werden die erstellten Modelle analysiert und bewertet sowie Gestaltungsansätze abgeleitet. Dies dient vorrangig der Beurteilung und dem Aufzeigen von Verbesserungspotenzialen zur Steigerung der Energie- und Ressourceneffizienz der modellierten Lösungsvarianten.

4.2   Metamodell des Fabriksystems

In der Fabrikplanung wird das Gestaltungsobjekt Fabrik nach systemtheoretischen Ansätzen auch als Fabriksystem aufgefasst. Dadurch wird das komplexe Gebilde Fabrik in einzelne Bestandteile und deren Beziehungen zerlegt, womit die Grundlage für die systematische Betrachtung des Planungsobjektes geschaffen wird. Dies wird vor allem damit begründet, dass die Fabrik als System ein großes Ausmaß (große Anzahl an Elementen und Relationen) annimmt und dass die Fabrik ein reales, offenes, dynamisches und stochastisches System darstellt, so dass Planungen immer mit Risiko und Unsicherheiten behaftet sind (Schmigalla 1995, S. 44).

Als soziotechnisches System wirken in der Fabrik Mensch und Technik zusammen. Die mit soziotechnischen Systemen verbundenen handlungsorientierten Ziele und Zielsysteme sind insbesondere für den Fabrikbetrieb relevant (z. B. im Rahmen des Energiemanagements). Daher werden in dieser Arbeit nur die technischen Systembestandteile fokussiert, um daran vor allem die Aspekte bezüglich des Systemaufbaus und der Vernetzung hinsichtlich Energie- und Ressourceneffizienz für Planungsaufgaben beschreiben und erklären zu können.

Wie im Grundlagenteil dargestellt, liegt nach ROPOHL ein vollständiges Systemmodell vor, wenn die drei Systemkonzepte Funktion, Struktur und Hierarchie abgebildet sind (vgl. Abschnitt 2.3.3.3). Die einzelnen Systemkonzepte stellen demzufolge Teilaspekte des Gesamtsystems dar, so dass diese Konzepte als Partialmodelle dienen. Dieser Ansatz wird auf das Fabriksystem übertragen. In Abbildung 14 werden die Partialmodelle und Komponenten des Fabriksystems in einem Metamodell zusammengefasst, welches als Rahmen für die nachfolgende Herausarbeitung der einzelnen Fabriksystemkonzepte dient.

Die drei Systemkonzepte stehen direkt in Verbindung miteinander und bilden den Rahmen zur Darstellung des Fabriksystems. Die Abbildung des Fabriksystems erfolgt grundsätzlich nach dem Top-down-Prinzip von der hierarchischen Einordnung über die Funktionsbeschreibung bis zur Bestimmung der inneren Strukturen. Die Systemkonzepte dürfen jedoch nicht getrennt voneinander gesehen werden, da sie ineinander aufbauen. Die grundlegenden Fabriksystemkomponenten sind den übergeordneten Konzepten grob zugeordnet. Aus dem hierarchischen Fabriksystemkonzept gehen die Hierarchien hervor. Durch die funktionale Betrachtungsweise werden insbesondere der Zweck sowie die Fabriksystemfunktionen, -zustände, -gegenstände und -eigenschaften definiert. Mit dem strukturalen Konzept werden die Relationen und Strukturen des Fabriksystems wiedergegeben. Die Fabriksystemelemente sowie die Umwelt und die Grenzen sind in allen drei Fabriksystemkonzepten in unterschiedlichen Ausprägungen wiederzufinden. In Ergänzung wird ein lebenszyklusorientiertes Fabriksystemkonzept hinzugefügt. Die Stadien im Lebenszyklus haben Auswirkungen auf die anderen Systemkonzepte und sind auch hinsichtlich Energie- und Ressourceneffizienz von besonderer Bedeutung.

Für die grafische Abbildung einzelner Systembestandteile wird in dieser Arbeit auf eine eigene Notation auf Basis der *Flusssystemtheorie* zurückgegriffen (vgl. Abschnitt 4.5.2.2 und Anhang A1)[10]. Dies hat zum einen den Hintergrund, dass mit dieser Notation eine vereinfachte grafische Darstellung des Fabriksystems und seiner Bestandteile angestrebt wird, um damit den Planungsprozess hinsichtlich der

---

[10] Die Notation der Flusssystemtheorie wird um die Differenzierung von Systemen und Funktionen in Verbindung mit Stoffen, Energien und Informationen erweitert. Des Weiteren werden Symbole für Gegenstände und Zustände hinzugefügt.

Schaffung von Transparenz über das Planungsobjekt zu unterstützen. Derartige Abbildungen bezogen auf Stoffe und Energien sind in der Fabrikplanung – im Gegensatz zur Verfahrensplanung, in der vor allem Fließschemata[11] als Planungswerkzeug eingesetzt werden (DIN EN ISO 10628, S. 3) – weniger verbreitet, obwohl damit der Aufbau und die Wirkbeziehungen eines Systems oder Prozesses übersichtlich dargestellt werden können.

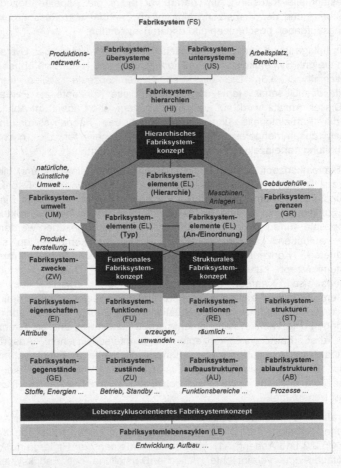

*Abbildung 14:	Metamodell des Fabriksystems*

---

[11] Fließschemata bilden den Aufbau bzw. die Prozesse einer verfahrenstechnischen Anlage in einheitlicher grafischer Form ab.

Zum anderen werden mit dieser systemorientierten Notation die Grundsätze ordnungsgemäßer Modellierung, insbesondere Vergleichbarkeit, Klarheit und Aufbau, verfolgt (vgl. Abschnitt 2.3.2.3). Das bedeutet, dass die zu entwickelnden Modelle frei von Konventionen konkreter Modellierungssprachen sein sollen, um damit die Verallgemeinerung und Übertragbarkeit der Modelle zu gewährleisten.

4.3 Hierarchisches Fabriksystemkonzept

Mit dem hierarchischen Systemkonzept wird das Betrachtungsobjekt sowohl in übergeordnete Systeme eingeordnet als auch in untergeordnete Systeme – kleinste Stufe sind die Elemente, die nicht weiter aufgelöst werden – eingeteilt (vgl. Abschnitt 2.3.3.3). Demnach wird das Fabriksystem auf der einen Seite in einen größeren Kontext gestellt und auf der anderen Seite durch schrittweise Bildung von Subsystemen immer weiter detailliert.

Zunächst wird das Fabriksystem selbst als hierarchisches Subsystem behandelt. Dieses ist als abstraktes Objekt eingebunden in die natürliche Umwelt, welche vereinfacht als Biosphäre, Atmosphäre, Boden und Wasser zusammengefasst wird (Schmigalla 1995, S. 36). Die Fabrik ist dadurch ein Teil des ökologischen Systems bzw. ökologischer Systeme. Weiterhin wird sie von wirtschaftlichen, sozio-kulturellen, politischen, rechtlichen und technischen Umfeldern (künstliche Umwelt) umgeben, mit denen vielfältige Beziehungen bestehen (Dyckhoff 2006, S. 5). Folglich ist das Fabriksystem auch in soziale und technische Übersysteme einzuordnen.

Fabriken dienen in erster Linie der Herstellung von Erzeugnissen. Daher ist die Fabrik als Ort der Produktion eine Station im Produktlebenszyklus, welcher auch als Übersystem von der Rohstoffgewinnung bis zur Entsorgung gesehen werden kann. Zur Herstellung des Produktes werden verschiedene Ressourcen benötigt. Dadurch werden Fabriksysteme auch Teil weiterer Bündnisse (z. B. Netzwerke) für Stoffe und Energien, aber bspw. auch für Informationen und Kapital. In diesen Verbänden werden die jeweiligen Güter in mehreren Stufen umgewandelt, wobei die Fabriksysteme vorwiegend als Nutzer bzw. Verbraucher (z. B. von Energien) sowie als Erzeuger (z. B. von Produkten) der Objekte agieren.

Das Fabriksystem ist aus organisatorischer wirtschaftlicher Sicht ein Teil eines oder mehrerer Unternehmen und ist die Stätte der Produktion. Folglich ist die Fabrik in arbeitsteiligen Lieferketten oder Produktions- bzw. Wertschöpfungsnetzwerken integriert, so dass das Fabriksystem mit anderen (unternehmensinternen oder -externen) Fabriksystemen kooperiert.

Zur Unterteilung wird das Fabriksystem im Folgenden als hierarchisches Übersystem betrachtet. Wie bereits erwähnt, gibt es für die Fabrik verschiedene Begrifflichkeiten, wie z. B. Werk oder Produktionsstandort, die oftmals synonym verwendet werden. Um ein einheitliches Verständnis aufzubauen und Untersuchungen nach Top-down- oder auch Bottom-up-Prinzipien durchführen zu können, wird in der Fabrikplanung in Anlehnung an die Systemtheorie auf die hierarchische Ordnung bzw. Gliederung der Fabrik zurückgegriffen. Damit wird die Fabrik zunächst in das übergeordnete

Netzwerk eingeordnet und dann in ihre prinzipiellen, hierarchisch gegliederten Bestandteile zerlegt. Hierfür werden in der Regel 5 bis 6 Ebenen definiert, die in Abbildung 15 dargestellt sind (Helbing 2010, S. 67), (Kettner, Schmidt & Greim 1984, S. 158), (Müller et al. 2009, S. 42), (Schenk, Wirth & Müller 2014, S. 136-137), (Schmigalla 1995, S. 37), (VDI 5200 Blatt 1, S. 7), (Westkämper 2006, S. 55), (Wiendahl, Reichardt & Nyhuis 2009, S. 131, 134), (Wirth 1989, S. 23-24).

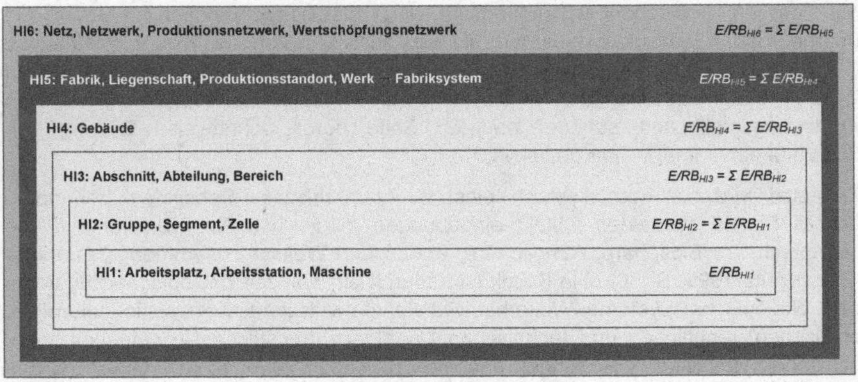

HI6: Netz, Netzwerk, Produktionsnetzwerk, Wertschöpfungsnetzwerk $E/RB_{HI6} = \Sigma\, E/RB_{HI5}$

HI5: Fabrik, Liegenschaft, Produktionsstandort, Werk   Fabriksystem $E/RB_{HI5} = \Sigma\, E/RB_{HI4}$

HI4: Gebäude $E/RB_{HI4} = \Sigma\, E/RB_{HI3}$

HI3: Abschnitt, Abteilung, Bereich $E/RB_{HI3} = \Sigma\, E/RB_{HI2}$

HI2: Gruppe, Segment, Zelle $E/RB_{HI2} = \Sigma\, E/RB_{HI1}$

HI1: Arbeitsplatz, Arbeitsstation, Maschine E/RB_{HI1}

Legende: *E/RB ... Energie-/Ressourcenbedarf*
HI   ... Hierarchie

Abbildung 15:   Verallgemeinertes Hierarchiemodell des Fabriksystems

In der obersten Ebene 6 ist das Fabriksystem Teil übergeordneter Systeme hauptsächlich zur Herstellung von Erzeugnissen (vgl. vorangegangener Abschnitt). Die darunterliegende Ebene 5 umfasst die gesamte, räumlich fixierte Fabrik und wird daher oft auch als Liegenschaft, (Produktions-)Standort oder Werk bezeichnet. Es können jedoch damit unterschiedliche Bedeutungen verbunden werden. So kann eine Fabrik mehrere Produktionsstandorte umfassen oder ein Standort mehrere Fabriken/Werke beinhalten (Industriepark). Diese Ebene wird im Weiteren auch als Betrachtungsebene für das Fabriksystem gesehen.

Das Werk wird im nächsten Schritt in einzelne Gebäude[12] (Ebene 4) unterteilt, in denen dann Abschnitte, Abteilungen oder Bereiche (Ebene 3) eingeordnet werden. Auch hier sind andere Gliederungen möglich, wie die Verteilung einzelner Abteilungen auf mehrere Gebäude. In der Ebene 2 werden in den Bereichen einzelne Gruppen, Segmente bzw. Zellen gebildet.

Als unterste Hierarchieebene einer Fabrik werden die Systeme Arbeitsplatz, Arbeitsstation bzw. Maschine in der Ebene 1 als kleinste autonome Einheiten

---

[12] Neben den Gebäuden gehören zu einem Werk auch Außenanlagen, interne Infrastruktur (z. B. Wege und Leitungen) und Anbindungen an die externe Infrastruktur (z. B. Anschlüsse an öffentliche Netze).

gesehen, die in der Fabrikplanung meist nur für bestimme Aufgaben, wie bspw. Arbeitsplatzgestaltung, weiter in ihre Elemente zerlegt werden.

Aufgrund der durchgängigen Untergliederung in Subsysteme ergibt sich für jede Ebene der Energie-/Ressourcenbedarf[13] (E/RB) aus der Summe der Einzelbedarfe der jeweils darunterliegenden Ebene (Bottom-up-Prinzip):

$$E/RB_{HIj} = \sum E/RB_{HIj-1} \qquad\qquad j = 2, ..., 6 \quad (11)$$

Das bedeutet, dass sich bspw. der Bedarf einer Maschinengruppe aus den einzelnen Bedarfen an Stoffen, Energien und/oder Flächen/Räumen der zur Gruppe gehörenden Maschinen ergibt.

4.4 Funktionales Fabriksystemkonzept

4.4.1 Funktionsbetrachtung Fabriksystem

Durch das funktionale Systemkonzept wird das System mit seinen Ein- und Ausgaben sowie Zuständen – jeweils auf Raum und Zeit bezogen – beschrieben, so dass die eigentliche Funktion des Systems in den Vordergrund rückt (vgl. Abschnitt 2.3.3.3). Dadurch werden die Wirkungen auf das Fabriksystem von seiner Umwelt sowie umgekehrt die Auswirkungen auf die Umwelt deutlich.

Wie bereits beschrieben, ist das Fabriksystem in der obersten Hierarchieebene umgeben von natürlicher und künstlicher Umwelt. Das bedeutet, dass das Fabriksystem auf der einen Seite von der Umwelt beeinflusst wird, aber auf der anderen Seite auch Einfluss auf seine Umwelt ausübt. Die Auswirkungen auf die natürliche Umwelt werden durch Umweltbeeinflussungen, wie die Entnahme und Zufuhr von Stoffen und Energien aus bzw. in die Umwelt sowie die Inanspruchnahme von Boden und Landschaft, deutlich und führen zu physikalischen, chemischen, biologischen oder klimatischen Effekten (Umweltwirkungen) (Löffler 2003, S. 6). Die räumliche Ausbreitung dieser Effekte ist dabei nicht lokal begrenzt und kann für lange Zeiträume anhalten.

Außerdem ist das Fabriksystem eine Station, die Produktion, im Produktlebenszyklus bzw. Teil von Bündnissen, die Güter (u. a. Energien) umwandeln. Zur Ver- und Entsorgung des Fabriksystems ist daher eine externe Infrastrukturanbindung notwendig.

Das Fabriksystem übernimmt innerhalb der übergeordneten Systeme die grundsätzliche Funktion (Zweck) der Herstellung von Erzeugnissen als Ausgaben (Fabrik fungiert als Erzeuger), wofür Eingaben ge- und verbraucht werden (Fabrik fungiert als Verbraucher). Nach der systemtheoretischen Betrachtung (vgl. Abschnitt 2.3.3.4) nimmt das (technische) Fabriksystem Stoffe, Energien und Informationen

---

[13] Dieser Begriff wird in den nachfolgenden Abschnitten hinsichtlich Stoffe, Energien, Flächen/Räume etc. weiter spezifiziert.

auf, wandelt, transportiert und speichert diese und gibt sie in veränderter verwertbarer und nicht-verwertbarer Form wieder an die künstliche oder natürliche Umwelt ab. Dabei ändert sich der Zustand des Fabriksystems.

Eingehende Stoffe der Fabrik sind bspw. Einzelteile/Baugruppen, Roh-/Werkstoffe sowie Hilfsstoffe. Des Weiteren sind Stoffe notwendig, die die Produktion ermöglichen bzw. unterstützen. Dazu gehören Betriebsstoffe, die zum Betreiben der Betriebsmittel eingesetzt werden. Die benötigten Stoffe werden von Lieferanten bereitgestellt oder intern selbst erzeugt. Im Fabriksystem baut sich ein Bestand an Stoffen auf oder verändert sich in seiner Art und Menge. In der Regel können Stoffe gut über kurze oder längere Zeiträume lokal gespeichert werden. Als ausgehende Stoffe erzeugt das Fabriksystem verwertbare Produkte und Nebenprodukte sowie nicht-verwertbare Nebenprodukte (Abprodukte wie Abfall, Abluft oder Abwasser), die innerhalb des Fabriksystems nicht wiederverwendet werden können. Die Erzeugnisse werden an Kunden bzw. Partner sowie an Entsorger bzw. in die Umwelt weitergeleitet.

Für den Betrieb sämtlicher Betriebsmittel wird Energie benötigt. Eingehende Energien sind diejenigen Energieformen, die nicht selbst innerhalb des Fabriksystems erzeugt bzw. gewonnen werden. Dementsprechend müssen sie durch externe künstliche oder natürliche Lieferanten bereitgestellt werden. Da Energieformen sich ineinander umformen, findet auch innerhalb des Fabriksystems ein ständiger Wandel bezüglich der Art und Menge der verschiedenen Energien statt. Die Speichermöglichkeiten von Energie sind (derzeit) meist mengen-, raum- und zeitmäßig begrenzt. Die ausgehenden Energien können analog den Stoffen in verwertbare energetische Produkte und Nebenprodukte[14] sowie nicht-verwertbare energetische Nebenprodukte eingeteilt werden. Zu Letzteren gehört vor allem Abwärme. Die energetischen Erzeugnisse werden ebenfalls an Kunden bzw. Partner sowie an Entsorger[15] bzw. in die Umwelt abgegeben.

Weiterhin verarbeitet das Fabriksystem vielfältige Informationen, die zum Betrieb selbst, aber auch zur Kommunikation und Kooperation mit anderen externen Systemen notwendig sind, die durch moderne Informations- und Kommunikationstechnologien sehr schnell und in großen Mengen sowohl lokal als auch global transportiert, verarbeitet und gespeichert werden können. Neben diesen technischen Ressourcen gehen noch weitere Ressourcen (z. B. Personal und Kapital) in das (soziotechnische) Fabriksystem ein und aus (vgl. Abschnitt 2.2.4.3).

Die grundsätzlichen funktionalen Zusammenhänge können auch auf die niedrigeren Hierarchieebenen des Fabriksystems übertragen werden, wobei in Abhängigkeit der jeweiligen Funktion sich die Parameter (Ein- und Ausgaben etc.) des betrachteten Subsystems ändern und die Spezialisierung auf einzelne auszuführende Funktionen

---

[14] Das betrachtete Fabriksystem agiert als (energieversorgendes) Kraftwerk bzw. erzeugt überschüssige, verkaufsfähige Energie bspw. durch eine eigene Photovoltaikanlage.

[15] Als „Energie-Entsorger" kann bspw. ein Energieversorgungsunternehmen gesehen werden, welches Wärmeenergie als Fernwärme mit Hilfe eines Energieträgers (z. B. Wasser) bereitstellt und den abgekühlten Energieträger zurückführt.

zunimmt. In Abbildung 16 werden die erläuterten Zusammenhänge in einem verallgemeinerten Funktionsmodell zusammengeführt.

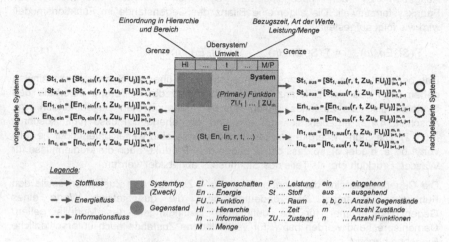

Abbildung 16: Verallgemeinertes Funktionsmodell des Fabriksystems

Zunächst wird das Modell im oberen Teil in Hierarchie (vgl. Abschnitt 4.3) und Bereich (vgl. Abschnitt 4.5.2.2) eingeordnet, die Bezugszeit, Art der Werte sowie Leistung/Menge festgelegt (vgl. Abschnitt 4.8.4). Mit der Angabe der Hierarchieebene und des (Funktions-)Bereichs wird das betrachtete System in übergeordnete Systeme eingeordnet und abgegrenzt. Die Bezugszeit definiert den Zeitraum, für den das Modell gilt (z. B. für eine Stunde oder einen Tag). Darauf beziehen sich die quantitativen Angaben. Die Art der Werte gibt an, ob minimale, mittlere/durchschnittliche oder maximale Werte vom Modell wiedergegeben werden. Zudem wird deklariert, ob eine Leistungsbetrachtung (z. B. in den Einheiten kW oder m³/h) oder Mengenbetrachtung (z. B. in den Einheiten kWh oder m³ für ein Jahr) erfolgt.

In der Mitte sind das System, der Systemtyp und die primäre Funktion benannt (vgl. Abschnitt 4.4.3). Außerdem werden die möglichen Zustände definiert und Eigenschaften des Systems angegeben (vgl. Abschnitt 4.4.5). Das System kann sich zu einem bestimmten Zeitpunkt nur in einem Zustand befinden. Im Funktionsmodell können aber mehrere Zustände gemeinsam dargestellt werden. Die Eigenschaften umfassen u. a. Standorte, Flächen/Volumen, Beleuchtungsanforderungen, Temperaturen oder Zeiten (z. B. Bearbeitungs- bzw. Zykluszeiten) des Systems (vgl. Abschnitt 4.8.4).

Des Weiteren umfasst das Modell die stofflichen, energetischen und informationellen[16] Eingaben von den vorgelagerten Systemen (links, eingehend) und Ausgaben zu den nachgelagerten Systemen (rechts, ausgehend) der Fabriksystemumwelt. Die allgemeine Bilanz der Gegenstände im Funktionsmodell wird wie folgt aufgestellt:

$$\sum (St, En, In)_{aus} = \sum (St, En, In)_{ein} - \sum \Delta (St, En, In)_{ZU} \qquad (12)$$

Das bedeutet, dass die Summe der Ausgaben, die über die Systemgrenze hinweg gehen, sich aus der Differenz der Eingaben und der Änderung innerhalb des Systems, also des Zustands, ergibt. Aus den gehandhabten Gegenständen (vgl. Abschnitt 4.4.2) ergeben sich die ein- und ausgehenden Flüsse (vgl. Abschnitt 4.5.2.2). Die Stoff-, Energie- und Informationsflüsse sind weiter unterteilbar (jeweils von 1 bis a, b oder c), so dass bspw. neben dem Produkt- auch die Medienflüsse für Wasser, Druckluft etc. als Teile des Stoffflusses abgebildet werden.

Die Gegenstände sind dabei neben Raum und Zeit von den Zuständen sowie den Funktionen abhängig. Das bedeutet, dass die quantitativen Werte eines Gegenstands immer für die definierten Bedingungen des Modells gelten. Dementsprechend werden bspw. für verschiedene Zustände auch unterschiedliche Eingaben benötigt.

Wie oben beschrieben, erfolgt die quantitative Angabe der Gegenstände leistungs- oder mengenbezogen als minimale, mittlere oder maximale Werte. Neben den anzunehmenden Intensitäten – aus der geplanten oder realen Nutzung des Systems abgeleitet – kann weiterhin die (technische) Kapazität in eckigen Klammern angegeben werden, um damit die Dimensionierung zu unterstützen. Ein quantitatives Funktionsmodell zur Veranschaulichung wird in Abbildung 49 dargestellt (vgl. Abschnitt 4.8.4).

Des Weiteren kann jeder Gegenstand verschiedenartig vom System gehandhabt (z. B. erzeugt oder ver- bzw. gebraucht) werden (vgl. Abschnitt 4.4.3). Dies ist ein wesentlicher Indikator, um Ansätze zur Effizienzsteigerung zu identifizieren (vgl. Abschnitt 4.8.5.4). Außerdem wird daran deutlich, dass das System eine oder mehrere Funktionen ausführt.

Anhand der Funktionsbetrachtung sowie der im Grundlagenteil eingegrenzten Ressourcen wird deutlich, dass der Energie-/Ressourcenbedarf eines Systems wie folgt beschrieben werden kann:

$$E/RB_{System} = \sum (St, En, r)_{Verbrauch} \qquad (13)$$

---

[16]	Die Informationsgegenstände werden in dieser Arbeit nicht näher ausgeführt.

Darin inbegriffen sind folglich alle eingehenden Stoffe und Energien, die für einen Verbrauch[17] benötigt werden, so dass sie danach nicht mehr für die ursprüngliche Verwendung genutzt werden können. Des Weiteren sind Flächen/Räume berücksichtigt, die durch das System bebaut bzw. versiegelt werden, so dass dadurch im umweltwissenschaftlichen Sprachgebrauch ein Bodenverbrauch verursacht wird (vgl. Abschnitt 2.1.4).

Mit dem Funktionsmodell können das Fabriksystem und die einzelnen Systeme der Fabrik hinsichtlich ihrer funktionalen Zusammenhänge mit notwendigen Eingaben, erbringbaren Ausgaben und dazugehörigen Eigenschaften, Funktionen und Zuständen sowie deren Schnittstellen zu anderen Systemen dargestellt werden. Dadurch ist dieses Funktionsmodell das zentrale Instrument, um die wesentlichen energie- und ressourcenrelevanten Aspekte eines Systems darzustellen. Nachfolgend wird die Beschreibung der Gegenstände, Funktionen, Systemtypen und Zustände weiter untersetzt.

4.4.2 Konkretisierung der Gegenstände

Gegenstände stellen die gehandhabten Bestandteile eines Systems dar, die von der Ein- in die Ausgabe überführt werden bzw. sich im System befinden. Systeme stehen in Beziehung zueinander, da sie Gegenstände miteinander austauschen. Die Gegenstände werden aus Systemsicht grob in die Klassen Stoffe, Energien und Informationen eingeteilt. Wie die ersten beiden Klassen sind auch die Informationen für Untersuchungen der Energie- und Ressourceneffizienz relevant. Jedoch betrifft dies die Abbildung der Daten- und Informationsbeziehungen (z. B. Austausch von Energiedaten im Energiemanagement), so dass diese Sichtweise für den Fabrikbetrieb, aber weniger für den Betrachtungsbereich der vorliegenden Arbeit von Bedeutung ist (vgl. Abschnitt 1.2). Daher werden Informationen im Weiteren nicht näher ausgeführt.

In Tabelle 8 werden für die beiden Klassen Stoffe und Energien typische Gegenstandsarten zusammengefasst. Zu beachten ist dabei, dass die aufgeführten Gegenstände nur als Beispiele gesehen werden können, weil deren Definitionen und Einordnung in der Praxis sehr unterschiedlich ausfallen. Des Weiteren dient die Unterteilung in Ein- und Ausgaben zur groben Orientierung, weil die Gegenstände zum Teil auch in umgekehrter Weise eingesetzt werden können. Elektroenergie ist bspw. auch als Ausgabe eines Generators definierbar.

---

[17] Hier wird zur Beschreibung des Bedarfs (vorausschauend) der Begriff Verbrauch (rückblickend) verwendet, um diejenigen Gegenstände einzugrenzen, die verbraucht werden sollen. Die Funktion Verbrauchen wird in den nächsten Abschnitten näher erläutert und abgegrenzt.

Tabelle 8:   Stoffliche und energetische Gegenstände (Beispiele) nach (Müller et al. 2009, S. 39),
               (VDI 4075 Blatt 1, S. 5-6)

	als Eingabe	als Ausgabe
St Stoffe	Teile, Baugruppen, Halbfertigprodukte, ... Roh-/Werkstoffe Hilfsstoffe (Chemikalien, Kleber, Lote, Schweißdraht ...) Betriebsstoffe (Dampf, Gas, Kohle, Kühlschmierstoffe, Luft, Öl, Reiniger, Schmierstoffe, Wasser ...) Logistische Hilfsmittel (Werkstückträger, Verpackung ...) ...	Produkte (Erzeugnisse) Abfälle (Späne, Schrott, Altöle/ Emulsionen ...), Abluft/Abgase, Abwasser Emissionen (Partikel in Form von Staub, Rauch, Gas, Aerosole ...) ...
En Energien	Elektroenergie Kälte (thermische Energie) Wärme (thermische Energie) ...	Abwärme (thermische Energie) innere Energie Lärm, Licht, Schall, Schwingungen ...

Zu den Stoffen zählen zunächst die gewollten bzw. verwertbaren Produkte, Halbfertigprodukte, Baugruppen und Teile. Das sind folglich diejenigen Gegenstände, die das hauptsächliche zu erbringende Erzeugnis verkörpern. Dazu kommen noch Roh-/Werkstoffe, die als Ausgangsstoffe für das Erzeugnis dienen, hinzu. Hilfsstoffe sind zur Herstellung des Erzeugnisses notwendig und gehen in diesen Prozess bzw. in das Erzeugnis selbst ergänzend ein. Im Gegensatz dazu werden Betriebsstoffe für den Betrieb der Betriebsmittel benötigt. Sie sind somit nicht Teil des Erzeugnisses. Zu dieser Kategorie zählen auch die Energieträger, bei denen weniger die stofflichen Eigenschaften sondern mehr die Energieinhalte von Bedeutung sind. Die Hilfs- und Betriebsstoffe werden auch oft als Medien bezeichnet. Festzustellen bleibt jedoch, dass einige Gegenstände, wie Chemikalien, Luft und Wasser, in verschiedensten Arten zur Anwendung kommen und dadurch in mehrere Stoffklassen eingeordnet werden können.

Neben der Aufnahme bzw. dem Verbrauch von Stoffen spielen hinsichtlich Ressourceneffizienz auch die Ausgaben eine besondere Rolle. Daher sind neben den verwertbaren Produkten und Nebenprodukten die nicht-verwertbaren Abfälle, Abgase, Abwässer und Emissionen zu berücksichtigen. Darüber hinaus können noch weitere Gegenstandsgruppen gebildet werden, wie z. B. logistische Hilfsmittel oder Prüfmittel.

Für die Betrachtung der Energieeffizienz in der betrieblichen Praxis sind insbesondere die Energieformen Elektroenergie, Kälte, Wärme und Abwärme relevant.

4.4.3 Konkretisierung der Funktionen

Funktionstypen

Die Funktionen, die das Fabriksystem und seine Subsysteme ausführen, leiten sich aus den drei Grundfunktionen Transformieren, Transportieren und Speichern ab (vgl. Abschnitt 2.3.3.4). Aus diesen Grundfunktionen sind spezifische technische Funktionen ableitbar (Abbildung 17).

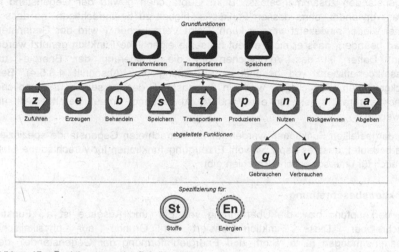

Abbildung 17: Funktionstypen des Fabriksystems

Aus der Struktur eines technischen Systems (vgl. Abschnitt 2.3.3.4) geht hervor, dass jedes System Aufnahme- und Abgabesubsysteme aufweist, welche das Zuführen (Aufnehmen/Bereitstellen) z und das Abgeben (Abführen) a von Gegenständen im Austausch mit der Umwelt bzw. mit vor- und nachgelagerten Systemen ermöglichen. Hiermit werden folglich die Schnittstellenfunktionen an den Systemgrenzen wiedergegeben.

Zwischen dem Zu- und Abführen werden verschiedene Transformations-, Transport- und Speicherungsfunktionen ausgeführt. Wird ein Gegenstand nicht von außen direkt zugeführt, sondern im System selbst erzeugt bzw. gewonnen (z. B. Erzeugung von Elektroenergie aus einer Photovoltaikanlage oder Druckluft aus einem Kompressor), dann wird dies der Funktion Erzeugen (Gewinnen) e zugeordnet. Hierbei sind die Ein- und Ausgaben der Funktion von verschiedener Art. Beim Behandeln b wird die gleiche Art eines Gegenstandes umgeformt (z. B. Umspannung von Elektrizität durch einen Transformator oder Reinigen von Wasser durch eine Filteranlage).

Speichern (Lagern/Puffern) *s* beschreibt die zeitliche Aufbewahrung, Transportieren (Fördern/Verteilen) *t* ist die räumliche Überführung von Gegenständen zwischen zwei oder mehreren Stationen.

Eine zentrale Funktion der Produktion stellt das Produzieren (Fertigen/Montieren) *p* dar, welche die eigentliche Wertschöpfung am Produkt durch Umwandlung, Zusammenführung, Trennung etc. von ein oder mehreren Gegenständen darstellt.

Unter Nutzen (Anwenden) *n* wird der bestimmungsmäßige Ge- und Verbrauch von Gegenständen zusammengefasst. Beim Gebrauchen *g* wird der Gegenstand für etwas verwendet, ohne dessen Funktionsfähigkeit zu beeinträchtigen, so dass er später wieder eingesetzt werden kann. Beim Verbrauchen *v* wird der Gegenstand derart geändert, dass er nicht erneut für seine eigentliche Funktion genutzt werden kann. Daher ist das Verbrauchen für die Steigerung der Energie- und Ressourceneffizienz von besonderer Bedeutung (vgl. Abschnitt 4.8.5.4). Beim Rückgewinnen (Recycling) *r* wird ein Gegenstand, der für seinen ursprünglichen Zweck verbraucht ist, für eine andere Anwendung erneut bereitgestellt und verwendet.

Die dargestellten Funktionen werden für die betrachteten Gegenstände spezifiziert. Das bedeutet, dass es bspw. sowohl Erzeugungsfunktionen für verschiedene Stoffe als auch für unterschiedliche Energien gibt.

Funktionsbeschreibung

Die Verknüpfung bzw. die Überführung von Ein- und Ausgabe ist als Funktion beschreibbar. Diese Funktion basiert im Grunde auf physikalischen Zusammenhängen (u. a. Stoff- und Energieumformung der Gegenstände), dem Systemaufbau sowie der Nutzungs- bzw. Betriebsweise eines Systems (z. B. Betriebszeiten oder Fahrweise), die die Transformation der Stoffe und Energien im System beeinflussen. Daher kann die Ein-/Ausgabetransformation prinzipiell als mathematische Funktionen dargestellt werden, mit der in Abhängigkeit der genannten Faktoren die Ausbringungen, aber auch die dafür notwendigen Bedarfe ermittelt werden können.

Die Transformationsbeziehung zwischen Ein- und Ausgabe wird zunächst durch eine mengenmäßige Gegenüberstellung hergestellt. Hierfür ist zu analysieren, welche Menge einer oder mehrerer Eingaben notwendig ist, um eine Menge einer oder mehrerer Ausgaben zu erzeugen. Für die Bereitstellung eines erwärmten Materials (erwärmte Materialausgabe) ist bspw. eine definierte Menge an Material (Materialeingabe) und Energie (Energieeingabe) notwendig. Folglich ist dieser Zusammenhang formal beschreibbar, so dass in Abhängigkeit des Umwandlungsprozesses unterschiedliche mathematische Funktionen zur Anwendung kommen können, z. B. in Form einer linearen Funktion:

Ausgabe = Koeffizient × Eingabe   *Koeffizient ∈ [0,1]*   (14)

Mit Hilfe derartiger Verhältnisse werden die erzeugbaren Ausgaben und/oder die notwendigen Eingaben für einzelne oder vernetzte Systeme bzw. Prozesse sowie für verschiedene Fälle (z. B. Variation der Produktionsmenge oder Betriebsweisen) berechnet (Abbildung 18). Wenn nach dieser beispielhaften Darstellung 100 Einheiten des ausgehenden Stoffes ST_3 (Produkt) erzeugt werden sollen, dann müssen 90 Einheiten vom ersten eingehenden Stoff ST_1, 10 Einheiten vom Zweiten ST_2 und 10000 Einheiten Energie En_1 zugeführt werden. Dabei entstehen 5000 Einheiten anderer Energie En_2 (z. B. als Abwärme). Die restliche Energie En_3 ist im Produkt gebunden.

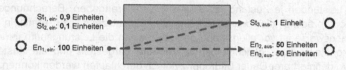

Abbildung 18:   Mengenverhältnis zwischen Ein- und Ausgabe (Beispiel)

Die Ein- und Ausgaben sind alle mengenmäßig erfasst und als vollständige Bilanz darstellbar, wenn beide Seiten ausgeglichen sind. Die Erfassung aller dafür notwendigen Daten ist allerdings in der Praxis oftmals nicht umsetzbar (ifu 2011, S. ‚8 - 8'). Dies ist darin begründet, dass die benötigten Daten nicht wirtschaftlich oder technologisch erhoben werden können. Dennoch ist dieser Ansatz, der den Ausgangspunkt von Stoffstromanalysen (vgl. Abschnitt 3.2.3) oder auch Produktionsfunktionen (Dyckhoff & Spengler 2010, S. 115) bildet, geeignet, um die relevanten ein- und ausgehenden Stoffe und Energien gegenüberzustellen, so dass bspw. der Stoff- und Energiebedarf für eine gewisse Ausbringungsmenge verdeutlicht werden kann. Zu beachten ist dabei, dass sich diese Herangehensweise immer auf einen definierten Zeitraum und Zustand bezieht.

Für die Betrachtung von Energie- und Ressourceneffizienz spielen weiterhin die Leistungsaufnahme oder -abgabe (P)[18] über die Zeit und die daraus kalkulierbaren kumulierten Bedarfs- und Erzeugnismengen (W oder M)[19] ein Rolle. Hierdurch werden die Ein- und Ausgaben anhand der Zeit berechnet (vgl. Abschnitt 2.1.3). Dieser Zusammenhang kann nun für jeden Zustand (ZU) (vgl. Abschnitt 4.4.5) definiert werden:

$$P_{ZU}(t) = \frac{W_{ZU}}{t_{ZU}} \tag{15}$$

$$W_{ZU} = P_{ZU} \times t_{ZU} \tag{16}$$

---

[18] Darunter wird hier sowohl die energetische Leistung (Energiestrom) als auch die stoffliche Leistung (Stoffstrom) verstanden.

[19] Darunter wird hier sowohl die verrichtete Arbeit bzw. übertragene Energie als auch die übertragene Stoffmenge verstanden.

Durch die Verknüpfung mehrerer Zustände werden schließlich die Gesamtmengen für definierte Zeiträume oder Zyklen bzw. Prozesse ermittelt oder prognostiziert:

$$W_{Gesamt} = \sum_{i=1}^{n} W_{ZUi} = \sum_{i=1}^{n} P_{ZUi} \times t_{ZUi} \tag{17}$$

Das bedeutet, dass zunächst jedem Zustand spezifische Verbrauchs- und Erzeugungseigenschaften zugeordnet werden. Im einfachsten Fall geschieht dies als gemittelte Werte, bspw. als durchschnittliche Leistungsaufnahme des Systems in einem definierten Zustand. Durch die Multiplikation der Leistung mit der Dauer, in der sich das System in einem Zustand befindet, werden die Mengen, also die Ein- und Ausgaben für einen bestimmten Zeitraum, berechnet. Folglich sind hierfür die mittleren Leistungen je Zustand (z. B. aus Herstellerangaben, Berechnungen oder Messungen[20]) sowie die betriebsabhängigen Einsatzzeiten zu ermitteln. Diese Herangehensweise ist vor allem dann geeignet, wenn die Leistungsaufnahme durch nahezu konstante bzw. gleichbleibende Verläufe dargestellt und die Zustände in fester bzw. definierbarer Dauer und/oder zyklisch durchlaufen werden können.

In Abbildung 19 wird dieser Zusammenhang am Beispiel einer Messung der elektrischen Leistungsaufnahme einer Hallenbeleuchtung verdeutlicht.

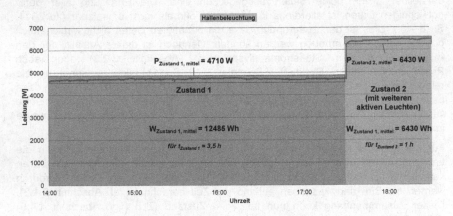

Abbildung 19:   Profil mit gemittelten Werten (Beispiel Hallenbeleuchtung)

Das Profil gibt einen Ausschnitt der Nutzung wieder. Im ersten Zustand weist die Beleuchtung eine gemittelte Leistungsaufnahme von 4710 W auf, im zweiten Zustand – zusätzlicher Beleuchtungsbereich der Halle, das heißt, dass weitere Leuchten mittels Schalter aktiviert sind – sind es 6430 W. Das typische konstante

---

[20] Sind die Zustände voneinander abgrenzbar (z. B. durch Beobachtung), dann ist es für diesen Fall auch möglich, den Verbrauch (z. B. per Zähler) und die Dauer des Zustandes zu messen, um daraus die mittlere Leistung zu errechnen.

Profil einer Beleuchtung ist dabei deutlich zu erkennen. Die aufgenommenen Messwerte der Leistung können vereinfacht gemittelt werden. Mit den gemessenen oder geplanten Einsatzdauern je Zustand wird nun der Verbrauch oder der Bedarf errechnet. Neben den gemittelten Werten können aber auch die maximalen Leistungen bzw. Leistungsspitzen betrachtet werden, um bspw. die notwendigen Versorgungskapazitäten auslegen zu können (vgl. Abschnitt 5.3.3.3).

Die Zustandsdauern sind von der tatsächlichen oder geplanten Nutzung des Systems abhängig und werden durch Annahmen, Schätzungen, Berechnungen, Simulationen oder Messungen bestimmt. Gerade in frühen Planungsphasen sind der spätere Einsatz und die damit verbundenen Zustände eines Systems nur grob eingegrenzt. Daher bietet es sich hierfür an, von einer typischen geplanten Nutzung des Systems auszugehen und mittels Koeffizienten die zeitlichen Anteile der einzelnen Zustände zu ermitteln. Dieses Vorgehen entspricht der Bestimmung des *Typical Energy Consumption* – ein Verfahren, bei dem der typische Energieverbrauch eines Produkts (z. B. Computer) über einen Zeitraum berechnet wird (BFEE 2015). Die Koeffizienten (α) sind für das jeweilige System und dessen geplanten Einsatz auf Basis von Schätzungen, Berechnungen etc. zu ermitteln. Folglich errechnet sich die Gesamtmenge nach:

$$W_{Gesamt} = \sum_{i=1}^{n} t_{Gesamt} \times P_{ZUi} \times \alpha_{ZUi} \qquad (18)$$

Ein Produktionsanlage, die planmäßig 70 % in einem Jahr (8760 h) arbeitet und dabei 10 kW elektrische Energie benötigt sowie die restlichen 30 % bei 0,5 kW Leistungsaufnahme nicht arbeitet, hat demnach überschlägig einen elektrischen Energiebedarf von rund 62700 kWh:

$$W_{Gesamt} = 8760 \text{ h} \times (10 \text{ kW} \times 0,7 + 0,5 \text{ kW} \times 0,3) = 62634 \text{ kWh} \qquad (19)$$

Für eine detailliertere Betrachtung, bspw. im Fabrikbetrieb, können aber noch höher aufgelöste Leistungsprofile von Bedeutung sein. Das heißt, dass für jeden Zeitpunkt ein exakter Leistungswert ermittelt wird, woraus eine zeitabhängige Funktion abgeleitet wird. Durch Beschreibung dieser Funktion wird der zeitliche Leistungsverlauf verdeutlicht und mittels Integralbildung die zusammengefassten Mengen bestimmt (Abbildung 19). Dieser Ansatz kann dazu verwendet werden, um Leistungsspitzen, die gerade bei zeitlicher Überlagerung mehrerer Systeme intensiviert werden, zu identifizieren und bspw. durch Verschiebung der Zustände zu kompensieren.

Neben der oben beschriebenen Berechnung der Mengen (Leistung über die Zeit als Treppenfunktion) können für die rechentechnische Abbildung auch Interpolationsverfahren eingesetzt werden, die den zeitlichen Verlauf der Leistungsprofile annäherungsweise nachbilden. Stark schwankende Profile sind in einzelne Bestandteile, das heißt Zustände oder weitere Abschnitte, zu zerlegen und dann in Form algebraischer Polynome n-ten Grades zu beschreiben. Hierfür wird auf den Ansatz von WEINERT zurückgegriffen, womit Energieprofile bzw. die zeitabhängigen Energieumsätze mittels Potenzreihen n-ten Grades wie folgt abgebildet werden (2010, S. 75):

$$P(t) = \alpha_0 + \alpha_1 \times (t\text{-}t_0) + \alpha_2 \times (t\text{-}t_0)^2 + \ldots + \alpha_n \times (t\text{-}t_0)^n = \sum_{i=0}^{n} \alpha_i \times (t\text{-}t_0)^j \qquad (20)$$

Das bedeutet, dass auf Basis von Simulationsergebnissen oder Messwerten – in der Form Leistungswert und Zeitpunkt – die Koeffizienten (α) berechnet werden, mit denen wiederum die Profile einzelner Zustände bzw. Abschnitte modelliert werden können (Weinert 2010, S. 76). Voraussetzung ist also das Vorhandensein entsprechender Eingangsdaten. Dementsprechend ist dieser Ansatz vor allem für detaillierte Untersuchungen in späten Planungsphasen bzw. im Fabrikbetrieb geeignet. Die Menge errechnet sich bei dieser Herangehensweise über das Integral zwischen Zustandsbeginn und -ende:

$$W_{ZU} = \int_{t_{ZU,0}}^{t_{ZU,1}} P_{ZU}(t) \, d(t) \qquad (21)$$

Die Gesamtmenge ergibt sich wie oben aus der Summe der einzelnen Bestandteile bzw. als Integral über den gesamten Betrachtungszeitraum:

$$W_{Gesamt} = \sum_{i=1}^{n} W_{ZUi} = \sum_{i=1}^{n} \int_{t_{ZUi,0}}^{t_{ZUi,1}} P_{ZUi}(t) \, d(t) = \int_{t_{Gesamt,0}}^{t_{Gesamt,1}} P(t) \, d(t) \qquad (22)$$

In Abbildung 20 wird dieses Vorgehen am Beispiel einer Messung der elektrischen Leistungsaufnahme eines Hochregallagers dargestellt. Hierfür wird ein exemplarischer Arbeitszyklus des Hochregallagers (oben) zerlegt und für einen Abschnitt (unten) das Leistungsprofil durch ein Polynom 6-ten Grades vereinfacht angenähert. Daraus wird ein Zustandsblock zur Beschreibung des Leistungsprofils des Zustandes abgeleitet. Die Abweichung des gemessenen und berechneten Leistungsprofils ist zwar deutlich zu erkennen, jedoch reicht diese Nachbildung für die meisten Untersuchungen im Bereich Energie- und Ressourceneffizienz aus, da die anvisierten Einsparungspotenziale oftmals in größeren Einheiten als die aufgenommen Messwerte bewertet werden.

Zusammenfassend ist die Funktion als Umwandlungsverhältnis zwischen Ein- und Ausgabe oder als zeitlicher Leistungsverlauf (Profil) mit Hilfe gemittelter oder angenäherter Werte darstellbar. Je genauer die Abgrenzung hinsichtlich Zuständen, Profilen und Zeiten durchgeführt wird, umso genauer kann auch die Prognose zu Bedarfen und Erzeugnissen erfolgen. In Abhängigkeit der Planungsaufgabe bzw. der geforderten Detaillierung sowie des System- bzw. Prozesstyps ist folglich einer dieser Ansätze zu wählen, wobei sie auch in Kombination angewendet werden können.

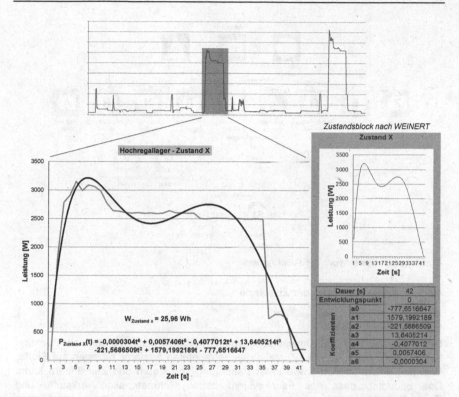

Abbildung 20   Profil aus Messwerten mit angenäherter Funktion (Beispiel Hochregallager)

4.4.4 Konkretisierung der Systemtypen

Aus den Funktionstypen (vgl. Abschnitt 4.4.3) leiten sich die notwendigen Technologien, die zur Erfüllung dieser Funktionen notwendig sind, und damit die grundsätzlichen Systeme der Fabrik ab (Abbildung 21).

Damit werden das Fabriksystem bzw. dessen Subsysteme nach dem eigentlichen Systemzweck charakterisiert. Die weitere Spezifizierung der Systeme geschieht nach der funktionalen Fabriksystemstruktur und im Referenzmodell (vgl. Abschnitt 4.5.2.2 und 4.7.2).

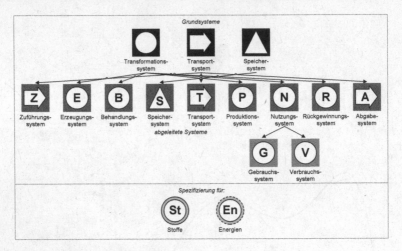

Abbildung 21:   Systemtypen des Fabriksystems

4.4.5   Konkretisierung der Zustände

Zustandsänderungen

Der Übergang bzw. die Umwandlung von Eingabe in Ausgabe wird als Funktion beschrieben, wobei sich der Zustand des betrachteten Systems bezogen auf Stoffe, Energien, Informationen sowie unter Beachtung von Raum und Zeit ändern kann. Das bedeutet, dass das Fabriksystem bspw. Rohmaterialien/Werkstoffe und Energien aufnimmt, diese in Produkte sowie Reste umwandelt und zu mindestens teilweise abgibt. Dabei bleibt der Zustand des Fabriksystems nicht konstant, weil sich die Menge und die Art der Zustandsgrößen innerhalb des Systems verändern und dadurch der Anfangs- und Endzustand verschieden sind.

Die Zustandsänderung wird durch die auszuführenden Funktionen bzw. Prozesse und Betriebsweisen getrieben. Folglich nimmt das System in Abhängigkeit davon unterschiedliche Zustände ein, in denen es zur Funktionserfüllung Stoffe und Energien benötigt. Dieser Zusammenhang wird genutzt, um den verschiedenen Zuständen, die ein System einnehmen kann, sowohl einen definierten Bedarf an Energie bzw. Ressourcen (Eingaben) als auch die möglichen Erzeugnisse (Ausgaben) zuzuordnen. Anhand des Zustandes bzw. der Folge von Zuständen des Systems werden dann Aussagen zu dessen Energie- und Ressourcenbedarf möglich. Die Zustände und Zustandsverkettungen des Fabriksystems werden im Folgenden weiter detailliert.

Abgrenzung der Zustände

Im ersten Schritt ist zu bestimmen, welche Zustandsarten dem System zuzuordnen sind. Dies ist zum einen von den technisch möglichen Zuständen abhängig, die wiederum von den auszuführenden technischen Funktionen determiniert werden. Ein nicht-automatisiertes System mit begrenztem Funktionsumfang weist bspw. weniger Zustände auf als ein hochautomatisiertes System mit verschiedenen Funktionen und einer Vielzahl an Sensoren, Aktoren und Steuerungen.

Zum anderen spielt die gewollte und mögliche Detaillierung bzw. Gliederung der Zustände eine wichtige Rolle. Die gewollte Detaillierung wird durch die jeweilige Planungs- oder Steuerungsaufgabe abgeleitet, das heißt, der Abstraktionsgrad wird vom Betrachter vorgegeben. Im Gegensatz dazu ist nur eine gewisse Detaillierung aufgrund der vorhandenen und erfassbaren Daten möglich. Für beides gilt, dass in frühen Planungsphasen mit weniger detaillierten Daten gearbeitet werden kann oder muss und dass in späteren Betriebsphasen mehr Daten am realen System (z. B. Messdaten unter tatsächlichen Bedingungen) erhoben und genutzt werden können.

In Abbildung 22 werden die Zustandsarten des Fabriksystems zusammengefasst, wobei die Detaillierung von oben nach unten zunimmt und die Übergänge zwischen den Zuständen mit Pfeilen verdeutlicht wird.

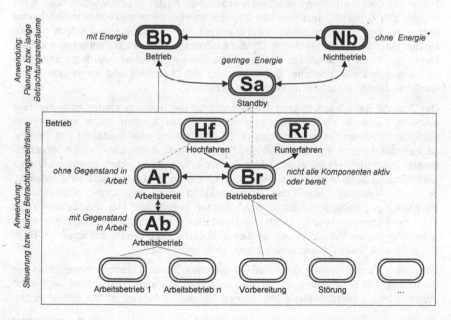

Abbildung 22:   Zustandsmodell des Fabriksystems

Im Allgemeinen ist ein technisches System dazu da, eine gewisse Funktion zu erfüllen, für die es genutzt bzw. betrieben wird. Daraus leiten sich die zwei Grundzustände Betrieb (Nutzung, an) oder Nichtbetrieb (Nichtnutzung, aus) ab. Letzteres trifft zu, wenn das System nicht verwendet und prinzipiell keine Energie zugeführt bzw. verbraucht wird. Aus diesem Zustand kann das System nur manuell oder mechanisch angeschaltet werden. Der Betrieb beschreibt den Zustand, wenn das System verwendet wird und Energie sowie ggf. weitere Ressourcen für das System selbst oder für das Erzeugnis genutzt werden. Anhand dieser Beschreibung können beide Zustände relativ genau definiert werden, wohingegen die Abgrenzung und Charakteristik der folgenden Zustandsarten immer von den jeweiligen Definitionen abhängig sind.

Zwischen beiden Grundzuständen wird in der Praxis ein dritter Mischzustand, der Standby, eingefügt. In diesem Zustand ist das System nicht genutzt, gewissermaßen aus. Gleichzeitig ist es aber auch in einer Bereitschaft an, um in den Nutzungszustand übergehen zu können und benötigt daher eine (verringerte) Energie, um diese Wartestellung[21] aufrechtzuerhalten. Dieser Übergang ist gegenüber dem Nichtbetrieb dadurch gekennzeichnet, dass er grundsätzlich Energie verbraucht und ohne prägnante Vorbereitungen schneller ausführbar ist. Der Standby-Modus wird vor allem verwendet, wenn ein automatisiertes Starten aus der Ferne per Datenverbindung realisiert werden soll. In der Praxis werden aber auch oftmals alle Zustände, in denen das System an aber nicht im Arbeitsbetrieb (siehe unten) ist, dem Standby zugeordnet. Dann ist dem Standby eine deutlich höhere Leistungsaufnahme anzurechnen. Da dieser Zustand über lange Zeiträume anhalten kann (z. B. in arbeitsfreier Zeit), muss darauf geachtet werden, dass die Leistungsaufnahme möglichst gering ist, um die Grundlast und damit den nicht-wertschöpfenden Energieverbrauch zu minimieren.

Der Zustand Betrieb selbst kann in Abhängigkeit der Nutzung wiederum in mehrere einzelne Zustände untergliedert werden. Führt das System seine vorgesehene Funktion mit einem Gegenstand aus (z. B. Bearbeitung oder Transport von Teilen), so befindet es sich im Arbeitsbetrieb. Das bedeutet, dass das System innerhalb dieses Zustandes seinen eigentlichen Zweck erfüllt, somit einen gewollten Output generiert und dabei in der Regel die größten anhaltenden Leistungsbedarfe aufweist. Je nach Systemtyp wird der Arbeitszustand auch als Last-, Produktions-, Bearbeitungs-, Fertigungszustand bzw. -betrieb bezeichnet. Hat das System nicht nur eine Funktion – bspw. durch die Bearbeitung verschiedener Gegenstände in unterschiedlichen Mengen –, so ist dieser Zustand auch weiter zerlegbar (z. B. in Arbeitsbetrieb 1 und Arbeitsbetrieb 2 bzw. Voll- und Teillast).

Befindet sich das System prinzipiell im gleichen Zustand, jedoch ohne, dass ein Gegenstand in Bearbeitung ist, so wird von dem Zustand Arbeitsbereit oder auch Warte-[22] bzw. Leerlaufzustand gesprochen. In diesem Modus ist das System quasi

---

[21] Warten auf Systemstart
[22] Warten auf Arbeitsstart

im Arbeitszustand, wobei aber keine Ein- und Ausgabe verarbeitet werden. Steuerungen sowie Sensorik und Aktorik des Systems sind zumindest teilweise aktiv und für die Arbeit freigegeben. Das System verbraucht dabei die gegenstands- bzw. bearbeitungsunabhängigen Energieanteile, die zur Aufrechterhaltung der Arbeitsbereitschaft notwendig sind.

Einige Systeme verfügen daneben noch über den Zustand Betriebsbereit. Damit wird die Betriebsart gekennzeichnet, die ein System hat, wenn es an ist, aber noch nicht in den Arbeitsbetriebs- oder Arbeitsbereitschaftsmodus übergegangen ist. Grundlegende Systemkomponenten (z. B. Steuerungen) sind aktiv, andere Komponenten sind für die Arbeit vorbereitet, aber noch nicht aktiviert oder freigegeben. Arbeitsbereit und Betriebsbereit können auch dem Standby zugeordnet werden.

Der Übergang von Nichtbetrieb oder Standby in Betrieb bzw. Betriebsbereit wird weiterhin durch den Zustand Hochfahren, also das Ein-/Anschalten des Systems, beschrieben. Dieser Modus ist vor allem für Energiebetrachtungen bezüglich des operativen Systembetriebs relevant. Beim Hochfahren wird das System mit Energie „befüllt", so dass wenigstens für einen kurzen Zeitraum hohe bzw. die höchsten Leistungsspitzen auftreten können, weil z. B. elektromagnetische Felder aufgebaut oder Leitungen und Speicher mit Medien angereichert werden. Diese Spitzen müssen durch die vorgeschalteten Versorgungskapazitäten und technischen Sicherungen kompensiert und/oder durch entsprechende Maßnahmen (z. B. zeitlich versetztes Zuschalten der Systemkomponenten) reduziert werden. Analog dem Hochfahren verwenden einige Systeme auch noch den Zustand Runterfahren, bei dem Systemkomponenten in definierter Art und Weise aufgrund von System- oder Prozessanforderungen aus-/abgeschaltet werden. Im Gegensatz zu den anderen, nutzungsabhängigen Zuständen kann die Dauer des Hoch- und Runterfahrens meist in reproduzierbarer Form bestimmt werden.

Für detaillierte Betrachtungen des Betriebszustandes können auch noch weitere Unterteilungen, z. B. in Vorbereitung/Rüsten, Störung/Fehler oder blockiert (Haag 2013, S. 75-76), vorgenommen werden.

Die dargestellten Zustände sind auf das Fabriksystem und seine Subsysteme übertragbar. Das Fabriksystem selbst kann prinzipiell nur in den Lebenszyklusphasen Entwicklung sowie ggf. im Auf- und Abbau (vgl. Abschnitt 4.6.2) den Grundzustand Nichtbetrieb annehmen. In den Phasen Anlauf und Betrieb wird permanent Energie durch das System selbst verbraucht, so dass es sich folglich zum Großteil im Zustand Betrieb befindet. Dabei sind auch das Produktions-, Gebäude- sowie Ver- und Entsorgungssystem aktiv (vgl. Abschnitt 4.5.2.2). An arbeitsfreien Tagen wird das Fabriksystem entweder auf die Grundlast heruntergefahren und befindet sich dann im Zustand Standby bzw. Betriebsbereit, weil u. a. bestimmte Haustechniksysteme weiter arbeiten (z. B. an Wochenenden). Oder das Fabriksystem wird umgebaut, gewartet oder getestet, wodurch es den Zustand Vorbereitung oder Mischzustände annimmt (z. B. in Betriebsferien). Demzufolge wird in der arbeitsfreien Zeit das Produktionssystem möglichst komplett abgeschaltet

(Standby), wohingegen das Gebäude- sowie Ver- und Entsorgungssystem u. U. mit reduzierter Leistung weitergefahren werden (angepasster Arbeitsbetrieb), um das Fabriksystem im betriebsbereiten Zustand zu halten.

Aus diesen Zusammenhängen leiten sich die Zustände der niedrigeren Subsysteme bzw. Hierarchieebenen ab, wobei dabei die einzelnen Zustände detaillierter abgegrenzt werden können.

Verkettung der Zustände

Im zweiten Schritt ist die Verkettung der Zustände zu betrachten. Aus den Funktionen, den Prozessabläufen und der Betriebsweise ergibt sich die Reihenfolge der Zustände, die ein System nacheinander einnimmt. Die Funktionen und deren Verknüpfung in Prozessen werden aus der beabsichtigten Funktionserfüllung bzw. dem Zweck des Systems abgeleitet. Die Betriebsweise legt fest, wann, wie und wie lange das System in einem Zustand bzw. in einer Kette von Zuständen betrieben wird. Da eine derartige Reihenfolge bei einem technischen System oftmals einen wiederholenden, z. T. reproduzierbaren Charakter aufweist, wird auch von Zyklen gesprochen. Wie in Abbildung 23 dargestellt, durchläuft ein System einen typischen Betriebszyklus, wobei Störungen etc. an dieser Stelle unbeachtet bleiben.

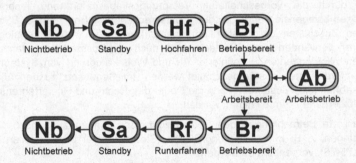

Abbildung 23:   Zyklus von Zuständen (Beispiel)

Der mittlere Arbeitsteil, Arbeitsbetrieb im Wechsel mit Arbeitsbereit, wird in Abhängigkeit der Prozesse und des Systemtyps auch wiederum zyklisch durchlaufen. Die Dauer der jeweiligen Zustände wird von den auszuführenden Funktionen und insbesondere von der Betriebsweise (z. B. Schichtzeiten) des Systems festgelegt. In Hinblick auf Wirtschaftlichkeit, Produktivität und Effizienz sind hohe Betriebszeiten sowie geringe Bereitschaftszeiten anzustreben.

In Abbildung 24 werden verschiedene Zustände und deren Aneinanderreihung am Beispiel einer Messung der elektrischen Leistungsaufnahme eines Transfersystems verdeutlicht. Das System hat einen geringen Leistungsbedarf für vorgeschaltete Netzwerkgeräte, so dass ein Standby mit 8 W vorliegt. Mit Aktivierung des Hauptschalters und Quittierung des Not-Aus wechselt das System in den betriebsbereiten Modus mit ca. 80 W. Im nächsten Schritt werden weitere notwendige Sensoren und Aktoren für den Arbeitsbetrieb vorbereitet (150 W). Dann folgt der Arbeitsbetrieb, in dem eine Palette transportiert wird. Dabei schwankt die Leistung zwischen 1000 und 1500 W. Schließlich wird das System wieder schrittweise ausgeschaltet. Das Hoch- und Runterfahren spielen bei diesem System eine untergeordnete Rolle.

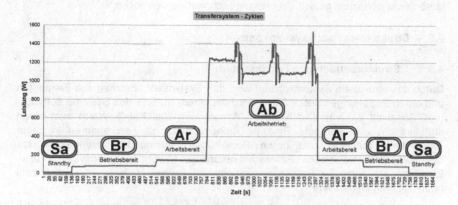

Abbildung 24:   Profil mit Zuständen (Beispiel Transfersystem)

Die Darstellung der möglichen Zustände eines Systems oder Prozesses sowie deren Abfolge und Übergänge erfolgt u. a. in Form von Zustandsdiagrammen, welche für die Überführung von statischen (z. B. Organigramme) in dynamische (z. B. Simulationen) Modelle notwendig sind (Meyer, Creux & Marin 2005, S. 222). In Abbildung 25 ist ein einfaches Zustandsdiagramm dargestellt, in dem das betrachtete System zunächst aus dem Standby (1) aktiviert, nach dem Gebrauch (2) wieder in den Standby (3) versetzt und anschließend komplett ausgeschaltet (4) wird.

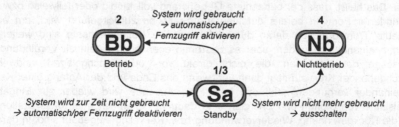

Abbildung 25:   Beschreibung mittels Zustandsdiagramm (Beispiel)

In aktuellen Forschungs- und Entwicklungsarbeiten wird versucht, den direkten und kurzzyklischen Übergang vom Arbeitsbetrieb in den energiesparenden Standby und zurück mittels entsprechender Hard- und Software sowie angepassten Steuerungsstrategien zu ermöglichen. Dabei sind auch die Übergangszeiten zwischen den Zuständen zu beachten, um bspw. kurzfristige Verfügbarkeiten zu gewährleisten. Ein Beispiel für einen derartigen Ansatz ist *PROFIenergy* (PI 2015), mit dem auf der Arbeitsplatz- bzw. Maschinenebene verkettete Systeme nach der tatsächlichen Nutzung gezielt ab- und angeschaltet werden sollen.

4.5   Strukturales Fabriksystemkonzept

4.5.1   Strukturbetrachtung Fabriksystem

Durch das strukturale Systemkonzept wird das System als Ganzheit von Elementen und deren Beziehungen beschrieben, also die innere Struktur des Systems aufgelöst (vgl. Abschnitt 2.3.3.3). Durch diesen Ansatz wird das Fabriksystem zum einen strukturell in übergeordnete Systeme eingebunden und zum anderen in seine Bestandteile aufgelöst und deren Beziehungen zueinander verdeutlicht. Das bedeutet, dass für dieses Fabriksystemkonzept sowohl die Subsysteme bzw. Elemente als auch die Relationen dazwischen jeweils in ihrer Art und Anzahl bestimmt werden müssen.

Der grundsätzliche strukturelle Aufbau der übergeordneten Bündnisse, in denen das Fabriksystem eingegliedert wird, ist in Form von Ketten, Kreisläufen oder Netzwerken darstellbar. Kettenform bedeutet, dass das Fabriksystem ein Teil einer (Wandlungs-) Kette und damit von vor- und nachgelagerten Stationen umgeben ist. Die Kette selbst ist linear aufgebaut und besitzt einen Anfang und ein Ende. Zwischen den Kettenelementen bestehen Beziehungen zum Austausch von Gegenständen (z. B. Gütern). Ein typisches Beispiel für die Kettenform sind Energiewandlungsketten, mit denen energiewirtschaftliche oder -technische Umwandlungen von Energie von der Gewinnung bis zur Verwertung wiedergegeben werden. Das Fabriksystem ist dabei hauptsächlich in den Schritt der Nutzung einzufügen.

Von Kreisläufen wird gesprochen, wenn in den Ketten Rückführungen eingebaut sind. Das heißt, dass der betrachtete Gegenstand vollständig oder teilweise bzw. in veränderter Form in bereits durchlaufene Stationen zurückgeführt wird, um eine erneute Transformation daran durchzuführen. Die Kettenelemente sind weiterhin starr aneinander gebunden, aber es bestehen eben auch vereinzelt Verbindungen zwischen den Stationen, die nicht direkt vor- oder nachgelagert sind. Ein durchgehender Kreislauf liegt dann vor, wenn das Ende und der Anfang einer Kette miteinander verbunden sind, das heißt, die Ausgabe wird wieder zur Eingabe. Kreisläufe von Stoffen und Energien sind dadurch gekennzeichnet, dass Stationen für die Rückgewinnung, Wiederverwendung bzw. Recycling eingebaut sind, in denen die Gegenstände aufbereitet werden, so dass sie zumindest teilweise erneut in einen anderen Gegenstand eingehen bzw. für eine andere Funktion genutzt werden können.

In Netzwerken ist die Anzahl der Stationen meist höher und es bestehen vor allem multidirektionale Beziehungen zwischen den Netzwerkelementen. Das bedeutet, dass die Verflechtungen weitaus komplexer ausfallen als bei Ketten oder Kreisläufen. Das Fabriksystem agiert typischerweise in Unternehmens- bzw. Produktionsnetzwerken zur Erbringung einer Wertschöpfung am Produkt. Weiterhin ist das Fabriksystem aber auch Teil von Energieversorgungsnetzwerken, in denen die Fabrik als Verbraucher oder auch als Erzeuger auftritt.

Die Funktionen des Fabriksystems innerhalb dieser Verbände sind durch oftmals große räumliche Verteilungen (z. B. Entfernungen zwischen Standorten oder zwischen Lieferanten und Kunden), aber auch durch vergleichsweise kurze Ausführungszeiten geprägt. Jedoch sind dabei Differenzierungen in Abhängigkeit der jeweiligen Gegenstände vorzunehmen: Stoffe können vergleichsweise gut über weite Strecken transportiert werden, wohingegen der Transport und die Speicherung von Energien aufgrund von Übertragungsverlusten und Speichermöglichkeiten eher lokal und zeitlich begrenzt sind.

Die grundsätzlichen strukturalen Zusammenhänge können auf die niedrigeren Hierarchieebenen des Fabriksystems übertragen werden. In Abbildung 26 werden die erläuterten Zusammenhänge in einem verallgemeinerten Strukturmodell zusammengeführt.

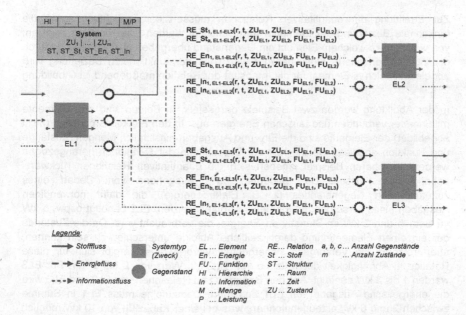

Abbildung 26:   Verallgemeinertes Strukturmodell des Fabriksystems

Das Strukturmodell umfasst die Menge an Elementen und Relationen eines Systems. Dieses Modell wird wie das Funktionsmodell für Hierarchieebene, Bereich, Bezugszeit, Art der Werte sowie Leistung/Menge definiert. Funktionsmodelle können sowohl für das betrachtete System – Zusammenfassung des Strukturmodells – als auch für die einzelnen Elemente – Detaillierung des Strukturmodells – gebildet bzw. herangezogen werden. Letzteres bedeutet, dass die Beschreibung der Elemente aus den Funktionsmodellen abgeleitet wird, wobei für die Strukturbetrachtung vor allem die Ein- und Ausgaben von Bedeutung sind.

Zwischen den Elementen bestehen stoffliche, energetische und informationelle[23] Relationen, in denen Gegenstände zwischen den Elementen ausgetauscht werden. Die Relationen werden für jeden Gegenstand (1 bis a, b oder c) zwischen zwei Elementen gebildet. Sie sind abhängig von Raum, Zeit sowie den Zuständen und Funktionen der jeweiligen verbundenen Elemente. Für die Betrachtung der Energie- und Ressourceneffizienz sind insbesondere die gegenstandsbezogenen Verbindungen, das heißt die Relationen in den Stoff- und Energieflüssen, relevant. Der gesamte Energie-/Ressourcenbedarf des strukturierten Systems kann auf Basis der einzelnen verbrauchenden Elemente, die zur Struktur gehören, wie folgt beschrieben werden:

$$E/RB_{ST} = \sum_{i=1}^{n}(St,\ En,\ r)_{EL_i,\ Verbrauch} \tag{23}$$

Zur Ermittlung der quantitativen Relationen müssen deren Richtung sowie die funktionale Beziehung der Elemente berücksichtigt werden. Die Richtung zeigt an, von welchem zu welchem Element ein Gegenstand übergeben wird, so dass dadurch der richtungsorientierte Fluss gebildet wird. Aus der funktionalen Beziehung wird abgeleitet, welches Element für die Intensität der Relation maßgebend ist (Abbildung 27).

In der Abbildung werden zwei Beispiele dargestellt. In Beiden sind drei Elemente miteinander verbunden und tauschen Energien aus. In den Funktionsmodellen (nicht abgebildet) der Elemente sind die Ein- und Ausgaben hinsichtlich Mengen, Zustände und Funktion abgelegt, welche hier zur Berechnung der Relationen herangezogen werden. Im oberen Beispiel ergeben sich die quantitativen Relationen rückwärts entlang des Flusses. Das bedeutet, dass ausgehend vom Bedarf eines zuzuführenden Gegenstandes (z. B. Elektroenergie), die dafür notwendigen Ausgaben eines versorgenden Elements ermittelt werden. EL2 benötigt bspw. 5 kW im Betrieb und 2 kW im Standby an Energie, die verbraucht wird. Da die Zustände der einzelnen Elemente und deren zeitliche Abfolge unterschiedlich sein können, aber trotzdem die Versorgung sichergestellt werden muss, ergibt sich für diese Relation in Abhängigkeit der Nutzung von EL2 ein Wert von 2 bis 5 kW. Für EL3 werden 1 bis 3 kW benötigt. Aus den Bedarfen und Relationen von EL2 und EL3 wird die energetische Ausgabe von EL1 bestimmt. Demzufolge muss EL1 in Summe zwischen 3 und 8 kW erzeugen können, was bei einer Kapazität von 10 kW möglich

---

[23] Die Informationsrelationen und -strukturen werden in dieser Arbeit nicht näher ausgeführt.

ist. Im unteren Beispiel werden die Relationen vorwärts ausgehend von den abgebenden Elementen berechnet. EL4 und EL5 geben eine entwertete Energie (z. B. Abwärme) ab, die von EL6 abgeführt bzw. nachbehandelt werden muss. In beiden Beispielen findet eine Aufspaltung bzw. Zusammenführung von Relationen und somit eine Teilung bzw. Summierung von Mengen bzw. Leistungen statt. Hierfür wird eine gleichzeitige Inanspruchnahme der Ver- bzw. Entsorgung angenommen (vgl. Abschnitt 4.8.4).

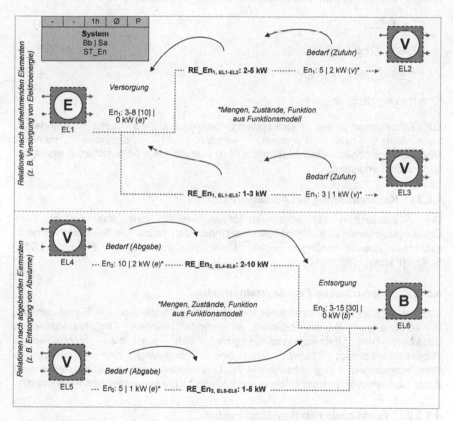

Abbildung 27: Bestimmung der quantitativen Relationen (Beispiel)

Neben dem Planungsaspekt – u. a. Abbildung der Strukturen und Auslegung der Versorgung – werden aus dieser Darstellung mehrere Ansatzpunkte zur Steigerung der Energie- und Ressourceneffizienz deutlich. Zunächst können gegenüber dem Funktionsmodell eines einzelnen Systems gleichzeitig mehrere Elemente hinsichtlich ihrer Bedarfe etc. abgebildet und dadurch große Verbraucher o. Ä. lokalisiert werden. Dies ist für mehrere Zustände (z. B. Betrieb und Standby) möglich, so dass bspw.

hiermit diejenigen Systeme identifiziert werden, die große Anteile an Betriebs- oder Standbylasten haben. Zudem können Bedarfe und Kapazitäten gegenübergestellt und somit Über-/Unterdimensionierungen festgestellt werden. Weiterhin können anhand der Relationen die Bedarfe vor- oder rückwärts entlang des Flusses auf ihren Ursprung zurückgeführt werden. Und schließlich werden mit dem Modell die stofflichen und energetischen Wirkbeziehungen abgebildet. Aus den Mengen der Relationen werden schließlich die Struktur (ST) sowie die einzelnen Stoff- (ST_St), Energie- (ST_En) und Informationsstrukturen (ST_In) gebildet:

$$ST = \sum(EL, RE) \qquad\qquad\qquad\qquad\qquad\qquad (24)$$

$$ST\_St = \sum(EL_{St}, RE\_St) \qquad\qquad\qquad\qquad\qquad (25)$$

$$ST\_En = \sum(EL_{En}, RE\_En) \qquad\qquad\qquad\qquad (26)$$

$$ST\_In = \sum(EL_{In}, RE\_In) \qquad\qquad\qquad\qquad\quad (27)$$

Zur Strukturierung des Fabriksystems selbst und der damit verbundenen Subsysteme bzw. Elemente werden im Folgenden mehrere Modellierungsmöglichkeiten hinsichtlich der Aufbau- und Ablaufstruktur erarbeitet und zusammengeführt.

4.5.2   Konkretisierung der Aufbaustruktur

Die Aufbaustruktur (statische Betrachtungsweise) stellt das Gefüge von Ordnungsrelationen bzw. Ordnungsbeziehungen dar, wobei der Systeminhalt nach sachlichen Zusammenhängen gegliedert wird (Krallmann, Bobrik & Levina 2013, S. 43), (Patzak 1982, S. 40).

4.5.2.1   Hierarchische Fabriksystemstruktur

Das Fabriksystem besteht aus einer Vielzahl von Subsystemen bzw. Elementen, die in verschiedene Hierarchieebenen eingeordnet werden. Die hierarchischen Strukturen des Fabriksystems ergeben sich aus dem hierarchischen Fabriksystemkonzept, bspw. aus der Unterteilung der Gebäude in Produktionsbereiche (vgl. Abschnitt 4.3). Das System und die Subsysteme sind dabei die Elemente, aus der Unterteilung bilden sich die hierarchischen Relationen.

4.5.2.2   Funktionale Fabriksystemstruktur

Damit in Verbindung stehend und aufbauend auf dem funktionalen Fabriksystemkonzept werden die funktionalen Fabriksystemstrukturen entwickelt. Hierdurch wird das Fabriksystem in einzelne Funktionsbereiche zerlegt und die Beziehungen zwischen diesen Bereichen bzw. Elementen beschrieben. Dies ist als funktionale Differenzierung zu sehen, die das System in Abhängigkeit seiner internen Funktionen in einzelne Elemente unterteilt (Krieger 1996, S. 27). Dadurch werden Teilsysteme gebildet, die nach bestimmten Eigenschaften voneinander abgegrenzt werden, wobei die Teilsysteme immer einer gemeinsamen Hierarchieebene zuzuordnen sind (Dangelmaier 2003, S. 12-13). Zur funktionalen technischen Unterscheidung der Fabriksysteme und Teilsysteme können mehrere Strukturierungsmöglichkeiten herangezogen werden, die nachfolgend präzisiert und zusammengeführt werden.

Flüsse und Flusssysteme

Nach den ablaufenden Prozessen, hier als Flüsse bezeichnet, kann das Fabriksystem in Flusssysteme aufgeteilt und mittels der *Flusssystemtheorie* beschrieben werden (Schenk, Wirth & Müller 2014, S. 124-138), (Wirth 1989, S. 26-35). Mit Hilfe der Flusssystemtheorie werden vor allem technische Prozesse und Systeme abgebildet (Wirth, Näser & Ackermann 2003, S. 80). Dabei wird die Fabrik als Gesamtsystem bestehend aus einzelnen gegenstandsbezogenen Flusssystemen (z. B. nach Stoff/Material, Information, Energie sowie Person und Kapital) aufgefasst.

Zu beachten ist dabei, dass nach der Flusssystemtheorie die Elemente verschiedenen Flusssystemen angehören können (Förster 1983, S. 17). Grundlegend ist auch, dass für jeden Prozess und damit jedes Systemelement Energie zur Funktionserfüllung benötigt wird, so dass die Stoff- und Informationsflüsse immer mit den Energieflüssen verknüpft sind (Schenk, Wirth & Müller 2014, S. 135). Dementsprechend ist beispielsweise eine Fertigungsmaschine in erster Linie dem Stofffluss zuzuordnen, aber auch als Energieverbraucher mit der Funktion Energienutzung im Energiefluss oder als informationsverarbeitender Rechner im Informationsfluss aufzufassen (Hopf & Müller 2013, S. 644). Es wird deutlich, dass die Flusssysteme miteinander in Beziehung stehen, da die Elemente zu mehreren Flüssen gehören. Die Elemente in den Flüssen sind wiederum in Ketten-, Kreislauf- oder Netzwerkform miteinander verbunden. In Abbildung 28 wird beispielhaft ein Energieflusssystem wiedergegeben.

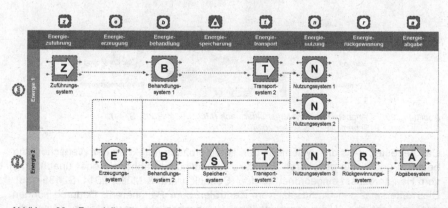

Abbildung 28: Energieflusssystem (Beispiel)

Dieses umfasst mehrere in Beziehung stehende Elemente, die zum einen nach ihrer Funktion (u. a. Energieerzeugung) und zum anderen nach ihrer hauptsächlichen Energieform gegliedert sind. Zu erkennen ist, dass bspw. das Erzeugungssystem und das Behandlungssystem 2 neben ihrer primären Funktion auch als Nutzer der ersten Energie auftreten.

Die Einteilung der Fabrik in Flusssysteme, insbesondere in Stoff- und Energiefluss, wird im Weiteren für die bereichsübergreifende gegenstandsorientierte Betrachtung des Fabriksystems verwendet.

Periphere Bereiche

Weiterhin kann eine Unterscheidung nach direkten und indirekten Bereichen bzw. Systemen vorgenommen werden (Westkämper 2006, S. 197, 225). Zu den direkten Systemen zählen diejenigen, die maßgeblich zur Wertschöpfung beitragen. Die indirekten Systeme tragen nicht unmittelbar zur Wertschöpfung bei, unterstützen diese aber. Dies spiegelt sich auch in der Betrachtung von Haupt- (z. B. Fertigungsprozesse), Hilfs- (z. B. Logistikprozesse) und Nebenprozessen (z. B. Entsorgungsprozesse) wider (Schenk, Wirth & Müller 2014, S. 70).

Dieser Zusammenhang wird insbesondere durch das *Peripheriemodell* verdeutlicht. Anhand der peripheren Ordnung werden die Systeme einer Fabrik in Beziehung zum Produktionsprogramm gestellt (Abbildung 29).

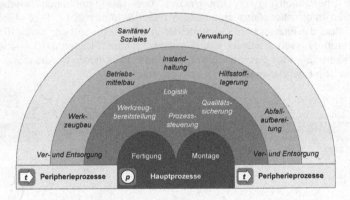

Abbildung 29:	Periphere Fabriksystemstruktur nach (Müller et al. 2009, S. 44),
(Schenk, Wirth & Müller 2014, S. 137)

Das bedeutet, dass die Systeme in den Hauptprozess (direkt an der Wertschöpfung beteiligt) und in die peripheren Prozesse (direkt/indirekt abhängig oder unabhängig vom Hauptprozess) eingeordnet werden (Schenk, Wirth & Müller 2014, S. 135-136). Dies untersetzt den Grundsatz „vom Zentralen zum Peripheren". Dadurch können auch wesentliche Wirkzusammenhänge veranschaulicht werden, wie bspw. die Zurückführung des Energiebedarfs auf seinen Ursprung von der Peripherie zum

Hauptprozess (Müller et al. 2009, S. 44). Das bedeutet, dass bspw. eine Maschine im Hauptprozess für ihren Betrieb Energie verbraucht. Sie benötigt aber weiterhin Unterstützung durch logistische Transport- und Speichersysteme in der ersten Peripherie, so dass weitere Energie eingesetzt werden muss. Dies setzt sich in den nächsten Peripherien fort (z. B. für Hallenbeleuchtung oder Medienaufbereitung). Der Ursprung liegt demnach im Hauptprozess. Mit dieser Erkenntnis kann nun versucht werden, ausgehend vom Hauptprozess Optimierungsansätze (z. B. Reduzierung des Flächen-/Raumbedarfs oder Substitution von Energieträgern) abzuleiten und damit Einsparungen über alle Peripherien zu erzielen.

Die Strukturierung der Systeme erfolgt über die Peripherieschichten, wobei eine unmittelbare Verbindung zwischen den Elementen nicht vorgesehen ist. Die periphere Struktur wird im Weiteren für die wertschöpfungsorientierte Betrachtung des Fabriksystems verwendet.

Funktionsbereiche

In Abhängigkeit der eigentlichen primären Funktion bzw. des Zwecks eines Systems findet eine Unterteilung des Fabriksystems in spezifische Funktionsbereiche statt. Die Systeme eines Bereichs sind dadurch gekennzeichnet, dass sie eine gewisse Autonomie aufweisen und dass sie jeweils gemeinsam genutzte Elemente besitzen, wie z. B. Transport- und Speicherelemente bzw. Schnittstellen für die Ein- und Ausgaben nach außen.

Eine verallgemeinerte funktionsorientierte Gliederung teilt das Fabriksystem zunächst in ein (technisches) Produktionssystem und ein Gebäudesystem ein, wobei dazwischen die technische Gebäudeausrüstung, bestehend aus Haustechnik (HT) für das Gebäude und Prozesstechnik (PT) für die Produktion, eingeordnet wird (Hildebrand, Mäding & Günther 2005, S. 12-13), (Schenk, Wirth & Müller 2014, S. 140-141)

Dem Produktionssystem sind die Fertigungs-, Montage- und Logistiksysteme zugeordnet, also diejenigen Systeme, die in unmittelbarer Verbindung mit dem Produkt stehen. Zum Gebäudesystem werden Bauwerk (Tragwerk, Innenausbau und Hülle mit Wänden, Dächern, Decken, Türen, Toren und Fenster) sowie Grundstück und Außenanlagen gezählt (DIN 276-1, S. 11-16, 20).

Im Bauwesen umfasst die Haustechnik die Abwasser-, Wasser-, Gasanlagen, Wärmeversorgungsanlagen, lufttechnische Anlagen, Starkstromanlagen, fernmelde- und informationstechnische Anlagen, Förderanlagen sowie Gebäudeautomation, wohingegen die nutzungs- und verfahrensspezifischen Anlagen (z. B. Reinigungs-, Prozesswärme-, Medienversorgungsanlagen) der Prozesstechnik zugeordnet werden (DIN 276-1, S. 16-19), (BMJV 2013, § 53)[24]. Diese Klassifizierung wird im Referenzmodell weiter untersetzt (vgl. Abschnitt 4.7.2).

In ähnlicher Weise kann das Fabriksystem auch in technologische und bauliche Systeme sowie in Systeme der Ver- und Entsorgung unterteilt werden (Helbing 2010, S. 60-62). Zu Letzteren gehören alle Systeme der stofflichen, energetischen und informationellen Ver- und Entsorgung inner- und außerhalb von Gebäuden, so dass die technische Gebäudeausrüstung darin inbegriffen ist. Oftmals werden aber diese Begriffe auch als Synonym verwendet.

Diese Dreiteilung des Fabriksystems in die Hauptbestandteile Produktionssystem (PS), Gebäudesystem (GS) sowie Ver- und Entsorgungssystem (VES) ist für die Betrachtung von Energie- und Ressourceneffizienz von besonderer Bedeutung, da hiermit die grundsätzlichen Zusammenhänge – das sind vor allem die Austauschbeziehungen von Stoffen und Energien – zwischen diesen Bereichen verdeutlicht werden können (Hopf & Müller 2014, S. 65-67). Hierbei findet eine prinzipielle Unterscheidung nach ver-/gebrauchenden und ver-/entsorgenden Systemen statt. Durch Verknüpfung beider Gruppen können u. a. die notwendigen Bedarfe und die vorhandenen Kapazitäten gegenübergestellt werden. Zu beachten ist dabei, dass die ver-/entsorgenden Systeme selbst auch als Ver-/Gebraucher fungieren.

Das PS ver- und gebraucht Ressourcen, um Wertschöpfung zu erzielen. Dabei werden verwertbare und nicht-verwertbare Ausgaben erzeugt. In ähnlicher Weise agiert das GS, allerdings wird hierfür vor allem Energie zur Aufrechterhaltung der Gebäudebedingungen (z. B. Raumtemperatur) benötigt. Zudem stellt es eine physische Grenze zur natürlichen Umwelt dar. Sowohl das Produktions- als auch das Gebäudesystem bedingen die Zu- und Abfuhr von Ressourcen sowie die Schaffung von umgebenden Voraussetzungen und Zuständen. Die dafür genutzten Gegenstände müssen dementsprechend behandelt, gespeichert, transportiert etc. werden. Diese Funktionen werden durch das VES gewährleistet. Damit stellt das VES die Verbindung zwischen PS und GS sowie zwischen dem Fabriksystem und seiner natürlichen und künstlichen Umwelt her.

In Abbildung 30 wird die funktionale Fabriksystemstruktur mit den Funktionsbereichen, Peripherien sowie den stofflichen und energetischen Flussbeziehungen zusammengefasst.

Der Energie-/Ressourcenbedarf des Fabriksystems wird hierfür folgendermaßen berechnet:

$$E/RB_{FS} = \sum(St, En, r)_{PS,\ Verbrauch} + \sum(St, En, r)_{GS,\ Verbrauch}$$
$$+ \sum(St, En, r)_{VES,\ Verbrauch} \tag{28}$$

---

[24] In den genannten Quellen findet keine Unterscheidung nach Haus- und Prozesstechnik statt. Die aufgeführten Anlagen werden darin unter technische Anlagen bzw. Ausrüstungen zusammengefasst.

Das bedeutet, dass der gesamte Bedarf aus allen drei Bereichen gebildet wird, weil das VES auch selbst Energien bzw. Ressourcen für seinen Betrieb benötigt. Bei dieser übergreifenden Betrachtung wird deutlich, dass ein wesentliches planerisches Ziel die Gestaltung von Kreisläufen ist, damit möglichst wenige Energien bzw. Ressourcen verbraucht werden (Tietz 2007, S. 3).

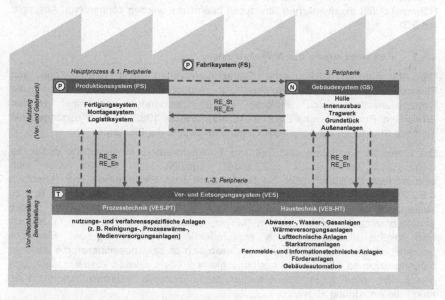

Abbildung 30: Funktionale Fabriksystemstruktur

4.5.2.3 Räumliche Fabriksystemstruktur

Anhand der räumlichen Fabriksystemstrukturen werden die Fabriksubsysteme bzw. -elemente im Raum angeordnet und durch Wege, Leitungen etc. miteinander verbunden. Die Darstellung erfolgt durch Anordnungsschemata, Blocklayouts und Layouts oder Entfernungsmatrizen. Hierfür werden in der Fabrikplanung verschiedene Strukturierungsverfahren eingesetzt, die vor allem auf die logistische Optimierung des Material-/Produktflusses abzielen (vgl. Abschnitt 2.2.4).

Daneben ist es in diesem Zusammenhang sinnvoll, auch die räumlichen Strukturen unter energetischen Aspekten zu betrachten. Dies ist vor allem darin begründet, dass die Übertragungsverluste durch kurze Wege bzw. Leitungen reduziert werden und dass es derzeit nur eingeschränkte Möglichkeiten zur lokalen Energiespeicherung gibt. Vor diesem Hintergrund sollte geprüft werden, inwiefern Energieerzeuger/ -quellen (z. B. Abwärme) und Energieverbraucher/-senken sowie Systeme mit gleichen Anforderungen (z. B. hohe oder niedrige Raumtemperaturen) räumlich zusammengelegt werden können.

Dadurch können zum einen Energiekreisläufe effizienter realisiert werden, indem Energie rückgewonnen und vor Ort wiederverwendet wird. Zum anderen kann dadurch die infrastrukturelle Energieversorgung kleiner und somit sparsamer ausgelegt werden. Des Weiteren sind die Produktionssystemstruktur und die Gebäudesystemstruktur eng miteinander verbunden, so dass auch die auftretenden Wechselwirkungen (z. B. warme Produktionsbereiche in warmen oder kühlen Räumen) durch die räumlichen Strukturen beeinflusst werden können (vgl. Abschnitt 4.5.2.3).

4.5.3 Konkretisierung der Ablaufstruktur

Die Ablaufstruktur (dynamische Betrachtungsweise) stellt das Gefüge von Flussrelationen bzw. die Abfolge zur Aufgabenerfüllung dar, wobei die Systemelemente zeitlich und/oder logisch zueinander angeordnet werden (Krallmann, Bobrik & Levina 2013, S. 15, 43), (Patzak 1982, S. 40). Ausgangspunkt für diese Struktur ist der Ablauf der Gegenstände über die Elemente.

Die Elemente der Fabrik sind Teil von Funktionsketten, in denen sie durch die Gegenstände raum-zeitlich miteinander verknüpft sind. Daraus leiten sich verschiedene Strukturen über die Subsysteme bzw. Elemente ab (vgl. Abschnitt 4.5.2.2). Diese werden hinsichtlich des Zeitbezuges in statischer (z. B. Flussdiagramm) oder dynamischer (z. B. Zustandsdiagramm oder Simulationsmodell) Form modelliert (Meyer, Creux & Marin 2005, S. 6-7). Hiermit wird folglich die zeitbezogene ablauforientierte Verknüpfung der Elemente beschrieben. Derartige Strukturen orientieren sich an bzw. beeinflussen die anderen aufbaubezogenen Strukturierungsmöglichkeiten. So werden bspw. aus dem prinzipiellen Ablauf der Produktherstellung die funktionalen Systemstrukturen und die räumliche Anordnung abgeleitet.

Die Abläufe in Fabriksystemen werden üblicherweise auch als Prozesse bzw. Prozessketten abgebildet (Kuhn 1995). Prinzipiell wird zwischen Wertschöpfungs-, Geschäfts- und Produktionsprozessen unterschieden (Schenk, Wirth & Müller 2014, S. 112). Die Produktionsprozesse können weiterhin in Hauptprozesse und periphere Prozesse unterteilt werden, wobei die erste Gruppe direkt an der Wertschöpfung beteiligt ist und die zweite Gruppe dafür Unterstützung leistet (vgl. Abschnitt 4.5.2.2). Wie bei der Systemsichtweise werden auch Prozesse für bestimmte Hierarchien definiert.

Im Allgemeinen überführen Prozesse eine Eingabe von einer Quelle in eine geänderte Ausgabe zu einer Senke unter Nutzung von Ressourcen. Dementsprechend kann zunächst zur Darstellung dieser funktionalen Zusammenhänge das verallgemeinerte Funktionsmodell (Systembetrachtung) für den Prozess bzw. das Prozesskettenelement (Prozessbetrachtung) adaptiert werden (Abbildung 31).

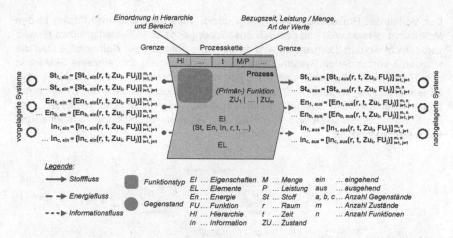

Abbildung 31: Verallgemeinertes Prozessmodell des Fabriksystems

Der wesentliche Unterschied besteht darin, dass Prozesse mehrere Betriebsmittel umfassen können und dass die Abgrenzung von Prozessen (Prozessketten, Prozesskettenelemente, Funktionen, Teilfunktionen etc.) mehr Freiheitsgrade als bspw. bei einer Maschine als gegenständliches Objekt aufweist. Dabei muss auch beachtet werden, dass der eigentliche Energie- bzw. Ressourcenbedarf eines Prozesses durch den Einsatz der in den Prozess eingebundenen (Sub-)Systeme bzw. Elemente bestimmt wird:

$$E/RB_{Prozess} = \sum_{i=1}^{ll}(St, En, r)_{EL_{i, Prozess}, Verbrauch} \qquad (29)$$

Durch Aneinanderreihung bzw. Kombination von Prozessen werden diese in eine Reihenfolge gebracht und somit Prozessketten gebildet (Abbildung 32). In diesem Beispiel sind die Prozesse in zeitlich logischer Abfolge und gruppiert nach Fertigungs-, Logistik- und Versorgungsprozesse sowie die grundsätzlichen stofflichen Verbindungen (Produkt- und Medienfluss) dargestellt, wobei sich oben der Hauptprozess und unten die peripheren Prozesse befinden.

Für die gesamte Prozesskette oder für einzelne Abschnitte können nun die kumulierten Energie- bzw. Ressourcenbedarfe berechnet werden:

$$E/RB_{Prozesskette} = \sum_{i=1}^{n}(St, En, r)_{Prozess_i, Verbrauch} \qquad (30)$$

Zudem können energie-/ressourcenintensive Prozesse für eine detailliertere Analyse identifiziert werden. Durch bspw. Austausch, Verschiebung oder Verkürzung von Prozessen werden Verbesserungspotenziale für die Prozesskette erarbeitet und bewertet.

Der Vorteil der Prozessbetrachtung liegt darin, dass die Funktionserfüllung in den Mittelpunkt gerückt wird und dadurch Zusammenhänge über Systemgrenzen hinweg verdeutlicht werden. Demzufolge wird die zeitliche Abfolge bzw. Reihenfolge über die strukturell verbundenen Systeme darstellbar. Jedoch rückt das einzelne System in den Hintergrund. Weiterhin sind die Systeme in mehrere Prozesse involviert bzw. führen diese aus, so dass die Bestimmung der Ressourcenbedarfe der Systeme nur unter Beachtung aller auszuführenden Prozesse möglich ist. Das bedeutet, dass diese Betrachtungsweise vor allem für die Analyse bestehender Systeme und Prozesse geeignet ist.

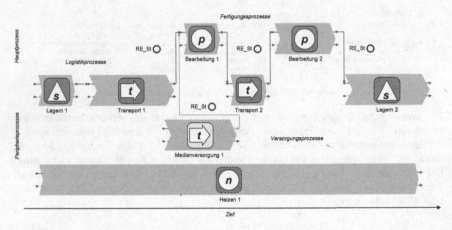

Abbildung 32:   Prozesskette mit stofflichen Relationen (Beispiel)

Daneben sind weitere Modellierungsansätze anwendbar, mit denen Ablaufstrukturen in ähnlicher Weise beschrieben werden. Dazu gehören vor allem Ablaufpläne, -schemas oder Flussdiagramme, die die Reihenfolge von abzuarbeitenden Funktionen darstellen. Basierend auf dem Flussdiagramm werden in einem Wertflussdiagramm monetäre Zahlen und Werte (z. B. Kosten für die jeweiligen Ein- und Ausgaben) und in einem Ressourcenflussdiagramm umweltrelevante Werte (z. B. Masse oder Energieinhalt) integriert und hervorgehoben (Meyer, Creux & Marin 2005, S. 10, 164). Diese Darstellungen sind durch ihre Ein- und Ausgabebetrachtung insbesondere für Bilanzierungszwecke nutzbar.

Gerade für die Analyse von energie- und ressourcenbezogenen Transformationsprozessen werden häufig Stoffstromanalysen verwendet, die stoffliche und energetische Ein- und Ausgaben mengenmäßig für definierte Zeiträume gegenüberstellen (vgl. Abschnitt 3.2.3). Durch die Verknüpfung der einzelnen Prozesse werden Ketten, Kreisläufe oder Netzwerke gebildet und die darüber verlaufenden mengenmäßig erfassten Gegenstandsströme in Form von Fließ-/Flussbildern bzw. Sankey-Diagrammen dargestellt.

4.6 Lebenszyklusorientiertes Fabriksystemkonzept

Die einzelnen Systemkonzepte gelten jeweils für definierte Betrachtungszeitpunkte bzw. -zeiträume. Die verschiedenen Lebenszyklen der Systeme werden dabei nicht explizit ausgeführt. Diese sind aber gerade für die Energie- und Ressourceneffizienz von besonderer Bedeutung und werden daher im Folgenden spezifiziert.

4.6.1 Lebenszyklen

Lebenszyklen beschreiben im Allgemeinen die chronologische Entwicklung eines Objektes von der Entstehung bis zur Zersetzung. Dabei durchläuft das Betrachtungsobjekt verschiedene zeitlich begrenzte Stadien, die aus technologischer Sicht insbesondere die Entwicklung und die Nutzung umfassen, wobei Letztere die zeitlich längste Phase sein sollte.

Ausgangspunkt für technische Objekte ist immer ein Bedarf, der durch die Schaffung und den Einsatz des Objektes gedeckt werden soll. Diese Stadien können durch Anpassung bzw. Modernisierung mehrfach hintereinander durchlaufen werden, um das Objekt an neue Gegebenheiten auszurichten und damit weiter nutzen zu können. Zudem werden durch vorbeugende oder korrigierende Maßnahmen, bspw. durch Instandhaltung, die Lebens- bzw. Nutzungsdauern[25] verlängert. Danach wird das Objekt nicht mehr genutzt, stillgelegt und abgebaut. Die Lebenszyklusbetrachtung erlaubt es, den Lebensweg von Objekten über einen längeren Zeitraum zu untersuchen. Dadurch werden langfristige Betrachtungen möglich, die Aussagen darüber geben, wann und wie das Objekt für bestimmte Zwecke eingesetzt werden kann und was dafür notwendig ist. Daher ist diese Herangehensweise vor allem für wirtschaftliche Untersuchungen relevant. So können u. a. einmalige bzw. im Lebenszyklus mehrfach auftretende Investitionskosten sowie die laufenden Kosten den Lebenszyklusphasen des Objekts zugeordnet werden. Dies ist für die Anschaffung bzw. Auswahl von neuen Systemen in der Fabrik relevant.

Hier besteht ein enger Zusammenhang zur energie- und ressourcenorientierten Betrachtung bezogen auf den Lebenszyklus. Dies liegt darin begründet, dass sparsame und effiziente Technologien (zurzeit) oftmals höhere Investitionen erfordern, aber auf lange Sicht niedrigere Verbräuche und damit auch Kosten verursachen. Jedoch wird bzw. kann hierauf in der aktuellen betrieblichen Praxis nur bedingt Rücksicht genommen werden, da aus unternehmerischer Sicht häufig kurze Amortisationszeiten und geringe Kapitalbindungen angestrebt werden.

Es bleibt festzustellen, dass die Lebenszyklusbetrachtung neben der wirtschaftlichen Bedeutung großen Einfluss auf die energie- und ressourceneffiziente Ausgestaltung des Fabriksystems nehmen kann. Daher sind die Lebenszyklen des Fabriksystems näher zu untersuchen und modellhaft abzubilden.

---

[25] Für die nutzbare Zeitspanne im Bezug zum Lebenszyklus wird der Begriff Lebensdauer vorwiegend aus technischer Sicht („technisch nutzbar") und der Begriff Nutzungsdauer aus wirtschaftlicher Sicht („wirtschaftlich nutzbar") verwendet.

4.6.2   Lebenszyklusbetrachtung Fabriksystem

Die Fabrik selbst unterliegt einem Lebenszyklus, der die Phasen

- Entwicklung (Systemplanung),
- Aufbau (Systemrealisierung),
- Anlauf (Systemeinführung),
- Betrieb (Systemnutzung) und
- Abbau (Systemweiterverwendung oder -verwertung)

beinhaltet (Schenk, Wirth & Müller 2014, S. 150). Daran richten sich im Grunde auch der Planungsprozess und die Aufgabenverteilung zwischen Fabrikplanung und Fabrikbetrieb aus (vgl. Abschnitt 2.2).

Die Entwicklungsphase (Systemplanung) ist das Hauptaufgabengebiet der Fabrikplanung, weil dabei insbesondere das Fabrikkonzept erarbeitet wird. An dieser Stelle und besonders in frühen Planungsphasen bestehen die größten Handlungsspielräume zur Gestaltung des Fabriksystems, da hier durch die Auswahl, Dimensionierung und Verbindung der Systembestandteile die äußeren Schranken hinsichtlich Produktivität, Flexibilität/Wandlungsfähigkeit, aber auch bezüglich der Energie- und Ressourceneffizienz definiert werden. Das bedeutet, dass die Niveaus und die Handlungsspielräume festgelegt werden, in denen ein effizienter Betrieb möglich ist.

In der nächsten Lebenszyklusphase wird das entwickelte Fabriksystem aufgebaut (Systemrealisierung) und anschließend durch den Anlauf (Systemeinführung) in die Betriebsphase überführt. Die Betriebsphase (Systemnutzung) ist dem Fabrikbetrieb zugeordnet. In diesem Stadium werden Produkte in der Fabrik hergestellt, so dass sie ihren eigentlichen Verwendungszweck erfüllt. In der letzten Phase, dem Abbau (Systemweiterverwendung oder -verwertung), wird das Fabriksystem abgebaut oder in anderer Form wiederverwendet.

Diese Beschreibung des Lebenszykluses ist prinzipiell auf die niederen Hierarchieebenen des Fabriksystems übertragbar. Der Energie- bzw. Ressourcenbedarf eines Systems für seinen Lebenszyklus ergibt sich durch:

$$E/RB_{LE} = \sum_{i=1}^{n}(St,\, En,\, r)_{LE\_Phasen_i,\, Verbrauch} \tag{31}$$

Der Lebenszyklus des Fabriksystems wird in erster Linie von den herzustellenden Produkten determiniert. Der Produktlebenszyklus, der sich an Absatz- bzw. Umsatzentwicklungen orientiert, umfasst die Phasen Einführung, Wachstum, Reife, Sättigung und Rückgang (Herrmann 2010, S. 70). In Abhängigkeit der Produktarten und -anzahlen sowie deren Lebenszyklen muss das Fabriksystem die gleichzeitigen oder zeitlich versetzten Anläufe sowie die Herstellung der Produkte gewährleisten. Das heißt, dass innerhalb der Fabrikbetriebsphase ein oder mehrere Produkte ihren eigenen Lebenszyklus entsprechend der Kundennachfrage durchlaufen, so dass das Fabriksystem diesen wechselnden Anforderungen durch entsprechendes

Reaktionsvermögen und vorgehaltene Reserven entsprechen muss. Es muss daher eine Balance zwischen den kurzen Lebenszyklen der Produkte sowie den damit verbundenen Prozessen und den längeren Lebens- und Nutzungszeiten der technischen Systeme gefunden werden (Schenk, Wirth & Müller 2014, S. 147).

Folglich ist die Anpassungsfähigkeit an geänderte Ansprüche eine wesentliche Grundlage, damit sich das Fabriksystem auch hinsichtlich Energie- und Ressourceneffizienz, bspw. durch Erhöhung oder Senkung von Kapazitäten, anforderungsgerecht gestalten lässt. Dafür ist es aber notwendig, die Lebenszyklen der einzelnen Systeme in der Fabrik zu betrachten.

Entsprechend dem hierarchischen Fabriksystemkonzept (vgl. Abschnitt 4.3) kann tendenziell festgestellt werden, dass sich die Lebenszyklen in Richtung der untersten Hierarchieebene immer wieder verkürzen (Abbildung 33).

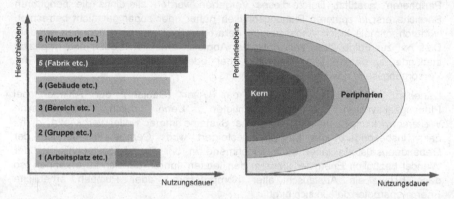

Abbildung 33: Nutzungsdauer nach Hierarchie- und Peripherieebenen des Fabriksystems

Eine Fabrik bzw. ein Werk hat bspw. eine höhere Lebens- bzw. Nutzungsdauer als einzelne Gebäude, die wiederum länger genutzt werden als Bereiche oder Gruppen. Dies ist zum einen in der hohen Wertbindung und zum anderen in der beschränkten Mobilität der Objekte begründet. In Abhängigkeit der jeweiligen Unternehmensform sowie der Wandlungsfähigkeit und der Technologie des Fabriksystems können aber auch abweichende Zyklen auftreten. So kann das Unternehmensnetzwerk durch bspw. In-/Outsourcing oder Produktionsverlagerung schneller geändert werden, und damit einen kürzeren Lebenszyklus aufweisen, als ein Produktionsstandort oder eine Maschine wird länger, ggf. für eine andere Anwendung, genutzt als eine Maschinengruppe oder ein Produktionsabschnitt.

Neben der Hierarchie ist vor allem die Funktion für den Lebenszyklus des betrachteten Systems entscheidend. Ein ausschlaggebender Indikator kann dabei die Nähe zum Produkt bzw. zur Produktherstellung sein. Veränderungen an den Produkten treiben auch die Umgestaltung der dafür notwendigen Prozesse und Technologien an. Je mehr ein System in die Herstellung involviert ist, umso größer ist die Wahrscheinlichkeit, dass es an veränderte Produktanforderungen angepasst oder sogar ausgetauscht werden muss. Dies wird durch die kurzen Produktlebenszyklen und die technologischen Weiterentwicklungen untersetzt. Das bedeutet, dass die Systeme im Hauptprozess oftmals eine kürzere Nutzungszeit aufweisen als die unterstützenden Systeme in den Peripherien (Abbildung 33). Demgemäß müssen bspw. Fertigungsanlagen für neue Produkte umgestaltet werden, wohingegen Gebäudeausrüstungen unverändert bleiben.

In diesem Zusammenhang besteht auch ein wesentliches Potenzial für die Energie- und Ressourceneffizienz. In der betrieblichen Praxis liegt der Planungsfokus auf den Fertigungs- und Montageprozessen, von denen ausgehend die peripheren Prozesse abgeleitet werden, weil davon auszugehen ist, dass die Hauptprozesse die wesentliche Wertschöpfung erbringen, aber auch die größten Aufwände verursachen. Dieser Fakt wird durch den Planungsgrundsatz „vom Zentralen zum Peripheren" gestützt. Durch dieses Vorgehen werden allerdings die peripheren Bereiche erst in späteren Planungsphasen näher oder sogar gar nicht betrachtet, wodurch oftmals keine Anpassungen derartiger Systeme vorgenommen werden. Dies hat zur Folge, dass kein optimaler Abgleich zwischen Bedarf und Kapazität stattfindet, so dass u. U. verlustreiche Über- oder Unterdimensionierungen auf der Versorgungsseite geschaffen werden.

Daneben ist weiterhin vorteilhaft, das Alter (Baujahr) der Anlagen bei Planungsaktivitäten zu berücksichtigten. Denn durch technologische Weiterentwicklungen werden technische Systeme immer weiter verbessert, d. h., dass insbesondere die Effizienz gesteigert wird. Gerade im Bereich der Gebäudeausrüstung, aber auch zunehmend in der Produktionstechnik, ist der Wandel bezüglich Energieeffizienz in den letzten Jahren deutlich zu erkennen, so dass bspw. ein Austausch alter Kompressoren oder Pumpen erhebliche Energiesparpotenziale in sich birgt.

Zusammenfassend sollten die verschiedenen Lebenszyklen und die damit verbundenen Lebens- bzw. Nutzungsdauern innerhalb des Fabriksystems gemeinsam betrachtet werden, um die beschriebenen Potenziale berücksichtigen zu können. Dazu werden in Abbildung 34 die verschiedenen Lebenszyklen der Funktionsbereiche des Fabriksystems gegenübergestellt. Demnach weist das Gebäudesystem, insbesondere das Bauwerk, die längste Nutzungsdauer auf. Mit bzw. kurz nach der Errichtung des Gebäudes wird die Haustechnik installiert. Da diese nahezu unabhängig von den Produktionsprozessen ist, bleibt diese über längere Zeit unverändert. Nach dem Produktionssystem werden die Anforderungen für die Prozesstechnik abgeleitet und die entsprechende Ver- und Entsorgung aufgebaut. Wie oben beschrieben, unterliegt das Produktionssystem durch Produktwechsel häufigen Änderungen, wobei in diesem Zuge auch die Prozess- und Haustechnik sowie u. U. das Gebäudesystem an die neuen Gegebenheiten angepasst werden sollten. Sind entsprechende Baujahre, Lebenszyklen und Planungshorizonte bekannt, können ein derartiges Modell aufgestellt und damit zeitliche Überschneidungen bzw. Diskrepanzen gegenübergestellt werden.

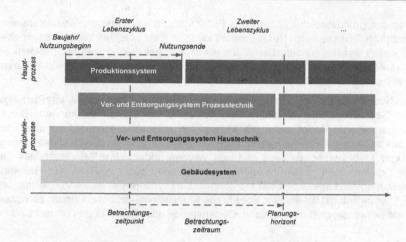

Abbildung 34: Lebenszyklen nach Funktionsbereichen des Fabriksystems

4.7 Referenzmodell des Fabriksystems

4.7.1 Bedeutung

Anhand der erarbeiteten Fabriksystemkonzepte ist es möglich, eine Fabrik in Form von Systemmodellen mit verschiedenen Aspekten sehr detailliert abzubilden, das bedeutet, Partialmodelle des Fabriksystems zu erstellen. Wie bereits erwähnt, liegt ein vollständiges Systemmodell vor, wenn das hierarchische, das funktionale und das strukturale Systemkonzept modelliert sind. Da die Fabrik ein sehr komplexes System darstellt, sind entsprechend den Anforderungen der jeweiligen Planungsaufgabe aber auch nur Teilaspekte notwendig bzw. überhaupt abbildbar.

Jedoch ist die bereichsübergreifende Beschreibung des Fabriksystems für die Betrachtung von Energie- und Ressourceneffizienz von besonderer Bedeutung, weil hiermit die grundlegenden Bestandteile der Fabrik und ihr Zusammenwirken verdeutlicht werden können. Daher werden die wesentlichen energie- und ressourcenrelevanten Modellkomponenten, die sich aus den Systemkonzepten ergeben, nachfolgend in einem Referenzmodell zusammengefasst.

Im Allgemeinen ist ein Referenzmodell eine Vorlage (Muster), welche die wichtigsten Bestandteile eines Betrachtungsobjektes zusammenfasst und überblicksartig darstellt, Schnittstellen und Zusammenhänge beinhaltet sowie durch eine einheitliche Begriffswelt und Visualisierung als Kommunikationsplattform fungiert (Karer 2007, S. 32-33). Ein Referenzmodell gibt den aktuellen Zustand eines Betrachtungsobjektes wieder, aber in einer abstrakten Form, um daraus zukünftige Gestaltungsalternativen ableiten zu können (Reiche 2008, S. 31). Referenzmodelle tragen dazu bei, die Planung und Modellierung von Fabriksystemen zu vereinheitlichen (Schady 2008, S. 115). Mit dem zu entwickelnden Referenzmodell sollen der grundsätzliche Aufbau des Fabriksystems und dessen Wirkbeziehungen hinsichtlich Energie- und Ressourceneffizienz in vereinfachter Weise beschrieben und erklärt werden können. Damit soll ein Modell geschaffen werden, mit dem ein umfassender Blick auf das Gesamtsystem sowie auf das Zusammenwirken seiner Teilsysteme ermöglicht wird.

Dem Nutzer wird mit dem Referenzmodell ein Werkzeug bereitgestellt, um Planungs- bzw. Gestaltungslösungen effektiv und effizient modellieren zu können. Dieses verallgemeinerte Modell dient als Muster für praktische Planungsaufgaben, um daraus spezifische Fabriksystemmodelle ableiten zu können. Durch diese Vorlage soll der Modellierungsaufwand reduziert werden, indem das Referenzmodell und Teile davon zum einen wiederverwendet und zum anderen für konkrete Anwendungsfälle spezifiziert werden können. Des Weiteren ist es als Vergleichs- und Verifizierungsobjekt für erstellte spezifische Modelle einsetzbar, um bspw. zu prüfen, ob alle notwendigen (Sub-)Systeme, Gegenstände oder Beziehungen erfasst sind.

4.7.2 Herleitung und Aufbau

Auf Basis der Fabriksystemkonzepte wird im Folgenden das Referenzmodell schrittweise hergeleitet. Im Gegensatz zu den Systemkonzepten, mit denen die verschiedenen Aspekte eines Fabriksystems sehr detailliert beschrieben werden können, findet hierbei eine Zusammenfassung und Vereinfachung ausgewählter Modellkomponenten sowie die Konkretisierung hinsichtlich der praxisrelevanten Anwendung statt. Durch die Ableitung aus den Fabriksystemkonzepten fließen folglich theoretische sowie praktische Erkenntnisse und Erfahrungen, die auch bei den Systemkonzepten berücksichtigt werden, in das Referenzmodell ein. Dazu gehören die Modell- und Systemtheorie sowie verschiedene empirische Untersuchungen von Einzelsystemen. Aus dem Referenzmodell können letztlich spezifische Modelle für konkrete praktische Anwendungsfälle erstellt werden (Abbildung 35).

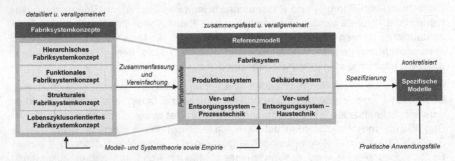

Abbildung 35:   Herleitung und Anwendung des Referenzmodells

In Abbildung 36 wird der grundsätzliche Aufbau des Referenzmodells zusammengefasst. Das Referenzmodell ist hierarchisch aufgebaut sowie eingebettet in seine natürliche und künstliche Umwelt. Die oberste Hierarchie ist die Ebene 5, das Fabriksystem. Diese wird bis zur Ebene 3 für Bereiche aufgelöst.

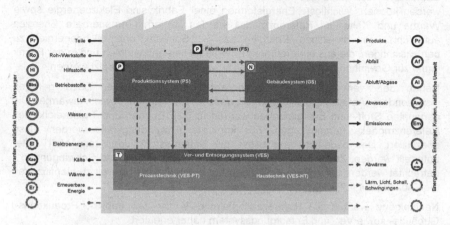

Abbildung 36: Überblick Referenzmodell

Weiterhin ist das Referenzmodell anhand der funktionalen Fabriksystemstruktur in die Partialmodelle für Produktions-, Gebäude-, Ver- und Entsorgungssystem sowie in deren Teilsysteme unterteilt, um die Abhängigkeiten der verschiedenen Funktionsbereiche zu verdeutlichen (vgl. Abschnitt 4.5.2.2). Dabei werden die Teilsysteme nachfolgend entsprechend der betrachteten Gegenstände weiter differenziert. Um bei der Erstellung der spezifischen Modelle eine gewisse Flexibilität vorzuhalten, sind in einigen Referenz-Partialmodellen sonstige Systeme eingefügt. Diese sind für spezielle Systeme, die gesondert aufgeführt werden sollen, vorgesehen.

Neben diesem Systemaufbau liegt der Fokus auf den Wirkbeziehungen, die sich aus der Vernetzung in den Stoff- und Energieflüssen ergeben. Jedes System benötigt grundsätzlich Energie, um seine Funktion erfüllen zu können, so dass das System immer Teil des Energieflusses ist. Es kann aber weiterhin aufgrund seiner Funktion, z. B. Produktbearbeitung, zu anderen Flüssen, z. B. Stoff-/Produktfluss, gehören. Dann ist das System auf der einen Seite Erzeuger im Stofffluss und auf der anderen Seite Nutzer (als Verbraucher) im Energiefluss (vgl. Abschnitt 4.5.2.2). Im Referenzmodell wird die Hauptfunktion eines Systems durch das jeweilige Symbol veranschaulicht. Das Fabriksystem nimmt verschiedene Stoffe sowie Energien von Lieferanten, Versorgern und der natürlichen Umwelt auf und gibt sie wieder in veränderter Form bspw. als Produkte und Abprodukte an Kunden, Energiekunden, Entsorger und die natürliche Umwelt ab.

Die stofflichen Gegenstände, die die Fabrik bezieht, sind Teile, Roh-/Werkstoffe, Hilfsstoffe, Betriebsstoffe sowie Luft und Wasser. Letztere werden im Referenzmodell separat aufgeführt, weil sie in verschiedenen Funktionen zur Anwendung kommen (z. B. Wasser als Roh-/Werkstoff bzw. Hilfsstoff für Farben und Chemikalien oder als Betriebsstoff zur Kühlung) und z. T. direkt aus der natürlichen Umwelt entnommen werden können. Wichtigste Energieformen einer Fabrik sind Elektroenergie sowie Wärme und Kälte. Im Referenzmodell werden weiterhin erneuerbare Energien aufgeführt, um diejenigen Energien (z. B. Sonnen- oder Windenergie) zu berücksichtigen, die aus erneuerbaren Energiequellen entstammen und in der Fabrik direkt zur Gewinnung von Elektro- oder Wärmeenergie etc. eingesetzt werden.

Neben den verwertbaren Produkten entstehen Abprodukte. Dazu gehören insbesondere Abfall, Abluft/Abgase, Abwasser, Emissionen sowie Abwärme. Die genannten Stoff- und Energieformen werden für alle Ebenen und Teilbereiche des Referenzmodells herangezogen. Für konkrete Anwendungsfälle werden diese spezifiziert. Das bedeutet, dass bspw. die Betriebsstoffe oder der Abfall weiter unterteilt werden. Zusätzlich können noch Lärm, Licht, Schall und Schwingungen[26] betrachtet werden, um weitere Wirkungen auf die natürliche Umwelt zu identifizieren (vgl. Abschnitt 4.4.2).

Nachfolgend werden die Referenz-Partialmodelle für das Fabrik-, Produktions-, Gebäude- sowie Ver- und Entsorgungssystem näher erläutert.

4.7.2.1   Partialmodell Fabriksystem

Wie bereits beschrieben, ist das Fabriksystem eingebunden in übergeordnete natürliche und künstliche Systeme, nimmt Stoffe und Energien auf, um daraus Produkte herstellen zu können (Abbildung 37).

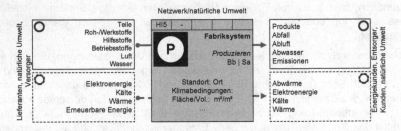

Abbildung 37:   Partialmodell Funktion Fabriksystem

Das Fabriksystem setzt sich strukturell aus den Teilsystemen Produktions-, Gebäude- sowie Ver- und Entsorgungssystem zusammen (Abbildung 38).

---

[26] Diese Outputgrößen bleiben für die weitere Betrachtung der inneren Fabrikstruktur aus Gründen der Übersichtlichkeit und Handhabbarkeit unberücksichtigt.

Das PS wird zum einen von externen Lieferanten mit Teilen, Roh-/Werkstoffen, Hilfsstoffen direkt beliefert. Fertige Produkte werden an die Kunden abgegeben. Zum anderen wird es vom VES mit Betriebsstoffen, Luft und Wasser sowie mit Elektroenergie, Kälte und Wärme versorgt. Dazu können auch Roh-/Werkstoffe und Hilfsstoffe, wie bspw. Chemikalien, die einer gesonderten Behandlung bedürfen, gehören.

Das VES besteht aus der Prozesstechnik für das PS sowie aus der Haustechnik für das GS und die allgemeine Versorgung. Es bezieht seine Stoffe und Energien entweder vom Versorger oder von der natürlichen Umwelt. Vom Versorger werden bspw. Elektroenergie, Trinkwasser, (Heiz-)Gas oder (Fern-)Wärme in das Fabriksystem eingespeist. Von der natürlichen Umwelt können Luft, Wasser, Kälte und Wärme sowie erneuerbare Energie direkt genutzt werden. Innerhalb dieses Systems werden die Stoffe und Energien aufgearbeitet, gespeichert und für die weitere Nutzung zur Verfügung gestellt. Die nicht mehr benötigten Stoffe und Energien (z. B. Abfall, Abwasser oder Abwärme) aus dem PS und dem GS werden durch das VES abgeführt, behandelt und entsorgt. Die umweltgefährdenden Abfälle und Abwässer werden an Entsorger abgegeben.

Das VES-PT umfasst dabei die Gegenstände, die für die nutzungs- und verfahrensspezifischen Prozesse benötigt werden. Dazu gehören bspw. Druckluft, Gase, Chemikalien oder Kühlschmierstoffe. Die Abprodukte des PS werden vom VES-PT nachbereitet (z. B. Abwasserbehandlung oder thermische Nachverbrennung) und an die natürliche Umwelt bzw. an Entsorger abgegeben.

Das GS wird vom VES-HT mit warmer und kalter Raumluft versorgt. Zudem nimmt das VES-HT die Abprodukte vom GS entgegen. Das VES-HT bereitet die Abprodukte nach und gibt sie dann an die natürliche Umwelt bzw. an Entsorger ab. Luft, Wärme und Kälte bzw. Abluft, Abwärme und Emissionen können aber auch über das Bauwerk vom GS direkt mit der natürlichen Umwelt ausgetauscht werden.

Das VES-HT ist für die allgemeine Versorgung zuständig, so dass auch das VES-PT und das PS vom VES-HT mit den nicht-prozessspezifischen Stoffen und Energien (z. B. Trink-/Warmwasser oder Elektroenergie) beliefert werden. Weiterhin steht es im direkten Kontakt mit der natürlichen Umwelt, Ver- und Entsorgern sowie Energiekunden. Selbst erzeugte Energie kann weiterhin an externe Energiekunden verkauft werden (z. B. durch Einspeisung ins öffentliche Versorgungsnetz). In der Konsequenz nimmt das VES-HT eine zentrale Rolle im Fabriksystem ein.

Das PS und das VES sind vom GS umhüllt, so dass auch Abprodukte, wie Abwärme, Abluft oder Emissionen, von den Maschinen, Anlagen und Einrichtungen ins Gebäude übergehen. Dadurch werden die Gebäude-/Raumkonditionen beeinflusst, so dass diese Einwirkungen bei der Auslegung der VES-HT berücksichtigt werden müssen (z. B. Raumlüftung bzw. -klimatisierung). Außerdem können aber auch Abprodukte vom PS und VES direkt in die natürliche Umwelt abgegeben werden (z. B. von Transportsystemen oder Kühl-/Heizsystemen außerhalb von Gebäuden).

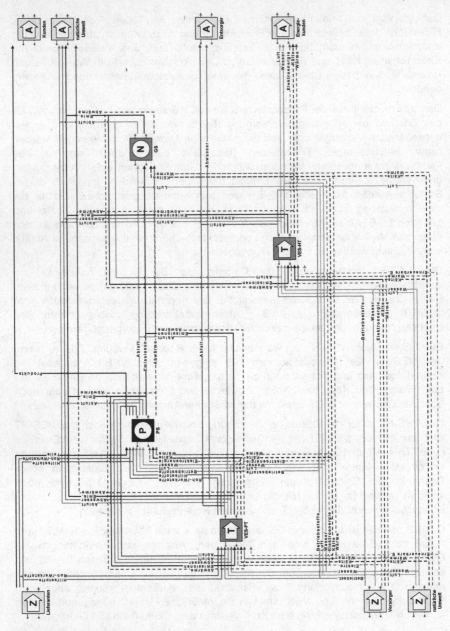

Abbildung 38:   Partialmodell Struktur Fabriksystem

Die erläuterten Wirkbeziehungen des Fabriksystems sind für die nachfolgenden Teilmodelle maßgebend. Darüber hinaus sind aus technologischer Sicht weitere Verknüpfungen zwischen den Teilsystemen möglich. Gerade durch den Einsatz von Rückgewinnungstechnologien können zusätzliche Verbindungen, insbesondere Kreisläufe, erzeugt werden. Ein typisches Beispiel hierfür ist die Rückgewinnung von Wärme aus Motoren, Pumpen, Kompressoren etc. (z. B. Drucklufterzeugung), um damit das Heizungssystem zu unterstützen. Aufgrund der Vielzahl an derartigen Verknüpfungsmöglichkeiten, werden diese im Referenzmodell nicht weiter ausgeführt. Sie werden stattdessen bei der Erstellung der spezifischen Modelle ergänzt.

4.7.2.2 Partialmodell Produktionssystem

Das Produktionssystem stellt den wertschöpfenden Teil der Fabrik dar. Es muss mit Stoffen und Energien versorgt werden, um Produkte ausbringen zu können (Abbildung 39).

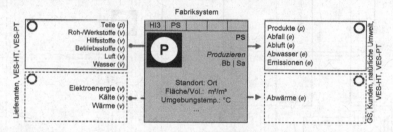

Abbildung 39: Partialmodell Funktion Produktionssystem

Das Produktionssystem umfasst das Fertigungs-, Montage- und Logistiksystem (Abbildung 40). Letzteres beliefert das Fertigungssystem und das Montagesystem mit Teilen, Roh-/Werkstoffen und Hilfsstoffen, welche von externen Lieferanten stammen, übernimmt die interne Logistik und übergibt die fertigen Produkte an die Kunden. Das Fertigungssystem und das Montagesystem erbringen die eigentliche Wertschöpfung am Produkt. Dazu werden sie neben dem Logistiksystem durch das VES mit notwendigen Stoffen und Energien versorgt.

Neben der Abfuhr der Abprodukte durch das VES können Abluft, Emissionen und Abwärme aus Fertigungs-, Montage- und Logistiksystem auch direkt an das umgebende Gebäude oder an die natürliche Umwelt abgegeben werden.

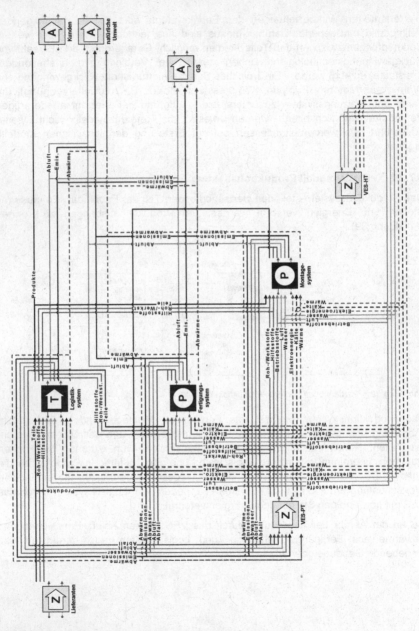

Abbildung 40:   Partialmodell Struktur Produktionssystem

4.7.2.3   Partialmodell Gebäudesystem

Das Gebäudesystem stellt die physische Umgebung der Produktion dar und sorgt dafür, dass entsprechende Arbeits- und Prozessbedingungen hinsichtlich Raumklima, Sicherheit und Schutz vorhanden sind (Abbildung 41).

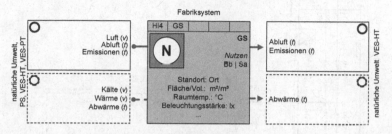

Abbildung 41:   Partialmodell Funktion Gebäudesystem

Das Gebäudesystem umfasst Hülle, Innenausbau, Tragwerk sowie Grundstück und Außenanlagen (vgl. Abschnitt 4.5.2.2). Mittels einer Energiebilanzierung von Gebäuden können Nutz-, End- und Primärenergiebedarf berechnet werden (DIN V 18599-1). Hierfür müssen genaue Spezifikationen des Gebäudes und dessen Bauteile (Materialien und Aufbau von Türen, Toren, Fenstern, Wänden etc.) bekannt sein. Diese Informationen liegen allerdings erst in der Detailplanungsphase bzw. bei bestehenden Gebäuden vor. Sind diese Voraussetzungen erfüllt, kann eine gesonderte energetische Bewertung des Gebäudes vorgenommen werden.

Im Weiteren wird das Gebäude in einzelne nutzungsabhängige Räume unterteilt (Abbildung 42). Dadurch können die grundsätzlichen Anforderungen hinsichtlich Beleuchtung, Flächen, Heizung/Klimatisierung, Luftwechsel, Temperaturen etc. abgegrenzt werden. Eine derartige Zonierung in der Konzeptplanung trägt dazu bei, dass bereits frühzeitig die VES-HT anforderungsgerecht abgestimmt werden kann.

Die Fertigungs- und Montageräume sowie die Logistikräume stellen die Umgebung des Produktionssystems dar und müssen daher für die arbeits- und prozessspezifischen Anforderungen (z. B. Reinraum) ausgelegt werden. Dies betrifft in ähnlicher Weise auch die VES-Räume. Büro-, Sanitär- und Sozialräume werden vorrangig auf die Nutzer ausgelegt. Als Außenräume werden die Flächen und Räume außerhalb des Gebäudes zusammengefasst (z. B. Lagerflächen).

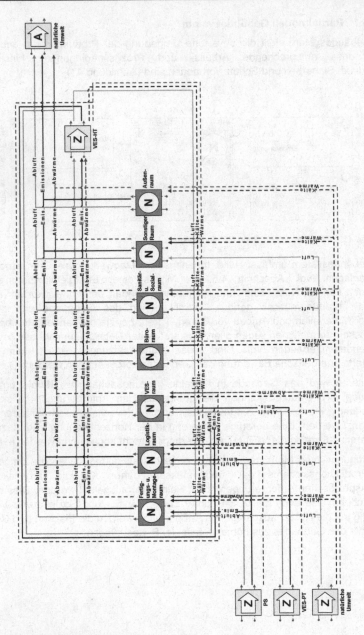

Abbildung 42:   Partialmodell Struktur Gebäudesystem

4.7.2.4 Partialmodell Ver- und Entsorgungssystem – Prozesstechnik

Das Ver- und Entsorgungssystem – Prozesstechnik ver- und entsorgt die Produktion mit Stoffen und Energien (Abbildung 43). Dies betrifft die Gegenstände, die für die nutzungs- und verfahrensspezifischen Prozesse benötigt werden. Das VES-PT ist damit eine zwingende Voraussetzung, um die Produktion durchführen zu können.

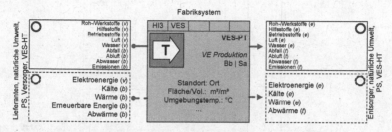

Abbildung 43: Partialmodell Funktion Ver- und Entsorgungssystem – Prozesstechnik

Strukturell umfasst das VES-PT mehrere Systeme, die aus den für die nutzungs- und verfahrensspezifischen Prozesse benötigten Gegenständen abgeleitet sind. Dies sind folglich Roh-/Werkstoff- und Hilfsstoff-, Betriebsstoff-, Luft-, Wasser-, Elektroenergie-, Kälte- und Wärmesysteme (Abbildung 44). Beispiele hierfür sind Absaugungs-, Chemikalien-, Druckluft-, Hydraulik-, Kühlschmierstoffanlagen sowie Prozesswärme- und -kälteanlagen.

Die einzelnen Systeme beliefern das PS mit ihren jeweiligen Stoffen und Energien, wobei weitere Gegenstände darin inbegriffen sein können (z. B. Kälte- und Wärmetransport bei der Wasserversorgung oder umgedreht).

Die Systeme selbst bekommen ihre notwendigen Stoffe und Energien vom VES-HT (z. B. Elektroenergie oder Trink-/Warmwasser), von Lieferanten und Versorgern oder direkt von der natürlichen Umwelt. Sowohl die Abprodukte des PS als auch die Eigenen gehen zum einen an das GS oder an die natürliche Umwelt über. Zum anderen werden die umweltgefährdenden Abfälle und Abwässer an die Entsorger abgegeben. Des Weiteren können noch weitere, technologisch bedingte Kreisläufe zwischen den Teilsystemen gebildet werden, wenn bspw. bei der Erzeugung von Prozesswärme oder -kälte Abfälle oder Abwässer entstehen, die dann zunächst an die Betriebsstoff- oder Wassersysteme zurückgeführt, behandelt und anschließend abgeführt werden müssen.

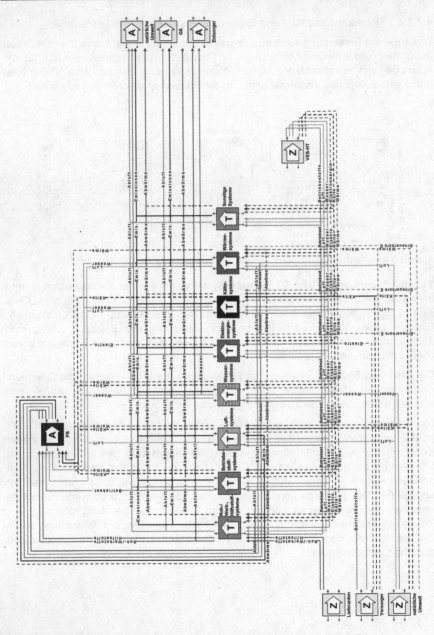

Abbildung 44:   Partialmodell Struktur Ver- und Entsorgungssystem – Prozesstechnik

4.7.2.5 Partialmodell Ver- und Entsorgungssystem – Haustechnik

Das Ver- und Entsorgungssystem – Haustechnik ist für die allgemeine Versorgung mit den nicht-prozessspezifischen Stoffen und Energien für das GS, PS und VES-PT zuständig (Abbildung 45).

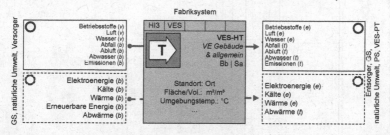

Abbildung 45:   Partialmodell Funktion Ver- und Entsorgungssystem – Haustechnik

Das VES-HT ist ähnlich wie das VES-PT strukturell in gegenstandsbezogene Teilsysteme untergliedert. Dazu gehören Betriebsstoff-, Luft-, Wasser-, Elektroenergie-, Kälte- und Wärmesysteme (Abbildung 46). Beispiele hierfür sind Beleuchtungs-, Förder-, Gebäudeautomations-, Heizung-/Lüftungs-/Klima- sowie Wasser-/Abwassersysteme.

Die notwendigen Gegenstände für das VES-HT werden von Versorgern und der natürlichen Umwelt bezogen. Zu Letzterer gehören auch erneuerbare Energien, die bspw. genutzt werden, um eigene Elektroenergie mittels Photovoltaik und Windkraft oder Wärme mittels Solarthermie erzeugen zu können. Die Teilsysteme beliefern sich zudem untereinander mit Stoffen und Energien.

Die eigenen Abprodukte Abluft, Emissionen und Abwärme fließen ins Gebäude ein oder werden an die natürliche Umwelt abgegeben. Wie beim VES-PT können noch weitere technologisch bedingte Verknüpfungen zwischen den Teilsystemen gebildet werden. Die Abprodukte des GS werden vom VES-HT abtransportiert und entsorgt. Umweltgefährdende Abfälle und Abwässer werden vom Entsorger abgenommen.

Überschüssige selbst erzeugte Energie aus bspw. eigenen Blockheizkraftwerken, Photovoltaik-, Solarthermie- oder Windkraftanlagen kann weiterhin an externe Energiekunden verkauft werden.

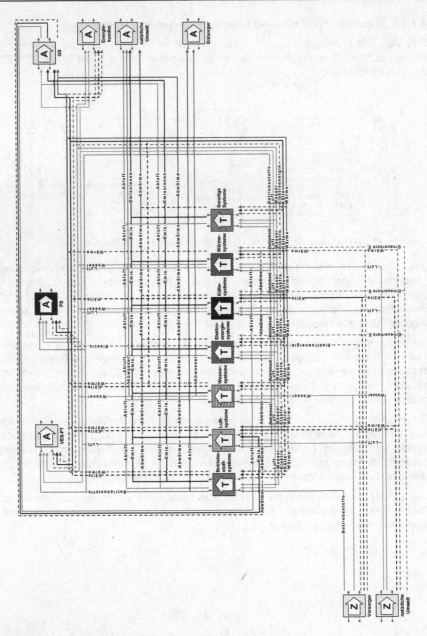

Abbildung 46: Partialmodell Struktur Ver- und Entsorgungssystem – Haustechnik

4.8 Vorgehensmodell zur Modellierung des Fabriksystems

4.8.1 Überblick

Im Folgenden wird das Vorgehensmodell zur Modellierung des Fabriksystems erläutert, welches die systematische praxisbezogene Anwendung der Fabriksystemkonzepte und des Referenzmodells beschreibt. Daher dient diese Vorgehensweise dem systematischen Aufbau von Fabriksystemmodellen mit Fokus auf Energie- und Ressourceneffizienz und untersetzt die Phasen Abgrenzung und Problemstellung, Zieldefinition, Modellbildung/-anpassung, Experiment/Feldstudie, Modellüberprüfung und Erkenntnisformulierung des modellbasierten Erkenntnisprozesses (vgl. Abschnitt 2.3.2.2).

Hiermit wird darauf abgezielt, den Fabrikplanungsprozess zu unterstützen, indem das Fabriksystem und seine Bestandteile in den verschiedenen Planungsphasen und -schritten modellhaft abgebildet wird, um daran Planungs- und Gestaltungsansätze für energie- bzw. ressourceneffiziente Fabrikkonzepte entwickeln, darstellen, erproben und beurteilen zu können. Dementsprechend sind die Planungsziele, -aufgaben, -inhalte und -daten wesentliche informationelle Grundlagen für die Methode. Neben der Planung soll auch die betriebliche Energieanalyse (Müller et al. 2009, S. 255-274), (Schmid 2004, S. 111-120), (Wohinz & Moor 1989, S. 61-78) unterstützt werden, indem die zu untersuchenden Energieträger, -systeme, -netze etc. modellhaft abgebildet werden.

Die Anwendung des Modellierungsansatzes erfolgt in fünf Schritten, dargestellt nach SADT/IDEF0 (IDEF 2015), die entsprechend des Planungsfortschrittes sowie der notwendigen und möglichen Detaillierung nacheinander und iterativ durchlaufen werden (Abbildung 47).

Dazu wird zunächst die Methodik eingeordnet und die Ziele, die mit der Modellbildung verfolgt werden, festgelegt (Abgrenzung, Problemstellung, Zieldefinition). Dann wird das Fabriksystem ganz oder in Teilen qualitativ abgebildet, um damit die Hierarchien, Funktionen und Strukturen in Form modellhafter Lösungsvarianten zu erarbeiten und darzustellen. Im Anschluss werden zu den entwickelten Modellen quantitative Aspekte hinzugefügt, um damit das Fabriksystem näher beschreiben und erklären zu können (Modellbildung/-anpassung).

Liegt bis hierhin der Fokus auf der ganzheitlichen Abbildung des Fabriksystems, wird im zweiten Teil des Vorgehens auf die Beurteilung und Steigerung der Energie- und Ressourceneffizienz der modellierten Lösungsvarianten abgezielt. Hierfür werden die aufgestellten Modelle analysiert sowie hinsichtlich der Energie- und Ressourceneffizienz interpretiert und beurteilt (Experiment/Feldstudie, Modellüberprüfung). Daraus werden schließlich Gestaltungs- bzw. Optimierungsansätze abgeleitet, die für die Erstellung von energie- bzw. ressourceneffizienten Fabrikkonzepten genutzt werden können (Erkenntnisformulierung). In den folgenden Abschnitten werden die einzelnen Schritte detailliert.

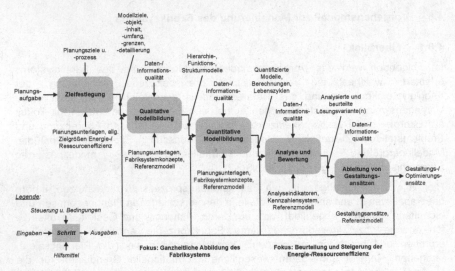

Abbildung 47:   Vorgehensmodell zur Modellierung des Fabriksystems

4.8.2   Zielfestlegung

Im ersten Schritt sind das Vorgehen zur Modellierung in die zugrunde liegende Planungsaufgabe einzuordnen und die Ziele, die mit der Modellierung verfolgt werden, zu definieren. Der Fabrikplanungsprozess dient hierfür zur Orientierung, wodurch die zu untersuchenden Planungsphasen, -schritte und -inhalte an dieser Stelle benannt werden (vgl. Abschnitt 2.2.4). Als übergeordnete Zielgrößen für die Entwicklung des Fabrikkonzepts werden die Energie- und Ressourceneffizienz deklariert. Aufbauend auf deren grundlegenden Definitionen (vgl. Abschnitt 2.1) werden nachfolgend Einflussgrößen bzw. abgeleitete Zielgrößen fixiert, die die Hauptzielgrößen positiv beeinflussen (Abbildung 48).

Wie bereits beschrieben, ist unter Energie- bzw. Ressourceneffizienz das Verhältnis des erzielbaren Nutzens/Ertrags zum erbringenden Aufwand/Einsatz an Energien bzw. Ressourcen zu verstehen. Den Ertrag eines produzierenden Unternehmens stellen die verwertbaren Produkte und Dienstleistungen in stofflicher und/oder energetischer Form dar. Daher sollte diese Größe aus Gründen der Effizienz möglichst bei gleichbleibendem/sinkendem Aufwand maximiert werden.

Demgegenüber steht ein zu minimierender Aufwand bei gleichbleiben-dem/steigendem Nutzen. Dieser beschreibt grundsätzlich die Menge an Energien und Ressourcen, die als Eingabe benötigt wird, um die Produktherstellung zu gewährleisten. Dazu zählen u. a. die Roh-/Werkstoffe, Hilfsstoffe, Betriebsstoffe, Energien bzw. Energieträger sowie die Flächen und Räume. Dabei spielen insbesondere ein geringer Leistungsbedarf/Intensität und der Zeitraum, über den die Leistung abgerufen wird, eine entscheidende Rolle. Neben den einzubringenden

Ressourcen sind auch die abzugebenden nicht-verwertbaren und/oder schädlichen Abprodukte (Abfall, Abluft, Abwasser, Abwärme, Emissionen) gering zu halten, bspw. durch hohe Materialausnutzung, Einsatz wiederverwendbarer und umweltfreundlicher Stoffe sowie Energierückgewinnung. Zudem trägt die Nutzung erneuerbarer Ressourcen zum Klima- bzw. Umweltschutz bei, verringert aber ggf. auch den Bedarf an stofflichen und energetischen Eingaben aus anderen Quellen und ist daher als Zielgröße zu berücksichtigen.

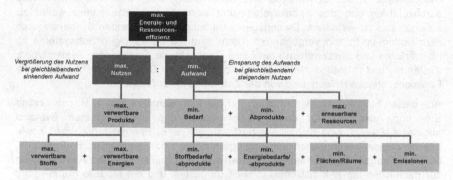

Abbildung 48:   Zielgrößen für die Energie- und Ressourceneffizienz von Fabriksystemen

Aus der Zielfestlegung leiten sich nachfolgend die Modellziele und somit der Rahmen für die Modellbildung ab. Das bedeutet, dass das Modellbetrachtungsobjekt und der Modellinhalt (z. B. Beschreibung der Fabriksystemstruktur), der Modellumfang (Gesamtsystem oder Teilaspekte), die Modellgrenzen und die Modelldetaillierung (u. a. Hierarchieebenen, qualitative und/oder quantitative Betrachtung) des zu entwerfenden Fabriksystemmodells definiert werden. Auf Basis dieses Schrittes erfolgt die Ausgestaltung der nachfolgenden Schritte.

4.8.3   Qualitative Modellbildung

Die qualitative Beschreibung des Fabriksystems ist der Kern des Vorgehens, da hier die Fabrik als Modell konzipiert wird. Damit werden der grundsätzliche Aufbau und die Wirkbeziehungen des Fabriksystems dargestellt, ohne dass quantitative Daten aus Messungen etc. benötigt werden. Daher ist dieser Schritt gerade für frühe Planungsphasen bzw. bei Neuplanungen, bei denen nur sehr grob detaillierte Daten und Informationen vorliegen, von besonderem Interesse. Die Durchführung dieses Schrittes basiert hauptsächlich auf der Anwendung bzw. Überführung der einzelnen Fabriksystemkonzepte sowie des Referenzmodells auf das konkrete Planungsobjekt im Abgleich mit der vorangegangenen Zielfestlegung. Die qualitative Beschreibung umfasst die aufeinander folgenden Teilschritte Festlegung der Hierarchieebenen sowie Erstellung der Funktions- und Strukturmodelle.

Zunächst werden entsprechend der Planungsaufgabe die zu betrachtenden Hierarchieebenen festgelegt, so dass die Ebenen System und Subsysteme abgegrenzt sind. Im Referenzmodell sind hierfür die entsprechenden Teilmodelle auszuwählen.

Dann erfolgt die Abbildung des Systems und der Subsysteme in Form von Funktionsmodellen, um die Ein- und Auswirkungen der einzelnen Systeme wiederzugeben. Hierfür bietet es sich an, die Modellierung bei bestehenden Systemen (z. B. für die Analyse und Optimierung) nach dem Top-down-Prinzip durchzuführen und das Fabriksystem und seine Subsysteme immer weiter zu zerlegen und zu verfeinern. Dahingegen wird bei neu zu planenden Systemen nach dem Bottom-up-Prinzip vorgegangen. Dazu sind die notwendigen Subsysteme zu identifizieren und auszuwählen sowie ihre Gegenstände, Funktionen, Systemtypen, Zustände und sonstige Attribute zu modellieren. Dies geschieht über alle Funktionsbereiche hinweg, also von der Zuführung bis zur Abgabe.

Aus diesen Modellen werden nachfolgend die Eigenschaften, wie z. B. notwendige Ein- und Ausgaben, für das Funktionsmodell des übergeordneten Systems abgeleitet. Folglich sind hiermit alle Systemtypen (z. B. Energieverbraucher) sowie alle benötigten, verarbeiteten und erzeugten Stoffe und Energien (z. B. Rohstoffe, Medien, Energieträger, Energieformen) erfasst, prinzipielle Ein- und Auswirkungen zur natürlichen sowie künstlichen Umwelt dargestellt und die Modelle grundlegend parametriert. An dieser Stelle sind das System und die einzelnen Subsysteme hinsichtlich ihrer Funktion qualitativ beschrieben und abgegrenzt.

Im nächsten Schritt werden die Subsysteme strukturell miteinander verknüpft. Dazu wird das System in die Funktionsbereiche Produktionssystem, Gebäudesystem sowie Ver- und Entsorgungssystem eingeteilt und die Subsysteme darin eingeordnet. Die Subsysteme werden über ihre stofflichen und energetischen Austausch- bzw. Flussbeziehungen vernetzt und damit die Stoff- und Energiestrukturen sowie die Verbindungen zwischen den Funktionsbereichen gebildet. Neben der funktionalen wird auch die räumliche Struktur herangezogen, um die örtliche Anordnung bzw. Verteilung von Erzeugern, Verbrauchern etc. darzustellen, um daraus sowohl deren infrastrukturelle Vernetzung (z. B. für die Auslegung der Energienetze) als auch Gestaltungsansätze (z. B. Verknüpfung von Wärmequelle und -senken) abzuleiten.

Sowohl die Auswahl der (Sub-)Systeme als auch deren Verknüpfung folgt dem Grundsatz „vom Zentralen zum Peripheren", also von Produktionssystem/Hauptprozessen zu Ver- und Entsorgungssystem/peripheren Prozesse. Damit werden ausgehend vom Bedarf die notwendigen Voraussetzungen bzw. Kapazitäten abgeleitet. In umgekehrter Weise können aber gerade bei der Analyse bestehender Systeme Über- und Unterkapazitäten festgestellt werden. Wichtig ist hierbei, dass in beiden Fällen immer Nutzung/Verbrauch und Erzeugung/Bereitstellung miteinander abgeglichen werden, wobei dabei in der Planung auch die Lebenszyklen der einzelnen Systeme zu beachten sind.

Bei der Anwendung des Referenzmodells werden dessen Teilmodelle schrittweise in die spezifischen (Teil-)Modelle[27] des realen bzw. geplanten Objekts überführt. Dazu sind die für den Anwendungsfall nicht benötigten Systeme, Gegenstände, Beziehungen etc. des Referenzmodells zu entfernen bzw. weitere notwendige Bestandteile zu spezifizieren und zu ergänzen (z. B. Wasser in Trink-, Brauch- oder Warmwasser aufteilen oder Gase als Betriebsstoffe hinzufügen). Auf Fabriksystemebene werden zunächst das PS und das GS mit dem VES verknüpft. Zur Versorgung werden die Ausgänge des VES mit den Eingängen von PS und GS verbunden. In umgekehrter Weise werden die Abprodukte zum VES zurückgeführt. Des Weiteren sind die Abprodukte Abluft, Emissionen und Abwärme von PS und VES zum GS hinzuzufügen. Darüber hinaus ist zu prüfen, ob weitere Verbindungen bzw. Kreisläufe mit den Abprodukten erstellt werden können (vgl. Abschnitt 4.8.6). Schließlich werden die vor- und nachgelagerten Systeme (z. B. Lieferanten, Ver- und Entsorger) hinzugefügt und die Ein- und Ausgaben von PS, GS und VES mit diesen Schnittstellen nach außen verknüpft. Diese Schritte werden in ähnlicher Weise auch für die anderen Partialmodelle durchgeführt.

An dieser Stelle ist das System mit seiner Hierarchie, Funktion und Struktur qualitativ beschrieben. Hiermit werden nun die qualitativen Wirkbeziehungen zwischen den Systemen identifiziert und analysiert (vgl. Abschnitt 4.8.5.4). In diesem Schritt sind bereits erste qualitative Gestaltungsansätze zu berücksichtigen, die ohne Kennzahlen, Messdaten etc. umsetzbar sind, wie bspw. die Substitution von Stoffen, der Einsatz erneuerbarer Energien oder die Bildung von Stoff- und Energiekreisläufen (vgl. Abschnitt 4.8.6).

4.8.4 Quantitative Modellbildung

Auf Basis der qualitativen Beschreibung wird im dritten Schritt des Vorgehens das Fabriksystemmodell mit quantitativen Aspekten versehen, um detailliertere Bewertungen durchführen, berechenbare Wirkbeziehungen untersuchen und Prognosen über Energie- und Ressourcenbedarfe erstellen zu können. Hierfür werden die zuvor entwickelten Modelle um zahlenmäßige Werte erweitert, wobei sich dies sich nach dem Planungsfortschritt sowie der notwendigen und möglichen Detaillierung richtet, weil dieser Schritt maßgeblich von den vorhandenen Daten und Informationen abhängt.

Die quantitativen Angaben werden erst für die einzelnen Systeme und anschließend für das übergeordnete System hinzugefügt und berechnet bzw. bei vorhandenen Systemen und Daten nach dem Top-down-Prinzip stückweise aufgelöst und verfeinert. Die quantitative Beschreibung umfasst die aufeinander folgenden Teilschritte Betrachtung der Leistungen und der Mengen, Ermittlung von Gesamtleistungen und -mengen (statisch) sowie Simulation (dynamisch).

---

[27] Je nach Anwendungsfall werden alle oder nur einzelne Teilmodelle benötigt.

Dazu sind die Bezugszeit sowie die möglichen Zustände für alle Modelle zu definieren. Für Neuplanungen, Bedarfsprognosen oder Energiebilanzen auf Fabrikebene werden bspw. Jahre, Monate[28] und Wochen als zeitliche Basis festgelegt. In Richtung des operativen Systembetriebs werden dann Tages-, Stunden-, Minuten- und (Milli-)Sekundenwerte eingesetzt. Die Zustände werden aus dem Zustandsmodell abgeleitet, wobei für das Fabriksystem insbesondere die Zustände Betrieb und Standby von Bedeutung sind (vgl. Abschnitt 4.4.5).

Wenn der zeitliche Einsatz bzw. die Nutzung des Systems noch nicht näher bestimmt werden können, dann sind zunächst nur die zeitpunktbezogenen Leistungswerte (z. B. in den Einheiten kW oder m³/h) für die Ein-/Ausgaben heranzuziehen. In der stündlichen Form wird mit dem Funktionsmodell der Energie- bzw. Ressourcenstundensatz des betrachteten Systems abgebildet, so dass sich daraus mengenmäßige Bedarfe für längere Zeiträume hochrechnen lassen.

Des Weiteren sind insbesondere Flächen und Raumvolumen des Systems sowie Temperaturen (z. B. Raum-, Umgebungs-, Prozess- oder Gegenstandstemperatur), Drücke (z. B. von Medien) oder Beleuchtungsanforderungen etc. zur Beschreibung des Zustandes und der Ein-/Ausgaben zu ergänzen, da diese Größen wichtige Indikatoren für die Betrachtung der Energie- und Ressourceneffizienz sowie für die Auslegung bestimmter Ver- und Entsorgungssysteme (z. B. Wärmeversorgung) sind. Für den operativen Betrieb sind darüber hinaus Bearbeitungs-, Zyklus-, Transportzeiten etc. wichtige Systemeigenschaften (Hopf & Müller 2015). Des Weiteren sind die Lebenszyklen der einzelnen Systeme gegenüberzustellen, wenn Baujahre und Nutzungsdauern bekannt sind.

In der nächsten Detaillierungsstufe werden nutzungsabhängige zeitraumbezogene Mengenwerte (z. B. in den Einheiten kWh oder m³) betrachtet. Das bedeutet, dass die Leistungen auf Einsatz-/Nutzungszeiträume bezogen und dadurch Mengen ermittelt werden. Sowohl die Leistungs- als auch die Mengenangaben sind für jeden Zustand anzugeben. Die Werte sind aus Annahmen, Schätzungen, Herstellerangaben, Berechnungen, Simulationen oder Messungen zu entnehmen, wobei minimale, durchschnittliche/mittlere oder maximale[29] Werte zu unterscheiden sind. Diese Angaben geben die anzunehmenden Intensitäten, die sich aus der geplanten oder realen Nutzung des Systems ergeben, wieder. Ergänzend können die maximal möglichen technischen Aufnahme- und Abgabekapazitäten eines Systems in eckigen Klammern ergänzt werden, um damit Über-/Unterdimensionierung identifizieren zu können. Für detailliertere Betrachtungen werden die Funktionsbeschreibungen näher ausgeführt (vgl. Abschnitt 4.4.3). Das bedeutet, dass bspw. Energieprofile bzw. Zustandsblöcke für einzelne (Sub-)Systeme ermittelt, analysiert und optimiert werden (Abbildung 49).

---

[28] Gerade für die Planung von Heizungs-, Lüftungs- und Klimasystemen ist die monatliche Auflösung für die Berücksichtigung von Klima- bzw. Witterungseinflüssen unabdingbar.

[29] Die minimalen Werte werden zur Bestimmung der Grundlast benötigt. Mit den mittleren Werten wird die übliche/prognostizierte Nutzung wiedergegeben. Die maximalen Werte sind zur Auslegung von Kapazitäten notwendig.

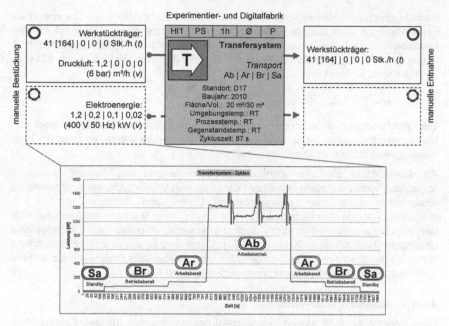

Abbildung 49: Quantitatives Funktionsmodell (Beispiel Transfersystem)

Nun folgt die Berechnung der Stoff- und Energieflüsse. Dazu werden zunächst die kumulierten Mengen der Stoffe und Energien für die einzelnen Systeme ermittelt. Auf Basis der hierarchischen Unterteilung und strukturellen Verbindung der Subsysteme werden dann die Gesamtleistungen und -mengen von Bereichen (z. B. Fertigungs- oder Versorgungsbereich) oder des Systems berechnet sowie nach Bedarf hieraus auch Bilanzen abgeleitet.

Da die einzelnen Subsysteme miteinander in Verbindung stehen, aber verschiedenartig zeitlich genutzt werden, sind zur infrastrukturellen Auslegung bzw. Bedarfsplanung neben den Mittel- und Maximalwerten aus den Funktionsmodellen der Einzelsysteme weitere Aspekte der zeitlichen Überlagerung zu berücksichtigen. Zur Prognose der stofflichen und energetischen Bedarfe ist daher die zeitliche Nutzung der Systeme zu betrachten. Dazu sind u. a. Produktionspläne (Mengen, Arten und Stückzahlen)[30], Schichtkalender (z. B. Betriebs- und Standbyzeiten) und Verfügbarkeiten zu berücksichtigen, mit denen Einsatzzeiten vorausgesagt und somit mengenmäßige Stoff- und Energiebedarfe berechnet werden. In der Praxis werden häufig auch Gleichzeitigkeitsfaktoren, mit denen die gleichzeitige Nutzung von Subsystemen abgeschätzt wird, angewendet. Je größer dieser Faktor ist, umso größer ist die Wahrscheinlichkeit, dass alle Subsysteme zur gleichen Zeit aktiv sind.

---

[30] Auf Basis vergangener Stückzahlen und Bedarfe können Vorhersagen abgeleitet werden.

Dementsprechend müssen notwendige Kapazitäten vorhanden sein. Der maximale Leistungsbedarf wird aus der Multiplikation des Gleichzeitigkeitsfaktors (g) mit den Peak-/Nenn-/Anschlussleistungen der Subsysteme ermittelt (Kettner, Schmidt & Greim 1984, S. 79), (Schacht 2014, S. 58-59, 77), (Schenk, Wirth & Müller 2014, S. 339), (Wohinz & Moor1989, S. 83):

$$P_{max.\ Bedarf} = g \times \sum_{i=1}^{n} P_{Subsystem\ i} \tag{32}$$

Die Gleichzeitigkeitsfaktoren sind meist erfahrungsgestützte Schätzwerte oder aus Messungen bzw. einer Betriebsdatenerfassung abgeleitete Werte, so dass Ist- bzw. Vergangenheitsdaten vorliegen müssen.

An dieser Stelle sind die einzelnen Subsysteme und das System quantitativ abgebildet, wobei die zuvor qualitativ beschriebenen Wirkbeziehungen zahlenmäßig analysierbar sind. Sind entsprechende Daten und Informationen (z. B. zustandsabhängige Leistungsbedarfe) vorhanden, dann werden weiterhin mit Hilfe der Simulation neben statischen auch dynamische Aspekte des Fabriksystems untersucht (Hopf & Müller 2014, S. 68-70). Damit wird u. a. das zeitlich überlagerte Nutzungsverhalten der Systeme abgebildet, woraus ebenfalls Prognosen für Bedarfe und Kapazitäten erstellt werden können (vgl. Abschnitt 5.4.3).

4.8.5   Analyse und Bewertung

Die erstellten Modelle stellen (Planungs-)Lösungsvarianten für das Fabriksystem und/oder seiner Bestandteile dar. Diese Modelle werden im nächsten Schritt des Vorgehens analysiert und bewertet, um damit zu Aussagen über die entwickelten Lösungsvarianten hinsichtlich Energie- und Ressourceneffizienz zu gelangen und Verbesserungspotenziale aufzuzeigen. Hierfür werden Kriterien erarbeitet, die zur Analyse und Bewertung der Modelle eingesetzt werden.

4.8.5.1   Kennzahlen und Indikatoren

Mit Hilfe von Kennzahlen werden komplexe Sachverhalte auf Basis aggregierter Daten und Informationen beurteilt. Kennzahlen als hoch verdichtete Messgrößen beschreiben in konzentrierter Weise einen zahlenmäßig erfassbaren Sachverhalt (Westkämper 2006, S. 42). Kennzahlen sind dementsprechend quantitative Informationen. Indikatoren im weiteren Sinne müssen nicht zwingend quantitativ sein, sondern können auch qualitative Eigenschaften beschreiben. Sie sind Ersatzgrößen, die auf die Ausprägung und Veränderung einer anderen relevanten Größe bzw. eines Kriteriums hinweisen (Gladen 2014, S. 9).

Kennzahlen sind die Grundlage vieler Entscheidungsprozesse auf unterschiedlichen Ebenen in der Fabrik. Anwendung finden sie sowohl in den operativen Arbeitsabläufen der Produktion als auch bei der strategischen Zielfestlegung. Kennzahlen werden vor allem als Steuerungs- und Analyseinstrument gesehen, um auf Basis von Ist- und Vergangenheitsdaten Geschehenes zu beurteilen (z. B. Schwachstellen und Potenziale) und daraus Handlungsansätze (z. B. Ziele und

Maßnahmen) für die Zukunft abzuleiten. Als Teil von Regelkreisen werden Kennzahlen zur Steuerung von Aktivitäten im Unternehmen eingesetzt (Westkämper 2006, S. 42). Kennzahlen sind ein grundlegendes Instrument für Managementsysteme, dementsprechend auch für das Energie- und Umweltmanagement. Kennzahlen sind aber auch ein effektives Werkzeug für Planungsaktivitäten, mit denen auf Basis von Berechnungs-, Prognose- und Schätzwerten Varianten und Lösungen bewertet und verbessert werden können. Im Gegensatz zur Steuerung fehlen jedoch bei der Planung oftmals detaillierte messbare Daten und deren Quellen (z. B. Aufzeichnungen, Rechnungen/Belege, Verbrauchszähler), so dass mit entsprechenden Planwerten gearbeitet werden muss.

Es wird deutlich, dass für verschiedene Anwendungsfälle die passenden Kennzahlen benötigt werden. Dies bezieht sich auf die jeweilige Aufgabe und den Anwender, welcher die Informationen in Form von Kennzahlen und Auswertungen nutzt, um daraus geeignete Maßnahmen abzuleiten. Für die Anwender sind vor allem diejenigen Kennzahlen interessant, die sie auch selbst beeinflussen können. So sind bspw. für einen Werker auf Ebene des Arbeitsplatzes technisch-organisatorische Informationen (z. B. Verfügbarkeiten, Bestände oder Ausbringung) und auf Ebene des Wertschöpfungsnetzes wirtschaftliche Informationen für das Management von Bedeutung.

Als Bewertungssituationen können grundsätzlich Einzelbewertungen (was ist gut, was ist schlecht), Variantenvergleiche (Vergleich von Lösungsvarianten), Benchmarks (Identifizierung der Bestmarke) und die Bewertung vieler Objekte (Bildung von Klassen und Normstrategien) genannt werden (Schenk, Wirth & Müller 2014, S. 245-255). In jeder Situation findet ein Vergleich zwischen dem Betrachtungsobjekt selbst (in verschiedenen Varianten) oder mit anderen Objekten statt.

Beim Vergleich von verschiedenen Systemen oder Prozessen mit den gleichen Kennzahlen ist darauf zu achten, dass die verwendeten Ausgangsdaten einheitlich definiert und erhoben sind. Zudem muss ein Verständnis über die Entstehung, Ursache und Wirkung einer Kennzahl beim Anwender vorhanden sein, um diese auch effektiv einsetzen zu können. Die zeitliche Entwicklung einer Kenngröße wird durch einen Zeitvergleich analysiert (VDI 4661, S. 34). Die Kennzahl wird zu verschiedenen Zeitpunkten oder Zeiträumen erfasst. Kennzahlen, die auf feste Zeiträume bezogen werden, sind erst nach Ablauf dieser Intervalle verwertbar. Damit werden durchgeführte Veränderungen am System rückblickend verdeutlicht. Gleichartige Systeme (z. B. Betriebe, Anlagen, Prozesse) werden mit Hilfe von Querschnittsvergleichen (auch Quervergleiche), die sich auf einen definierten Zeitpunkt oder Zeitraum beziehen, gegenübergestellt (VDI 4661, S. 34). Hierfür muss allerdings eine einheitliche Datenbasis bzw. Definition der Kennzahlen vorliegen. Über Soll-Ist-Vergleiche werden Planvorgaben mit den erreichten Werten abgeglichen und damit die Zielerreichung kontrolliert (VDI 4661, S. 35). Da die Soll-Werte aus der Planung kommen und noch keine Ist-Daten vorliegen, sind derartige Vergleiche für Planungsprozesse weniger geeignet.

Kennzahlen können sich auf vergangene (Auswertung), aktuelle (Ist-Zustand) und zukünftige (Prognose) Ereignisse beziehen. Für die Planung zukünftiger Systeme und Prozesse sind daher der vergangene und aktuelle Zustand, sofern das Betrachtungsobjekt bereits besteht, und vor allem die Prognose von Interesse.

Es gibt zwei grundlegende Arten von Kennzahlen. Absolute Kennzahlen geben einen Wert wieder, ohne ihn auf etwas zu beziehen. Diese Zahlen sind insbesondere Einzelzahlen, Summen, Differenzen oder Mittelwerte, die auf einen Zeitpunkt (augenblickliche Situation, z. B. aktueller Bestand) oder auf einen Zeitraum (Veränderungen im Zeitablauf, z. B. Umsatz) bezogen werden (Gladen 2014, S. 14-15). Absolute Kennzahlen sind für die Effizienzbewertung eher ungeeignet, weil kein Bezug zur erbrachten Leistung hergestellt wird. Allerdings sind sie für Beurteilung von absoluten Einsparungen oder Auswirkungen ein wesentliches Indiz.

Relative Kennzahlen stellen einen Wert im Verhältnis zu etwas dar (Verhältniszahlen). Daher sind sie ein grundlegendes Hilfsmittel zur Bewertung von Effizienz. Zu den relativen Kennzahlen zählen Beziehungs-, Gliederungs- und Mess-/Indexzahlen (Gladen 2014, S. 15). Beziehungszahlen werden aus ungleichartigen Zahlen verschiedener Gesamtheiten gebildet, wobei der Zähler den Messwert und der Nenner das Maß repräsentiert (Gladen 2014, S. 16). Der Nenner als Bezugsgröße sollte aus Sicht der Effizienz den erzielten Nutzen gegenüber dem Aufwand an Energie und Ressourcen darstellen (Müller & Löffler 2011, S. 129). Zwischen den beiden Größen sollte eine Beziehung bestehen (z. B. technisch oder wirtschaftlich) (VDI 4661, S. 49). Ein typisches Beispiel für Beziehungszahlen ist das Verhältnis von Energieverbrauch zur erzeugten Produktionsmenge. Gliederungszahlen werden aus gleichartigen Zahlen einer Gesamtheit gebildet und geben Aussagen über deren Anteile (Gladen 2014, S. 15). Die betrachtete Gesamtmenge wird nach sachlichen, räumlichen oder zeitlichen Gesichtspunkten in ihre Bestandteile zerlegt (VDI 4661, S. 48). Derartige Kennzahlen werden bspw. zur Darstellung des Anteils eines betrachteten Systems am Gesamtenergieverbrauch eingesetzt. Mit Indexzahlen werden mehrere Werte der gleichen Größe in normierter Form dargestellt (VDI 4661, S. 49).

4.8.5.2   Analyseindikatoren

Zur Analyse sind die energie- bzw. ressourcenrelevanten Aspekte, die in den Modellen abgebildet werden, zu untersuchen, um daran Ansatzpunkte zur Effizienzsteigerung abzuleiten. In Tabelle 9 werden grundsätzliche Indikatoren zur Analyse der Modelle zusammengefasst, die nachfolgend erläutert werden.

Tabelle 9:   Kriterien zur Analyse der Modelle

Beschreibung	Beispiele
Art, Menge u. Ort zugeführter, erzeugter, ..., abgegebener Stoffe u. Energien	Rohstoffe, Energieträger, Abprodukte
Art, Menge u. Ort stofflicher u. energetischer Erzeuger, Speicher, Nutzer etc.	Erzeugungs-, Rückgewinnungsysteme
Aufbau der Stoff- u. Energiestrukturen	Energienetzstruktur, Energieflüsse
Verhältnis von stofflichen Ein- u. Ausgaben (Stoffbilanz)	Roh- u. Hilfsstoffe zu Produkt u. Abfall
Verhältnis von energetischen Ein- u. Ausgaben (Energiebilanz)	Elektroenergie zu mech. Energie u. Abwärme
Art, Menge u. Ort der Bedarfe u. Kapazitäten	Energiebedarf u. Energiezuführung/-erzeugung
Temperaturen	Gegenstands-, Prozess-, Umgebungstemperaturen
Leistungsprofile/Lastgänge	minimale, mittlere, maximale Lasten
Lebenszyklen	Lebenszyklen PS, GS und VES

Anhand der Art (qualitativ), der Menge (quantitativ) und dem Ort der Stoffe und Energien werden bspw. verwendete umweltgefährdende, energieintensive Gegenstände oder Abprodukte hinsichtlich Zufuhr, Erzeugung, Transport, Nutzung etc. ermittelt und klassifiziert. Zur Steigerung der Energie- bzw. Ressourceneffizienz ist der gewünschte Nutzen zu steigern und/oder der dafür notwendige Aufwand zu reduzieren. Hierfür sind die Funktionen, mit denen ein System seine einzelnen Gegenstände handhabt, näher zu betrachten (Abbildung 50).

Da die Leistung einer Fabrik in der Herstellung von Produkten liegt, ist die Funktion Produzieren ein Indikator, um den Nutzen und damit bei gleichem Aufwand die Effizienz zu erhöhen.

Der Aufwand ist durch den minimalen Bedarf und somit der Einsparung an Stoffen und Energien charakterisiert. Das Hauptaugenmerk muss dabei auf die Funktion Verbrauchen gelegt werden, durch die ein Gegenstand so geändert wird, dass er nicht mehr für seinen eigentlichen Zweck nutzbar ist. Da alle verbrauchten Gegenstände neu zugeführt oder erzeugt werden müssen, kann eine Effizienzsteigerung nur erzielt werden, wenn der Verbrauch gesenkt wird. Dementsprechend sind in erster Linie diejenigen Stellen zu lokalisieren, an denen etwas verbraucht wird, um nachfolgend die Ursachen dafür zu identifizieren.

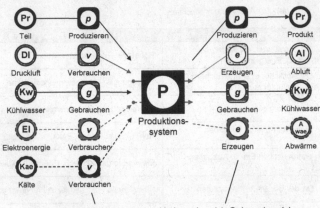

*Vermeidung/Verringerung von Verbrauchen (v), Gebrauchen (g)
sowie von Erzeugen (e) nicht verwertbarer Abprodukte*

Abbildung 50:   Zusammenhang von Funktionen und Gegenständen eines Systems (Beispiel)

Dies gilt in ähnlicher Weise auch für die Funktion Gebrauchen. Der Unterschied besteht aber darin, dass die Gegenstände für den gleichen Zweck wiederverwendet werden können. Daher ist das Gebrauchen vor allem im Zusammenhang mit seinen notwendigen vorgelagerten Funktionen (z. B. Erzeugen oder Behandeln gebrauchter Gegenstände) zu sehen. Diese können wie beim Verbrauch durch Senkung des Gebrauchs kleiner und damit sparsamer ausgelegt werden.

Durch das Erzeugen werden sowohl notwendige/gewollte als auch nicht gewollte Gegenstände hergestellt. Dadurch ist diese Funktion für die Effizienzbetrachtung dahingehend zu analysieren, ob auch nur benötigte Gegenstände erzeugt werden (Abgleich Bedarf und Kapazität) und ob die Erzeugung nicht-verwertbarer Gegenstände reduziert werden kann (Vermeidung nicht-verwertbarer Abprodukte). Dieser Ansatz ist auch für die Funktion Behandeln anzuwenden. Dahingehend ist die Funktion Rückgewinnen zu beachten, um eine höhere Verwertung der eingesetzten Stoffe und Energien zu erreichen.

Die Funktionen Transportieren und Speichern sind im Wesentlichen nur hinsichtlich ihrer eigenen Bedarfe und Verluste von Bedeutung für die Effizienzsteigerung. Jedoch sind sie Hilfsmittel, um bspw. energetische Kreisläufe oder Speicher zu konzipieren. Gegenüber der Systemumwelt spielen die Funktionen Zuführen und Abgeben eine Rolle, mit deren Hilfe Bilanzen für zu- und abgeführte Gegenstände aufgestellt werden können. Hiermit wird die Effizienz der Ein- und Ausgabetransformation beurteilt.

In diesem Zusammenhang werden mit den Gegenständen und Funktionen auch die Systemtypen sowie bspw. Großverbraucher bestimmt. Mit diesen Informationen wird nach Alternativen, wie u. a. andere Rohstoffe/Energieträger oder Eigen-/Fremderzeugung, gesucht.

Dann erfolgt die nähere Untersuchung der Stoff- und Energiestrukturen. Das bedeutet, dass die Verbindungen zwischen den Systemen hinsichtlich Art, Menge und Ort von den Quellen zu den Senken analysiert werden, um bspw. unnötige Verknüpfungen zu beseitigen oder neue zur Wieder- bzw. Weiterverwendung von Gegenständen hinzuzufügen. An den jeweiligen Systemgrenzen können zudem zugeführte und abgegebene Stoffe oder Energien, also Bilanzen, verglichen werden, um die Umwandlungsverhältnisse, Verluste etc. bestimmen zu können. Mit Hilfe der vorherigen Betrachtungen können Bedarfe und Kapazitäten art- und mengenmäßig gegenübergestellt und somit Über-/Unterkapazitäten bzw. Engpässe lokalisiert werden.

Die thermischen Prozesse verursachen einen Großteil der Energiebedarfe in der Produktion (vgl. Abschnitt 2.1.1). Temperaturen sind wesentliche Indikatoren, um den Einsatz von Wärme zu lokalisieren ohne konkrete Wärmeströme und -mengen ermitteln zu müssen. Daher sind die Temperaturen von Gegenständen und Prozessen (z. B. bei Trocknungsvorgängen) sowie der Umgebung (Raumanforderungen) aufzunehmen und in den Aufbau- und Ablaufstrukturen zu verorten. Gerade die Übergabestellen zur natürlichen Umwelt sind hierfür näher zu untersuchen.

Beim Einsatz von Simulationsmodellen sind weiterhin die dynamischen Wirkbeziehungen zu analysieren. Dies betrifft vor allem die zeitlich überlagerten Leistungsverläufe und die daraus resultierenden minimalen, mittleren und maximalen Lasten. Schließlich sind die Lebenszyklen von bspw. PS, GS und VES gegenüberzustellen (vgl. Abschnitt 4.6.2).

Die dargestellten Indikatoren sind auf die verschiedenen Fabriksystemebenen anwendbar. Erkennbar ist, dass es Kriterien gibt, mit denen bereits an den qualitativen Modellen Energie- bzw. Ressourcenpotenziale identifiziert werden können. Dies ist wichtig, weil es in der Praxis nahezu unmöglich ist, alle quantitativen Daten aus Messungen oder anderen Informationsquellen zu erheben. Die erstellten Fabriksystemmodelle werden anhand dieser Indikatoren analysiert und somit Verbesserungspotenziale aufgezeigt. Dazu werden zunächst die qualitativen und anschließend die quantitativen Aspekte (z. B. Leistungen und Mengen) untersucht.

4.8.5.3 Kennzahlensystem

Wie eingangs beschrieben, gibt es eine Vielzahl an Kennzahlen für verschiedenste Anwendungsbereiche. Daher wird im Folgenden ein Kennzahlensystem aufgestellt, welches ausgewählte Größen enthält, mit denen anwendungsspezifisch Kennzahlen für die Beurteilung der Energie- und Ressourceneffizienz von Fabriksystemen abgeleitet werden können.

Kennzahlensysteme können als Rechensysteme (rechentechnisch verknüpfte, hierarchisch geordnete Kennzahlen) oder Ordnungssysteme (sachlogisch strukturierte Kennzahlen) ausgelegt werden, wobei Letztere auch Kennzahlen enthalten können, die nicht mathematisch-definitionslogisch verknüpft sein müssen

(Gladen 2014, S. 100, 102). Es sind aber auch Mischformen zwischen beiden Klassen möglich (Posch 2011, S. 290).

Prinzipiell sollte ein Kennzahlensystem ein rationelles Arbeiten mit Hilfe einer begrenzten, selektierten Anzahl an Kennzahlen sowie eine Flexibilität hinsichtlich Erweiterbarkeit und Detaillierung zulassen (Posch 2011, S. 291). Das bedeutet, dass eine handhabbare Auswahl an Kennzahlen gefunden werden muss, die den Sachverhalt angemessen präsentieren, aber auch Erweiterungen ermöglichen. Die Identifizierung geeigneter Kennzahlen kann sowohl nach den Zielen (Top-down-Ableitung) als auch nach Merkmalen (Bottom-up-Ableitung), die die Ziele beeinflussen, erfolgen (Gladen 2014, S. 255). Die Kennzahlen sind demzufolge auf ein Ziel bzw. einen Zweck ausgerichtet und stehen miteinander in Verbindung.

Für die weitere Betrachtung werden auf Grundlage der Zielstellung, Energie- und Ressourceneffizienz, relevante Merkmale abgeleitet, die die Zielgrößen beeinflussen. Zudem werden die Handlungs- bzw. Einflussmöglichkeiten des Planers und der Planungsaufgabe berücksichtigt. Das bedeutet, dass gerade in frühen Planungsphasen keine detaillierten Informationen über das zu planende System vorliegen, so dass hierfür auch Indikatoren identifiziert werden müssen, mit denen Einfluss auf die Energie- und Ressourceneffizienz ausgeübt werden kann.

Auf Basis der fokussierten Größen der Zielfestlegung (vgl. Abschnitt 4.8.2) werden nachfolgend Kennzahlen definiert, die zur Beurteilung der Energie- und Ressourceneffizienz von Fabriksystemen herangezogen werden. Dabei gilt es, eine geeignete Auswahl weniger Kennzahlen zu treffen, die zum einen zur Zielerreichung beiträgt, aber auch das geforderte rationale Arbeiten zulässt. Um die Flexibilität des Kennzahlensystems zu gewährleisten, soll es möglich sein, die Kennzahlen für verschiedene Bereiche des Fabriksystems anzuwenden sowie weitere Kennzahlen zu adaptieren.

Um diesen Anforderungen gerecht zu werden, wird ein Kennzahlenkatalog aufgestellt. Dieser enthält an den Zielen ausgerichtete vordefinierte Kennzahlen, die je nach Anwendungsfall ausgewählt sowie für die eingesetzten Stoff- und Energiearten (z. B. Roh- und Hilfsstoffe sowie Energieformen) spezifiziert werden. Dies ist erforderlich, um die Kennzahlen für die verschiedenen Planungsaufgaben und Betrachtungsbereiche des Fabriksystems einzusetzen und schrittweise detaillieren zu können. In Tabelle 10 ist der Kennzahlenkatalog zusammengefasst.

Die Kennzahlen sind dabei in die Klassen Stoff, Energie, Fläche/Raum, Emission und Weitere eingruppiert. Durch diesen multikriteriellen Ansatz können verschiedene Zielausprägungen (z. B. Stoff-, Energie- und/oder Flächeneinsparung) berücksichtigt werden. Darüber hinaus wird angegeben, ob die Kennzahlen eine Menge oder eine Leistung wiedergeben, ob sie minimiert oder maximiert werden sollten und ob sie für die Bewertung einer notwendigen Eingabe oder einer erzeugbaren Ausgabe herangezogen werden.

Tabelle 10:   *Kennzahlenkatalog*

Klasse	Kennzahl	Menge (M)/ Leistung (P)	maximieren/ minimieren	Eingabe (E)/ Ausgabe (A)	Berechnung	geeignete Bezugsgrößen	Beispiel-kennzahlen
Stoff	Stoffbedarf	M	min.	E	Summe aller eingesetzten Stoffe/ Bezugsgröße	Energiemenge; Produkte; Zeitraum	Rohstoff-, Wasserbedarf
	verwertbare Stoffprodukte	M	max.	A	Summe aller abgegebenen, nutzbaren Stoffe/ Bezugsgröße	Produkte; Zeitraum	Produkte, Teile
	nicht-verwertbare Stoffprodukte	M	min.	A	Summe aller abgegebenen, nicht-nutzbaren Stoffe/ Bezugsgröße	Produkte; Zeitraum	Abfall, Abwasser
	Stoffstrom	P	max./min.*	E/A	Stoffstrom/ Bezugsgröße	Energiestrom	Druckluftdurchfluss
Energie	Energiebedarf	M	min.	E	Summe aller eingesetzten Energien/ Bezugsgröße	Fläche; Produkte; Zeitraum	Elektroenergie-, Wärmebedarf
	Energiebedarf an erneuerbaren Energien	M	max.	E	Summe aller erneuerbaren Energien/ Energiebedarf	Zeitraum	Anteil Elektroenergie aus Photovoltaik
	Eigenerzeugung an erneuerbaren Energien	M	max	A	Summe aller selbst erzeugten erneuerbaren Energien/ Bezugsgröße	Zeitraum	Elektroenergie aus Photovoltaik
	verwertbare Energieprodukte	M	max.	A	Summe aller abgegebenen, nutzbaren Energien/ Bezugsgröße	Zeitraum	verkaufbare Elektroenergie
	nicht-verwertbare Energieprodukte	M	min.	A	Summe aller abgegebenen, nicht-nutzbaren Energien/ Bezugsgröße	Zeitraum	Abwärme
	Energiestrom	P	max./min.*	E/A	Energiestrom/ Bezugsgröße	Stoffstrom	Wärmestrom
Fläche / Raum	Flächenbedarf	M	min.	E	Summe bebauter bzw. versiegelter Fläche/ Bezugsgröße	Gesamtfläche	Grundfläche
	Raumbedarf	M	min.	E	Summe bebauter Raum/ Bezugsgröße	Gesamtvolumen	Raumvolumen
Emission	Emissionen	M	min.	A	Summe aller Emissionen/ Bezugsgröße	Zeitraum; Stoff-/ Energiemenge	CO_2-Emissionen
Weitere	...						

* Strom steht hier sowohl für Bedarf/Eingabe als auch für Kapazität/Ausgabe. Deshalb ist diese Größe je nach Anwendungsfall zu maximieren oder zu minimieren.

Der Großteil der ermittelten Kennzahlen stellt zunächst absolute Werte dar, die aber durch das Hinzufügen einer geeigneten anwendungsabhängigen Bezugsgröße als relative Kennzahlen deklariert werden. Die Bezugsgrößen können je nach Anwendungsfall gewählt werden, wobei oftmals der Bezug zu einem Zeitraum (z. B. Bedarf pro Stunde, Tag oder Jahr) von Bedeutung ist. Weitere relevante Bezugsgrößen, gerade für die Effizienzbewertung, sind Produktionsmenge (verwertbare Produkte), Fläche, Mitarbeiteranzahl, Personalaufwand, Wertschöpfung, Umsatz, Gesamtkosten (Müller & Löffler 2011, S. 128). Dadurch können aus den nachfolgenden (Grund-)Kennzahlen weitere spezifische Kennzahlen nach Bedarf abgeleitet werden.

Stoffbedarf

Der Stoffbedarf[31] beschreibt die Menge der eingesetzten Stoffe. Dazu gehören die zugeführten und selbst erzeugten Stoffe, die in die Nutzungsprozesse eingehen. Diese Kennzahl dient der Bestimmung des Stoffbedarfs, der Verursacher und dem Aufzeigen von Einsparpotenzialen. Der Stoffbedarf wird insbesondere durch das Produkt bzw. die Produktentwicklung (Roh- und Hilfsstoffe), aber auch durch den Produktionsbetrieb (Betriebsstoffe) beeinflusst. Wird diese Größe in Beziehung zur Produktionsmenge, Fläche etc. gesetzt, dann ergibt sich der spezifische Stoffbedarf.

Verwertbare Stoffprodukte

Diese Kennzahl umfasst die abgegebenen nutzbaren Stoffe. Damit wird die Menge der verkaufsfähigen stofflichen Produkte und Nebenprodukte erfasst. Diese Kennzahl kennzeichnet hinsichtlich der Effizienz den Nutzen bzw. Ertrag.

Nicht-verwertbare Stoffprodukte

Die Kennzahl enthält die abgegebenen nicht-nutzbaren Stoffe. Damit wird die anfallende Menge von Abfall, Abluft, Abwasser etc. erfasst. Dadurch ist die Kennzahl ein wichtiger Indikator dafür, wie effizient die Stoffe eingesetzt werden und was an die natürliche und künstliche Umwelt abgegeben wird.

Stoffstrom

Unter Stoffstrom wird hier die stoffliche Leistung verstanden, welche die übertragbare Stoffmenge pro Zeitintervall beschreibt. Diese Größe wird verwendet, weil sie ein wichtiger Indikator für die Höhe des Stoffbedarfs (als Eingabe) und der Stoffkapazität (als Ausgabe) ist. Des Weiteren kann der Stoffstrom bspw. als Anschlusswert bereits in frühen grob detaillierten Planungsphasen im Rahmen der Funktionsbestimmung und Dimensionierung beeinflusst und zur Prognose des Stoffbedarfs – durch Multiplikation mit den entsprechenden Betriebszeiten – herangezogen werden.

---

[31] Es wird der Begriff Stoffbedarf verwendet, weil als Anwendungsfall die Planung und damit vor allem die Prognose fokussiert werden. Bezieht sich die Bewertung auf einen Ist-Zustand, für den Messwerte vorliegen, dann ist der Begriff Stoff-/ Materialverbrauch anwendbar.

Energiebedarf

Der Energiebedarf[32] beschreibt die Menge der eingesetzten Energien. Dazu gehören die zugeführten und selbst erzeugten Energien, die in die Nutzungsprozesse eingehen. Diese Kennzahl dient der Bestimmung des Energiebedarfs, der benötigten Energieträger, der Verursacher und dem Aufzeigen von Einsparpotenzialen. Wird diese Größe in Beziehung zur Produktionsmenge, Fläche etc. gesetzt, dann ergibt sich der spezifische Energiebedarf.

Energiebedarf an erneuerbaren Energien

Mit dieser Kennzahl wird der Anteil der eingesetzten Energien dargestellt, die aus erneuerbaren Energiequellen gewonnen werden. Dieser umfasst die zugeführten und selbst erzeugten Energien. Damit wird gezeigt, wie klima- und umweltschonend der Energiebedarf gedeckt wird.

Eigenerzeugung an erneuerbaren Energien

Diese Kennzahl beschreibt die Menge aller eingesetzten Energien, die selbst aus erneuerbaren Energiequellen gewonnen werden. Damit wird gezeigt, wie klima- und umweltschonend der Energiebedarf durch Eigenerzeugung gedeckt wird. Zudem ist dies ein Indikator für die Energieautarkie (Unabhängigkeit von externen Energielieferanten).

Verwertbare Energieprodukte

Die Kennzahl umfasst die abgegebenen nutzbaren Energien. Damit wird die Menge der verkaufsfähigen energetischen Produkte und Nebenprodukte erfasst. Diese Kennzahl kennzeichnet hinsichtlich der Effizienz den Nutzen bzw. Ertrag.

Nicht-verwertbare Energieprodukte

Die Kennzahl enthält die abgegebenen nicht-nutzbaren Energien. Damit wird die anfallende Menge von Abwärme, Strahlung etc. erfasst. Dadurch ist die Kennzahl ein wichtiger Indikator dafür, wie effizient die Energien eingesetzt werden und was an die natürliche und künstliche Umwelt abgegeben wird.

Energiestrom

Unter Energiestrom wird hier die energetische Leistung verstanden, welche die leistbare Arbeit bzw. übertragbare Energiemenge pro Zeitintervall beschreibt (vgl. Abschnitt 2.1.3). Diese Größe wird verwendet, weil sie ein wichtiger Indikator für die Höhe des Energiebedarfs (als Eingabe) und der Energiekapazität (als Ausgabe) ist. Des Weiteren kann der Energiestrom bspw. als Anschlusswert bereits in frühen grob detaillierten Planungsphasen im Rahmen der Funktionsbestimmung und

---

[32] Es wird der Begriff Energiebedarf verwendet, weil als Anwendungsfall die Planung und damit vor allem die Prognose fokussiert werden. Bezieht sich die Bewertung auf einen Ist-Zustand, für den Messwerte vorliegen, dann ist der Begriff Energieverbrauch üblich.

Dimensionierung beeinflusst und zur Prognose des Energiebedarfs – durch Multiplikation mit den entsprechenden Betriebszeiten – herangezogen werden.

Flächenbedarf

Anhand des Flächenbedarfs werden die bebaute und versiegelte Fläche und damit der Bodenverbrauch dargestellt, die einen Einfluss auf die natürliche Umwelt, insbesondere auf die biologische Vielfalt, haben (vgl. Abschnitt 2.1.4). Des Weiteren ist diese Größe auch für viele weitere Planungsaufgaben relevant (z. B. logistische Flächenaufteilung). Diese Kennzahl wird maßgeblich durch die Fabrikplanung beeinflusst.

Raumbedarf

Der Raumbedarf bezieht die Höhe der jeweiligen Grundfläche mit ein. Dabei muss aber unterschieden werden, auf welche Fläche sich der Raum bezieht. Wird die bebaute Fläche, bspw. eines Produktionsstandortes oder eines Gebäudes, betrachtet, dann spielt der Raum eine untergeordnete Rolle bzw. sollte in der Höhe eine möglichst große Ausdehnung erreichen, um eine hohe Flächennutzung zu gewährleisten. Dahingegen sollten beheizte Räume möglichst klein dimensioniert werden, um die energetischen Aufwände der Gebäudetechnik (für u. a. Heizung, Lüftung und Klimatisierung) zu minimieren.

Emissionen

Durch diese Kennzahlen werden die Emissionen erfasst, die u. a. in enger Verbindung mit der Energieerzeugung stehen und von Bedeutung für das Klima sind. Dies betrifft vor allem den Ausstoß von Treibhausgasen wie Kohlenstoffdioxid CO_2, Methan CH_4 oder Distickstoffmonoxid N_2O (UNFCCC 1997, Annex A).

Weitere

Die beschriebenen Größen sind aus den Zielgrößen abgeleitete Kennzahlen, die je nach Anwendungsfall spezifiziert werden (z. B. Aufteilung von Stoffbedarf in Roh- und Hilfsstoffbedarf). Darüber hinaus können je nach Anwendungsfall weitere Größen aufgenommen werden, die für die jeweilige Planungsaufgabe von Interesse sind. Einen wesentlichen Anhaltspunkt zur Identifizierung und Definition zusätzlicher Kennzahlen stellen Umweltkennzahlen dar (BMU 2013). Des Weiteren können produktionsbezogene Kennzahlen, wie bspw. Bestände, Durchlaufzeiten, Lieferzeiten, Termintreue oder Verfügbarkeiten, oder wirtschaftliche Kennzahlen (z. B. Energiekosten) von Interesse sein.

4.8.5.4   Auswertung

Mit Hilfe der erläuterten Analyse- und Bewertungsaspekte werden die Lösungsvarianten hinsichtlich der Zielgrößen Energie- und Ressourceneffizienz untersucht, um damit Schwachstellen und Verbesserungspotenziale identifizieren zu können. Gerade für die Berechnung der Kennzahlen sind quantitative Daten zu

Bedarfen, Kapazitäten etc. notwendig. Hierfür dienen Annahmen, Schätzungen, Herstellerangaben, Berechnungen, Simulationen oder Messungen als Daten- und Informationsquellen. Dies gilt auch für Diagramme, Pareto- oder Verbrauchsstrukturanalysen, die weiterhin zur Auswertung genutzt werden (Müller et al. 2009, S. 264-274).

In Abbildung 51 werden Diagrammarten zusammengefasst, die zur Darstellung von Stoffen und Energien für ein oder mehrere Systeme herangezogen werden.

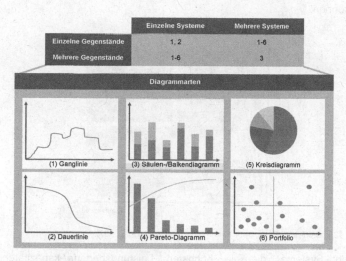

Abbildung 51:   Diagrammarten zur Auswertung

Gang- und Dauerlinien stellen Messwerte in chronologischer Reihenfolge oder nach Größe geordnet dar. Daraus werden Verläufe und Häufigkeiten abgelesen sowie Grund- und Spitzenlasten identifiziert. Dies kann auf verschiedenen Fabrikhierarchieebenen und für unterschiedliche Zeitperioden vorgenommen werden. Mithilfe von Säulen- oder Balkendiagrammen werden mehrere Systeme und/oder Gegenstände gegenübergestellt, woraus bspw. Systeme mit hohen Stoff-/ Energiebedarfen oder vorwiegend verwendete Gegenstände bestimmt werden. In Pareto-Diagrammen werden bspw. Hauptverbraucher – diejenigen Systeme, die den größten Anteil am Gesamtverbrauch haben – lokalisiert. In Kreisdiagrammen werden ebenfalls Anteile dargestellt.

Ein Energieportfolio wird von THIEDE zur Identifikation und Klassifikation von Energieverbrauchern eingesetzt, welches die durchschnittliche Leistungsaufnahme und die jährliche Betriebszeit eines Systems verwendet (2012, S. 135-137). Dieser Ansatz ist auch für die Anwendung in frühen Planungsphasen, in denen bspw. nur Anschlussleistungen und geplante Betriebszeiten vorliegen, geeignet und wird daher in erweiterter Form zur Beurteilung der Modelle eingesetzt (Abbildung 52).

Im ersten Feld sind diejenigen Systeme eingeordnet, die die geringsten Leistungsbedarfe oder -kapazitäten sowie Betriebszeiten und damit Stoff- und Energiebedarfe aufweisen. Die Systeme im zweiten Feld haben zwar einen geringen Leistungsbedarf jedoch lange Betriebszeiten. Im dritten Feld befinden sich Systeme mit hohen Leistungsbedarfen, die über vergleichsweise kurze Betriebszeiten benötigt werden. Bei diesen Systemen ist zu prüfen, ob Leistungsspitzen – diese haben Auswirkungen auf die Auslegung der Versorgungskapazitäten und auf die Energiekosten bei entsprechender Vertragsgestaltung – reduziert oder vermieden werden können.

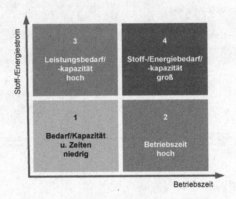

Abbildung 52:   Stoff- und Energieportfolio nach (Thiede 2012, S. 137)

Diejenigen Systeme, die die höchsten Leistungsbedarfe/-kapazitäten sowie Betriebszeiten besitzen, sind im vierten Feld eingruppiert. Diese Systeme sind in erster Linie näher zu betrachten, weil sie die größten Stoff- bzw. Energiebedarfe hervorrufen oder Kapazitäten anbieten. Mit dieser Klassifizierung werden die stoff- und energiebedarfsintensiven Systeme identifiziert und analysiert sowie nach Möglichkeit ihre Leistungen und Zeiten reduziert bzw. die Systeme selbst gegen Sparsamere ausgetauscht. Ebenfalls können die Systeme nach ihren abzugebenden Kapazitäten eingeordnet und verglichen werden.

Mit Hilfe der bewerteten Modelle werden die Wirkbeziehungen näher untersucht. Wie bereits beschrieben, ergeben sich Wirkbeziehungen hinsichtlich Energie- und Ressourceneffizienz hauptsächlich aus den stofflichen und energetischen Relationen in Art, Menge und Ort. Anhand des Funktionsmodells eines Systems werden dessen Ein- und Auswirkungen ersichtlich, das heißt die Entnahme und Abgabe von Stoffen und Energien aus bzw. in die Umwelt. Diese Eingabe-Ausgabe-Beziehungen konzentrieren sich auf das einzelne System und zeigen, dass für eine Veränderung der Ausgabe die Eingabe angepasst werden muss (z. B. Erhöhung oder Senkung der Mengen). Des Weiteren werden die Anforderungen an die Systemumwelt hinsichtlich der Bereitstellung und Aufnahme von Stoffen und Energien verdeutlicht.

Aus den strukturalen Verbindungen mehrerer Systeme gehen die Quelle-Senke-Beziehungen hervor. Das bedeutet, dass zum einen die notwendigen Senken für vorhandene Quellen und zum anderen retrograd aus dem Bedarf der Senken die benötigten Quellen abgeleitet werden. Diese Betrachtung umfasst mehrere Systeme und bezieht sich dabei auf deren stoffliche und energetische Relationen, also den Austausch von Gegenständen zwischen den Systemen. Damit wird ersichtlich, welche Systeme miteinander in Beziehung stehen und durch welche Stoff- und Energierelationen dies verursacht wird (Abbildung 53).

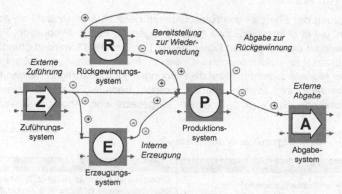

Abbildung 53:   Darstellung der Wirkbeziehungen auf Basis strukturaler Relationen (Beispiel)

In diesem Beispiel werden auf Basis der stofflichen Relationen die Wirkbeziehungen um ein Produktionssystem in qualitativer Weise veranschaulicht. Erkennbar sind dabei die beliefernden Systeme, die Rückkopplung zum Rückgewinnungssystem sowie die Abgabe. Dabei wird die Menge der Gegenstände der abgebenden Systeme verringert und die Menge bei den aufnehmenden Systemen vergrößert.

Eine Untersetzung dieser Betrachtungsweise ist anwendbar, um die Bedarf-Kapazität-Beziehungen zu untersuchen. Das bedeutet, dass die Systeme Produktion und Nutzung, als wesentliche Ver- und Gebraucher von Stoffen und Energien, mit denen der restlichen Systeme für Zufuhr, Erzeugung, Behandlung, Speicherung, Transport, Rückgewinnung und Abgabe abgeglichen werden. Dabei werden die geforderten Bedarfe an Stoffen und Energien mit den vorhandenen Kapazitäten gegenübergestellt. Somit werden Über-/Unterkapazitäten aufgedeckt und Verlust- oder Engpassstellen identifiziert.

4.8.6   Ableitung von Gestaltungsansätzen

Im letzten Schritt des Vorgehens werden für die entwickelten und beurteilten Fabriksystemmodelle Gestaltungs- bzw. Optimierungsansätze abgeleitet, die die Energie- und Ressourceneffizienz der Lösungsvarianten positiv beeinflussen. Dies erfolgt als iterativer Prozess mit den vorangegangenen Schritten, so dass die bewerteten Lösungsvarianten fortwährend qualitativ und quantitativ modifiziert werden bis eine der Zielstellung entsprechende Lösung heuristisch ermittelt werden kann. Dieses Vorgehen entspricht dem Planungsgrundsatz „Optimieren und Variieren" (vgl. Abschnitt 2.2.4.4).

Zur Steigerung der Energie- und Ressourceneffizienz ist eine Vielzahl an Ansätzen vorhanden, die in unterschiedlichen Ausprägungen für Fabrik, Produktion, Prozesse etc. angewendet werden können (vgl. Kapitel 1). In Tabelle 11 werden grundlegende Gestaltungsansätze zusammengefasst, die in frühen Planungsphasen beachtet, anhand der Modelle erprobt und auf die Planungslösung übertragen werden können. Diese basieren im Grunde darauf, dass Bedarfe gesenkt, erneuerbare umweltfreundliche Stoffe und Energien eingesetzt und Abprodukte vermieden werden

Tabelle 11:   Gestaltungsansätze für die Modelle

Beschreibung	Beispiele
Substitution von Stoffen u. Energien	Ersetzung umweltschädigender (z. B. Säure) oder energieintensiver Stoffe (z. B. Druckluft)
Nutzung erneuerbarer Stoffe u. Energien	Verwendung nachwachsender Stoffe oder erneuerbarer Energien (z. B. Photovoltaik)
Nutzung natürlicher Stoffe u. Energien	Verwendung von Luft zur Trocknung/Kühlung oder Wasser zur Heizungsunterstützung/Kühlung
Substitution von Systemen u. Prozessen	Ersetzung energie- bzw. ressourcenintensiver Anlagen, Maschinen oder Produktionsprozesse
Flächen-/Raumoptimierung einschließlich Zonierung	Reduzierung bebauter bzw. versiegelter Fläche oder Raumzonierung
Weg-/Leitungsminimierung	Reduzierung von Transportweglängen oder Verkleinerung von Leitungsnetzen
Gegenüberstellung von installierter Kapazität des VES u. des Bedarfes von PS u. GS	Bedarfsgerechte Dimensionierung der Energiezuführung und -erzeugung
Auslegung zentraler u. dezentraler VES	Zentralisierung viel genutzter VES u. Dezentralisierung wenig genutzter VES
Aufteilung/Zusammenfassung von Relationen	Aufteilung von Trink- u. Brauchwasser oder Druckluft mit niedrigem u. hohem Druck
Entwurf von Stoff- u. Energiekreisläufen	Verbindung der Ausgaben (inkl. Abprodukte) mit den Eingaben von Systemen ohne Abgabe nach außen
Nutzung der Abprodukte	Rückgewinnung u. Wiederverwendung von Abfall, Abwasser, Abluft u. Abwärme (lokal oder vernetzt)

Ein wesentlicher Punkt für die Gestaltung und Optimierung ist die Betrachtung der eingesetzten Stoffe und Energien. In diesem Zusammenhang ist zu hinterfragen, ob bspw. umweltschädigende oder energieintensive Medien durch Alternativen ersetzt werden können. Vor allem durch den Einsatz erneuerbarer Stoffe und Energien kann der Einfluss auf die natürliche Umwelt sowie die Abhängigkeit von Lieferanten und Versorgern gemindert werden. Hierfür ist es auch möglich, natürliche vorhandene Stoffe und Energien direkt zu nutzen, indem bspw. Raum- oder Außenluft zur Trocknung von Teilen oder zur Kühlung von Räumen oder Regenwasser zur Wasserversorgung eingesetzt wird. Für diese Betrachtungen werden die Ein- und Ausgaben der Systeme aus den Modellen herangezogen. Diese Ansätze können bereits an den qualitativen Modellen verfolgt werden.

Weiterhin sind die genutzten Systeme näher zu betrachten und energie- bzw. ressourcenintensive Anlagen, Maschinen und Einrichtungen zu ersetzen. Dies wird ebenfalls qualitativ an den benötigten und erzeugten Gegenständen aber auch quantitativ an deren Leistungen und Mengen deutlich.

Durch die Raum- bzw. Flächenoptimierung, bspw. durch Minimierung der benötigten Räume und Flächen oder Zonierung von Systemen mit gleichen Anforderungen (z. B. an das Raumklima oder an die Beleuchtung), können vor allem die installierten Leistungen und die Verluste der Haustechnik gering gehalten werden. In umgekehrter Weise ist auch die räumliche Trennung oder Isolierung von Systemen mit unterschiedlichen konkurrierenden Anforderungen sinnvoll. Diesbezüglich ist zu prüfen, ob Systeme räumlich zusammengelegt werden, um bspw. Abprodukte untereinander nutzen zu können. Des Weiteren sind Übertragungsverluste (z. B. Druck- oder Wärmeverluste) durch minimale Wege bzw. Leitungen zu reduzieren. An dieser Stelle und im Folgenden wird der Bezug der Fabriksystemmodelle zum räumlichen Layout besonders deutlich, welcher mit reinen Prozessmodellen nicht in der Form abbildbar wäre.

Vor allem der Abgleich von installierten Kapazitäten auf Seite des VES und Bedarfen auf Seite von PS und GS birgt durch die Vermeidung von Über- und Unterkapazitäten Einsparpotenziale in sich. Dies betrifft bspw. die Gegenüberstellung von Erzeugung, Behandlung, Speicherung etc. mit der Nutzung von Stoffen und Energien. Es ist auch abzuwägen, ob das VES zentral (z. B. Druckluftnetz mit geringem Druck oder allgemeine Raumheizung) oder dezentral (z. B. Kompressor für hohen Druck an Maschine[33] oder lokale Infrarotheizung) bzw. in Mischform ausgelegt werden kann. Durch die Aufteilung oder Zusammenfassung von Relationen werden Versorgungsnetze bspw. für Elektroenergie oder Druckluft nach ihren Eigenschaften (z. B. maximale Absicherung/Leistung oder Druckniveau/Luftmenge) ausgelegt, um Verluste in den Leitungen oder Über- und Unterkapazitäten zu vermeiden.

Schließlich werden diese Ansätze für den Entwurf von Stoff- und Energiekreisläufen in der Fabrik zusammengeführt. Das bedeutet, dass die eingehenden Stoffe und Energien in den Flüssen so miteinander verbunden werden, dass der Großteil dieser

---

[33] Die Ver- und Entsorgung wird immer nach den höchsten Anforderungen (z. B. Druck oder Temperatur) der Verbraucher ausgelegt. Dementsprechend sollten u. U. Systeme, die gegenüber anderen Systemen höhere Anforderungen stellen, separiert und dezentral versorgt werden.

Eingaben verwertet bzw. nur ein kleiner Teil nicht-verwertbarer Ausgaben erzeugt wird. Dies wird durch die Kopplung von Erzeugung/Quellen und Verbrauch/Senken und der damit verbundenen Rückgewinnung und Wieder- bzw. Weiterverwendung von Stoffen und Energien erreicht. Vor allem die weitere Nutzung von Abprodukten, wie Betriebs- und Hilfsstoffe oder Abwärme (z. B. mit Hilfe von Wärmetauschern in Abluft oder Abwasserleitungen), kann den Bedarf und die Abgaben des Fabriksystems senken.

4.9   Fazit zur Methodik

Die Fabrik ist ein komplexes System mit einer Vielzahl an statischen und dynamischen Bestandteilen und Wirkbeziehungen. Um die Fabrik ganzheitlich modellhaft abbilden zu können, wird die Methodik zur Fabriksystemmodellierung im Kontext von Energie- und Ressourceneffizienz entwickelt.

Ausgangspunkt stellt hierfür ein Metamodell dar, welches zunächst die Fabrik als System deklariert. Mit Hilfe der erarbeiteten Fabriksystemkonzepte werden die Hierarchien, Funktionen, Strukturen und Lebenszyklen des Fabriksystems und seiner Bestandteile detailliert beschrieben. Damit wird die Fabrik in übergeordnete Systeme eingeordnet und in ihre Subsysteme zerlegt (Hierarchie), ihre Funktionen und Wirkungen auf die natürliche und künstliche Umwelt erläutert (Funktion) sowie ihr Aufbau und damit ihre in Beziehung stehenden Elemente beschrieben (Struktur). Zudem spielen für die Analyse verschiedener Betrachtungszeiträume und Planungshorizonte die Lebenszyklen der Fabrik und ihrer Systeme eine Rolle (Lebenszyklus). In jeder dieser Sichtweisen sind Aspekte der Energie- und Ressourceneffizienz wiederzufinden. Dazu gehören u. a. die stofflichen und energetischen Gegenstände, Funktionen, Systemtypen und Zustände sowie funktionale oder räumliche Relationen und Strukturen. Insbesondere die Einteilung in nutzende (ge- und verbrauchende) sowie in ver- und entsorgende Systeme und Bereiche bietet die Möglichkeit, die Wirkbeziehungen in der Fabrik näher zu betrachten.

Die wesentlichsten energie- bzw. ressourcenrelevanten Aspekte werden in einem Referenzmodell zusammengefasst. Dieses Modell fungiert als generische Vorlage und Vergleichsobjekt zur Erstellung anwendungsspezifischer Modelle. Zudem werden daran grundlegende Wirkbeziehungen in der Fabrik verdeutlicht.

Unter Anwendung der Fabriksystemkonzepte und des Referenzmodells ist ein mehrstufiges und iteratives Vorgehensmodell definiert, welches die systematische Erstellung von Fabriksystemmodellen beschreibt, um eine geforderte Zielstellung (z. B. Abbildung einer Planungslösung) zu erreichen und dabei den Modellierungsaufwand gering zu halten. Dieses umfasst die Zielfestlegung, die qualitative und die folgende quantitative Modellbildung, die Analyse und Bewertung sowie die Ableitung von Gestaltungsansätzen, um energie- und ressourceneffiziente Fabriksystemkonzepte entwickeln zu können. Durch dieses Vorgehen werden nacheinander Lösungsvarianten erzeugt, analysiert, bewertet und verbessert bis ein der Zielstellung entsprechendes Ergebnis erreicht wird.

In der Konsequenz wird mit der Methodik ein Werkzeug geliefert, mit dem der Fabrikplanungsprozess durch die ganzheitliche modellhafte Abbildung der Planungskonzepte sowie dem Aufzeigen von Energie- bzw. Ressourceneffizienzpotenzialen unterstützt wird. Neben der Schaffung von Transparenz über das komplexe System Fabrik dient der Modellierungsansatz auch als Kommunikationsmittel zwischen Fabrik- und Fach-/Objektplanung, um in interdisziplinärer Weise energie- und ressourceneffiziente Planungslösungen erarbeiten zu können.

5 Evaluation

"Any program is only as good as it is useful."
Linus Torvalds

Die entwickelte Methodik FSM*ER* wird in diesem Kapitel einer Evaluation unterzogen, um damit entsprechend des anwendungsorientierten Forschungsansatzes die Praktikabilität zu überprüfen. Dazu wird zunächst das Evaluationskonzept vorgestellt und anschließend die Konzeption der Methodik beurteilt. Den Schwerpunkt bildet eine komplexe Fallstudie. Daran soll geprüft werden, ob und wie ein geplantes Fabrikkonzept mit der Methodik abgebildet werden kann. Schließlich wird anhand prototypischer Implementationen untersucht, ob die Methodik programmtechnisch ergänzt bzw. umgesetzt werden kann, um damit die Transfermöglichkeiten in die Praxis weiter zu untersetzen.

5.1 Evaluationskonzept

Zielstellung

Die Evaluation ist im Allgemeinen ein Prozess zur Beurteilung des Wertes eines Objektes (Konstrukt) (Wottawa & Thierau 1998, S. 13). Das bedeutet, es wird geprüft, wie gut ein beabsichtigter Zweck oder Nutzen erreicht wird. Unter der wissenschaftlichen Evaluation wird die ziel-/zweckorientierte, auf Forschungsmethoden und Daten gestützte Bewertung bzw. Beurteilung verstanden (Meyer 2002, S. 2-3), (Wottawa & Thierau 1998, S. 14).

Neben der Erkenntnis-, Kontroll- und Lernfunktion dient die Evaluation der Dokumentation des Erfolgs (Legitimationsfunktion), um „ ... nachprüfbar nachzuweisen, mit welchem Input, welcher Output und welche Wirkungen über die Zeit hinweg erzielt wurden" (Stockmann 2004, S. 4). Von einer Evaluation wird nach definierten Standards gefordert, dass sie nützlich, durchführbar, korrekt und genau sein soll (Gollwitzer & Jäger 2014, S. 42-45), (Meyer 2002, S. 5-6), (Stockmann 2004, S. 12). Zur Bewertung sind Kriterien zu definieren, die sich danach richten, welche Ziele und Aufgaben mit der Evaluation verfolgt werden sowie durch wen und in welcher Form die Evaluation durchgeführt wird (Gollwitzer & Jäger 2014, S. 22), (Stockmann 2004, S. 2-3). Zu beachten ist dabei, dass bei der Evaluation kaum absolut sichere, ideale Aussagen erlangt werden können, sondern dass eine aktuelle definierte Situation beurteilt wird und daran verbesserte Erkenntnisse über das zu evaluierende Objekt erlangt werden (Wottawa & Thierau 1998, S. 21).

Entsprechend der Zielsetzung der Arbeit und des gewählten Forschungsansatzes wird mit der Evaluation in diesem Kapitel das Ziel verfolgt, die Praktikabilität anhand der Qualität, der Wirksamkeit und der Übertragbarkeit (Evaluationskriterien) der Methodik für bzw. in die Praxis zu beurteilen (Evaluationsziel). Das Evaluationsobjekt ist folglich die entwickelte Methodik FSM*ER*. Dabei wird vorwiegend auf die Möglichkeiten zur modellhaften Abbildung des Fabriksystems und seiner Bestandteile eingegangen, wobei aber auch die Unterstützung des Fabrikplanungsprozesses angesprochen wird.

Methodenauswahl

Als Methoden der Evaluation kommen üblicherweise Befragungen, Beobachtungen, Sekundäranalysen, Inhaltsanalysen, Fallstudien sowie die Konstruktion und Anwendung eines Prototyps zur Anwendung (Bortz & Döring 2006, S. 307), (Gollwitzer & Jäger 2014, S. 63), (Riege, Saat & Bucher 2009, S. 81), (Stockmann 2004, S. 15).

Neben den Evaluationszielen (u. a. Prüfung der Erfüllung von Zweck/Nutzen) sind die Rahmenbedingungen des Forschungsprozesses (u. a. Forschungsressourcen oder Zugang zu Daten und Informationen aus dem betrieblichen Umfeld) für die Auswahl geeigneter Evaluationsmethoden entscheidend (Clauß 2013, S. 136), (Riege, Saat & Bucher 2009, S. 82). Letzteres trifft besonders für die (ganzheitliche) Betrachtung von (gesamten) Fabriken zu, welche komplexe Systeme darstellen, die für verschiedene Zielstellungen, über längere Zeiträume, in mehreren Phasen und Stufen sowie aufgeteilt in interdisziplinären Planungsteams konzipiert werden. Das bedeutet, dass die Planung und die Realisierung von Fabriken neben den individuellen Wissen und Erfahrungen der Planungsbeteiligten zwar in unterschiedlichen Dokumenten und Werkzeugen erfasst, aber nicht einheitlich strukturiert und detailliert sind. Die Dokumentation stellt eine wesentliche Herausforderung in Fabrikplanungsprojekten dar (Oehme 2014, S. 3-4). Aus diesem Grund sind umfassende, offengelegte Beschreibungen und Dokumentationen geplanter oder realisierter Fabriken nur in Ausnahmefällen verfügbar.

Daher werden die Betrachtungen im Folgenden auf Einzelfälle bzw. -prototypen fokussiert, um diese detailliert untersuchen und die Methodik FSM*ER* beurteilen zu können. In der Tabelle 12 werden die gewählten Methoden für die Evaluation gegenübergestellt. Die Methoden bauen aufeinander auf, wobei die Untersuchungen schrittweise von der Theorie in die Praxis geführt werden.

Tabelle 12:   Verwendete Methoden zur Evaluation

Methode	Kriterium	Fragestellung	Indikatoren
GoM	Praktikabilität durch Qualität	Wie ist die Methodik konzipiert?	Aufbau, Klarheit, Relevanz, Richtigkeit, Vergleichbarkeit, Wirtschaftlichkeit
Fallstudie	Praktikabilität durch Wirksamkeit	Wie ist ein Fabrikkonzept mit der Methodik abbildbar?	Abstraktion, Handhabung, Vollständigkeit des modellierten Fabrikkonzepts
Prototyp	Praktikabilität durch Übertragbarkeit	Wie ist die Methodik programmtechnisch umsetzbar?	Funktionalitäten zur Unterstützung der Methodik

Grundsätze ordnungsgemäßer Modellierung

Bevor die Methodik der praktischen Anwendung unterzogen wird, soll zunächst die Entwicklung der Methodik anhand der Grundsätze ordnungsgemäßer Modellierung argumentativ bewertet werden, um damit die Erfüllung dieser qualitätsorientierten Merkmale einer Modellierung bzw. eines Modellierungskonzepts zu überprüfen (vgl. Abschnitt 2.3.2.3).

Fallstudien

Fallstudien (Case Study Research) sind ein methodisches Forschungsinstrument, welches universell eingesetzt werden kann, die betrachtete Wirklichkeit umfassend abbildet sowie qualitative und/oder quantitative Aspekte enthält (Borchardt & Göthlich 2009, S. 35-36). Zur Datenerhebung im Rahmen von Fallstudien können verschiedene Methoden, wie bspw. Befragungen, Beobachtungen oder Inhaltsanalysen (Aufarbeitung und Interpretation von Datenquellen), eingesetzt werden (Borchardt & Göthlich 2009, S. 37-38, 42).

Für die Untersuchung komplexer Fälle werden anstatt möglichst vieler Stichproben Einzelfallstudien angewendet, um die Komplexität dieser Fälle umfassend und detailliert erfassen zu können (Bortz & Döring 2006, S. 110, 323). Der betrachtete Fall kann dadurch sowohl genauer als auch hinsichtlich verschiedener Aspekte analysiert werden. Daher bietet sich dieser Ansatz an, um zu untersuchen, ob komplexe Fabrikkonzepte mit dem entwickelten Modellierungsansatz, der das Fabriksystem mit seinen unterschiedlichen Bestandteilen umfasst, abgebildet werden können.

Allerdings ist bei Einzelfällen die Verallgemeinerbarkeit der Erkenntnisse beschränkt (Voss 2009, S. 170). Ob eine (Einzel-)Fallstudie als repräsentativ einzuschätzen ist, hängt von ihrer Art (Normal-, Ausnahme- oder Extremfall) und von der Homogenität der Population[34] hinsichtlich der untersuchten Merkmale ab (Bortz & Döring 2006, S. 323). Das bedeutet, wenn die Fallstudie einen Normalfall (z. B. Neuplanung eines Fertigungsbereiches) verkörpert und wenn die Anwendungsfälle (z. B. Planungsvorgehen für Produktionsbereiche) ähnlich sind, dann können verallgemeinerte Aussagen abgeleitet werden. Die gewählte Fallstudie kann als Normalfall eingestuft werden, da sie aus mehreren verschiedenen Machbarkeitsstudien, welche wiederum selbst für Normalfälle ausgelegt sind, abgeleitet ist. Die Homogenität ist von zwei Perspektiven einzustufen. Einerseits ist sie nicht gegeben, da verschiedenste Planungsziele, -objekte, -aufgaben definiert werden können und somit kein einheitlicher Anwendungsfall festgelegt werden kann. Andererseits existieren Planungsvorgehen, die auch der Fallstudie zugrunde liegen, mit denen ein standardisierter Ablauf vorgegeben wird. Folglich kann der Aspekt der Homogenität nur teilweise erfüllt werden. Die angesprochenen Aspekte werden für die gewählte Fallstudie im Abschnitt 5.3 spezifiziert.

---

[34] Darunter ist hier das Betrachtungsfeld (z. B. Menge an Produktionsanlagen) zu verstehen.

Prototypen

Entsprechend des anwendungsorientierten Forschungsansatzes sind die theoretischen Erkenntnisse und erarbeiteten Ergebnisse in die Praxis zu überführen. Neben der praktischen Anwendung (z. B. Fallstudie) spielt auch die Umsetzung in praktikable Werkzeuge (z. B. in Form von Hard- und Software) eine Rolle. Hierfür können Prototypen bzw. prototypische Entwicklungen von Modellen, Methoden oder Werkzeugen zum Einsatz kommen, mit denen deren praktische Umsetzbarkeit demonstriert und getestet wird (Riege, Saat & Bucher 2009, S. 79, 81). Die Art, der Umfang und die Funktionalität, die ein Prototyp hat oder aufweisen muss, werden von dem entwickelten Konstrukt und dessen geplanter Verwendungsweise bestimmt. Bei Modellierungsansätzen betrifft dies vorwiegend die Entwicklung einer neuen Software oder Implementierung in eine vorhandene Software, um den Modellierungsprozess zu unterstützen. Im vorliegenden Fall geht es vor allem darum, ob und wie der Modellierungsansatz in planungsunterstützende Software integriert werden kann. Mehrere Möglichkeiten zur prototypischen Umsetzung in verschiedenartigen Programmen werden im Abschnitt (vgl. Abschnitt 5.4) untersucht.

5.2   Beurteilung anhand von GoM

Die Konzeption der Methodik FSM*ER* ist prinzipiell an den Grundsätzen ordnungsgemäßer Modellierung, kurz GoM, Richtigkeit, Relevanz, Wirtschaftlichkeit, Klarheit, Vergleichbarkeit und systematischer Aufbau ausgerichtet (vgl. Abschnitt 2.3.2.3). Die Umsetzung des Ansatzes hinsichtlich dieser Kriterien wird an dieser Stelle abschließend beurteilt.

Der Grundsatz der Richtigkeit wird durch die konsequente Orientierung an der Modell- und Systemtheorie sowie der Fokussierung auf die ganzheitliche, strukturierte Abbildung der Fabrik als System mit ihren in Beziehung stehenden Bestandteilen (z. B. Elemente, Funktionen und Gegenstände) verfolgt. Zudem werden mit den verallgemeinerten Modellen für Funktion, Struktur etc. sowie mit dem Referenzmodell Vorlagen geliefert, mit denen spezifische Modelle abgeleitet und verglichen werden können. Dieser Fakt der GoM wird anhand der Fallstudie weiter untersetzt (vgl. Abschnitt 5.3).

Der Grundsatz der Relevanz – Abbildung nur relevanter Merkmale – ist vom Modellierungszweck abhängig. Dieser Zweck ist wiederum für das Betrachtungsobjekt Fabrik von der jeweiligen Planungs- oder auch Analyse- und Optimierungsaufgabe abgeleitet. Aus diesem Grund wird die Fabrik mit ihren Bestandteilen zunächst detailliert beschrieben, um alle Aspekte des Fabriksystems zu erfassen (Metamodell und Fabriksystemkonzepte). Anschließend werden wesentliche Bestandteile als Referenzmodell zusammengefasst und präzisiert. Auf Basis dieser Vorlagen werden schließlich im ersten Vorgehensschritt, Zielfestlegung, die Vorgaben für die Modellierung präzisiert und damit die relevanten Modellbestandteile für die spezifischen Modelle definiert.

Der Wirtschaftlichkeit, als Grundsatz für ein angemessenes Aufwand-Nutzen-Verhältnis bei der Modellerstellung, wird durch das erarbeitete zielgerichtete Vorgehensmodell sowie insbesondere durch das Referenzmodell, welches als Vorlage für zu erstellende spezifische Modelle fungiert, nachgegangen. Des Weiteren trägt der Einsatz unterstützender Modellierungswerkzeuge zur Wirtschaftlichkeit bei. Dies wird anhand entwickelter Prototypen näher dargestellt (vgl. Abschnitt 5.4).

Durch den einheitlichen Aufbau des Modellierungsansatzes wird dem Grundsatz der Klarheit gefolgt. Dies wird sich zum einen an der modularen Struktur und an der Unterteilung in Partialmodelle deutlich, wodurch verschiedene Sichten auf das Fabriksystem ermöglicht werden. Zum anderen werden vorwiegend grafische Modelle – verbreitet in der Fabrikplanung – verwendet, um eine leichte Verständlichkeit zu gewährleisten. Dies wird auch durch die Anwendung einer entsprechenden Notation gefördert (vgl. Anhang A1).

Letzteres zielt auch auf den Grundsatz der Vergleichbarkeit ab. Für die Konzeption des Modellierungsansatzes wird auf eine konkrete Modellierungssprache verzichtet. Stattdessen werden grundlegende Systembegrifflichkeiten sowie eine eigene systemorientierte Notation verwendet, mit der die Modelle aufgebaut und damit die Fabrik als System beschrieben werden. Damit wird sichergestellt, dass das erarbeitete Konzept frei von Modellierungssprachen abhängigen Konventionen ist. Die Nachbildung, also Übertragung des Ansatzes, ist wiederum in verschiedene universelle Sprachen möglich.

Der Grundsatz systematischer Aufbau spiegelt sich in allen Bestandteilen und Schritten des Modellierungsansatzes wider. Dies kristallisiert sich insbesondere an den erarbeiteten Fabriksystemkonzepten mit übergeordnetem Metamodell des Fabriksystems auf Basis von Modell- und Systemtheorie heraus.

In der Konsequenz bleibt festzustellen, dass allen Grundsätzen ordnungsgemäßer Modellierung durch eine entsprechende Konzeption der Methodik nachgekommen wird. Zu beachten ist dabei aber, dass die Anwendung, also die Überführung der generischen in spezifische Modelle, wie bei allen Modellierungen, vor allem von der zugrunde liegenden (Planungs-)Aufgabe und den (Planungs-)Beteiligten einschließlich des Modellierers abhängig ist. Daher ist die Einhaltung der dargestellten Grundsätze bei der konkreten Anwendung erneut zu überprüfen.

5.3 Beurteilung anhand einer Fallstudie

5.3.1 Ausgangssituation und Zielstellung

Anhand einer komplexen Fallstudie wird die Methodik FSM*ER* hinsichtlich der Modellierung von Fabrikkonzepten im Rahmen der Neuplanung untersucht (Konzeptphase).

Das Anwendungsgebiet der Fallstudie stellt die Photovoltaik-Produktion dar. Dieses Beispiel bietet sich aus mehreren Gründen für die Beurteilung des

Modellierungsansatzes an. Zum einen hat das Produkt, das Solarmodul, eine große Bedeutung für die nachhaltige umweltschonende Energieerzeugung. Auch für den dezentralen Einsatz in Fabriken ist die Photovoltaik gut geeignet. Zum anderen stellt die Produktion besondere Anforderungen an die Planung. Die Fertigungsprozesse müssen bspw. in Reinraumumgebung stattfinden. Zudem werden verschiedene umweltgefährdende Chemikalien für die Fertigung benötigt. Neben den chemischen und mechanischen Verfahren finden auch verschiedene thermische Prozesse statt. Zudem haben die Stoff- und Energiekosten einen Hauptanteil an den laufenden Kosten der Fabrik. Die Produktion ist daher als energie- bzw. ressourcenintensiv einzustufen. Folglich liegt das Hauptaugenmerk der Planung auf dem Fertigungsprozess sowie auf der Auslegung der Ver- und Entsorgung mit Stoffen und Energien (Merkel et al. 2013).

Die betrachtete Ausgangssituation ist die Planung einer Zellfertigung fokussiert auf die Produktions- sowie Versorgungs- und Entsorgungssysteme. Die Daten- und Informationsgrundlage für die Fallstudie sind vier dokumentierte Machbarkeitsstudien zur Planung von Zellfertigungen aus den Jahren 2008, 2011 und 2012[35]. Diese Studien beschreiben den Aufbau, die Erweiterung oder den Umbau von Produktionen nach technologischen und wirtschaftlichen Kriterien. Um möglichst viele Informationen zu erhalten, werden mehrere Machbarkeitsstudien verwendet, weil diese Studien verschiedene Zielstellungen verfolgen und unterschiedlich ausdetailliert sind. Da die vorhandenen Daten sehr umfangreich auf mehreren Hundert Seiten dokumentiert sind, werden auf Basis einer Inhaltsanalyse nur die für die Modellbildung relevanten Informationen für die Fallstudie verwendet und ausgewertet. Dies betrifft insbesondere folgende verwendete Dokumente[36]:

- Facility Utility Matrizen (Bedarfe der Produktionsanlagen),

- Facility Utility Material/Equipment Book (Zusammenstellung wesentlicher Kenndaten der Produktionsanlagen),

- Feasibility Study (Gesamtübersicht Machbarkeitsstudie),

- Funktionale Bau- und Leistungsbeschreibung für die Technische Gebäudeausrüstung (Beschreibung der Ver- und Entsorgung),

- Layouts.

Aus diesen Daten geht hervor, dass die wesentlichen Inhalte der Fabrikplanungsschritte Strukturplanung, Dimensionierung sowie Ideal- und Realplanung bereits konzeptionell ausgeplant sind. Das bedeutet, dass bspw. die notwendigen Prozesse, Betriebsmittel etc. ausgewählt, dimensioniert, verbunden und detailliert sind. Da die Machbarkeitsstudien in die Konzeptphase einzuordnen sind,

---

[35] Diese Daten wurden im Rahmen des Projektes „Sächsischer Photovoltaik-Automatisierungscluster" (S-PAC) von der Firma AEP Energie-Consult GmbH bereitgestellt (AEP Energie-Consult 2015).
[36] Aus Datenschutzgründen werden in dieser Fallstudie keine konkreten Namen von Anlagenherstellern genannt und nur auszugsweise Angaben zu Verfahren und quantitativen Größen wiedergegeben.

liegen zwar detaillierte Informationen (z. B. Hersteller und Kennwerte) für die Fertigungsanlagen, aber nur auszugsweise für die peripheren Systeme vor.

Auf Basis dieser Planungsergebnisse besteht nun das Ziel im Rahmen der Fallstudie darin, die geplanten Lösungsvarianten für das Betrachtungsobjekt Fabrik mit der Methodik abzubilden, um damit den Ist-Planungsstand fokussiert auf Energie- und Ressourceneffizienz zu beurteilen und Verbesserungsvorschläge abzuleiten. Die Fabrik soll dabei als Gesamtsystem aus Produktion, Ver- und Entsorgung sowie Stoff- und Energieflüssen modelliert werden, um damit Transparenz über die Systembestandteile und deren Wirkbeziehungen zu erhalten. Energie- bzw. ressourcenintensive Systeme und Prozesse sollen identifiziert, Lösungsvarianten beurteilt sowie Gestaltungs- und Optimierungsansätze abgeleitet werden.

5.3.2 Photovoltaik-Produktion

Produkt

Das herzustellende Produkt einer Photovoltaikproduktion ist das Solarmodul, welches aus zusammengeschalteten Solarzellen aufgebaut ist. Die Zellen werden wiederum aus Wafern hergestellt. Durch die Solarzelle wird Strahlungsenergie der Sonne in elektrische Energie umgewandelt.

Solarzellen bestehen zum Großteil aus amorphem, mono- oder polykristallinem Silizium, welches als Halbleiter zur Aufnahme der Photonenenergie aus der Sonnenstrahlung dient (Wesselak & Voswinckel 2012, S. 28, 33). Halbleiter werden aufgrund ihrer beeinflussbaren elektrischen Leitfähigkeit für die Photovoltaik benötigt (Quaschning 2011, S. 168). Durch die sogenannte Dotierung werden dem Silizium Fremdatome als Störstellen hinzugefügt (Wesselak & Voswinckel 2012, S. 30). Dadurch steht bei n-dotierten Halbleitern (z. B. durch Zugabe von Phosphor) ein zusätzliches freibewegliches Elektron zur Verfügung; bei p-dotierten Halbleitern (z. B. durch Zugabe von Bor) fehlt ein Elektron, so dass ein Loch entsteht, welches freie Elektronen aufnehmen kann (Mertens 2013, S. 68-69). Eine Solarzelle besitzt eine n-dotierte und eine p-dotierte Schicht, zwischen denen ein elektrisches Feld aufgebaut ist (p-n-Übergang). Durch Strahlungszufuhr werden die Elektronen angeregt und es findet ein Ladungsausgleich zwischen den verbundenen n- und p-Schichten statt, so dass sich im angeschlossenen Stromkreis elektrische Energie von einem Verbraucher nutzen lässt (Quaschning 2011, S. 173).

Produktionsprozess

Eine Photovoltaikproduktion gliedert sich grundsätzlich in die vier Schritte Gewinnung des Rohmaterials und Herstellung der Ingots, Herstellung der Wafer (Waferfertigung), Herstellung der Zellen (Zellfertigung) und Herstellung der Module (Modulfertigung).

Zunächst wird das Ausgangsmaterial Silizium aus Quarz bzw. Quarzsand gewonnen und in mehreren Stufen aufbereitet, so dass daraus reine monokristalline Stäbe oder polykristalline Blöcke, die Ingots, hergestellt werden können (Wesselak & Voswinckel 2012, S. 44-47). Im zweiten Schritt werden die Ingots mittels Säge- oder Ziehverfahren in dünne Scheiben, die Wafer, geschnitten (Mertens 2013, S. 117-119). Sowohl die Ingots als auch die Wafer werden zwischen den Fertigungsschritten mehrfach gereinigt und aufbereitet. Die Weiterverarbeitung der Wafer zu Zellen erfolgt im dritten Schritt. Die Zellfertigung umfasst im Kern die Behandlung der Oberfläche, die Herstellung des p-n-Übergangs, die Antireflexbeschichtung, die Metallisierung, die Feuerung und die Kantenisolation (vgl. Abschnitt 5.3.3.2). Schließlich werden Module aus mehreren Zellen zusammengeschaltet, die zum Schutz vor äußeren Einflüssen mit Folien, Glasscheiben und Rahmen versehen werden (Quaschning 2011, S. 180).

Aufgrund von technologischen Neuerungen und Verfahrensvarianten können die Fertigungsprozesse vom erläuterten Ablauf abweichen.

Die dargestellten Produktionsschritte der Photovoltaikproduktion werden üblicherweise auf mehrere Hersteller bzw. Fabriken verteilt, so dass Silizium-, Wafer-, Zell- und Modulhersteller unterschieden werden (Wesselak & Voswinckel 2012, S. 50). Nachfolgend wird die Zellfertigung näher betrachtet.

5.3.3   Modellierung des Fabriksystems

5.3.3.1   Zielfestlegung

Das Modellierungsvorhaben ordnet sich in die Konzeptphase und in die Planungsschritte Strukturplanung, Dimensionierung sowie Ideal- und Realplanung des Fabrikplanungsprozesses ein. Die zugrunde liegende Planungsaufgabe der Fallstudie ist die Konzeption einer Zellfertigung unter Beachtung der Zielgrößen Energie- und Ressourceneffizienz, wobei der Fokus auf die Reduzierung der Aufwandsseite gelegt wird.

Die Modellziele und -inhalte bestehen somit in der Abbildung der Fabrik als Gesamtsystem, um daran die energie- bzw. ressourcenrelevanten Zusammenhänge zu verdeutlichen und Gestaltungsansätze ableiten zu können. Der Modellinhalt und der Modellumfang beziehen sich auf die Hierarchie, Funktion und Struktur des Fabriksystems[37], wobei die Modellbetrachtung auf die Hierarchieebenen Fabrik (HI5) bis Arbeitsplatz (HI1) ohne nähere Ausführung der vor- und nachgelagerten Systeme (z. B. Lieferanten) abgegrenzt wird. In Abhängigkeit der vorhandenen Planungsdaten werden neben qualitativen auch quantitative Aspekte abgebildet.

---

[37] Eine Lebenszyklusbetrachtung ist für diese Fallstudie nicht möglich, da Informationen zu Lebens- und Nutzungsdauern etc. nicht vorliegen.

5.3.3.2 Qualitative Modellbildung

Hierarchisches Fabriksystemkonzept

Die untersuchte Zellfertigung ist ein Teil der Photovoltaikproduktion (Rohmaterial, Wafer-, Zell- und Modulfertigung). Dadurch ist die Zellfertigung in ein übergeordnetes Produktionsnetzwerk eingeordnet. Des Weiteren ist diese Fabrik in Ver- und Entsorgungsnetzwerke für bspw. Elektroenergie oder Wasser und Abwasser eingebunden. Diese oberste Hierarchieebene (HI6) wird im Rahmen der Fallstudie nicht näher ausgeführt.

Die Fabrik (HI5) besteht aus einem Gebäude (HI4), in dem die Produktions-, die Ver- und Entsorgungsbereiche sowie weitere Bereiche untergebracht sind (HI3). Der Produktionsbereich umfasst die eigentliche Fertigung und die Logistik zwischen den Fertigungsanlagen. Wareneingang und Warenausgang sind in separaten Bereichen untergebracht. Zur Ver- und Entsorgung gehören verschiedene Technikzentralen und deren Verteilungsnetze. Weiterhin sind Sozial-, Sanitär- und Werkstatträume vorhanden. Die Fertigung und die Ver- und Entsorgung setzen sich aus mehreren verbundenen Anlagen und Maschinen zusammen (HI2 und HI1).

Funktionales Fabriksystemkonzept

Gegenstände

In Abbildung 54 werden die Gegenstände der Fabrik zusammengefasst und grob den Bereichen Produktion, Gebäude sowie Ver- und Entsorgung zugeordnet.

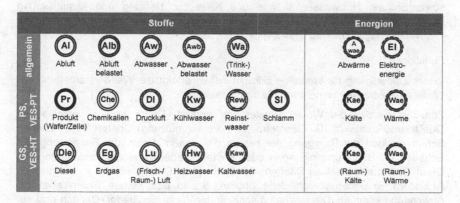

Abbildung 54: Übersicht der Gegenstände

Die Solarzelle ist das Produkt der Zellfertigung. Die Kapazität einer Fertigungslinie ist so ausgelegt, dass für die Planungsperiode von einem Jahr theoretisch maximal 21 Millionen Zellen pro Fertigungslinie hergestellt werden könnten. Eine Besonderheit dieses Produktes besteht darin, dass keine Varianten gefertigt werden. Daraus resultieren die klare lineare Fertigungsstruktur und die erzielbaren hohen Stückzahlen. Ausgangsteil für die Solarzelle ist der Wafer, der in mehreren Fertigungsschritten chemisch, mechanisch und thermisch behandelt sowie mit Kontakten versehen wird und als Solarzelle die Produktion verlässt.

Neben den Wafern bzw. Zellen werden mehrere Hilfs- und Betriebsstoffe in der Produktion eingesetzt. Für die Fertigungsprozesse werden verfahrensbedingt vor allem unterschiedliche Chemikalien[38] benötigt. Dazu gehören u. a. Fluss-, Salpeter-, Salzsäuren, Kalilaugen, Phosphoroxychlorid sowie Ammoniak, Sauer- und Stickstoff. Ein Teil davon sind giftige Stoffe, aus denen umweltgefährdende flüssige und gasförmige Abprodukte (belastetes Abwasser und belastete Abluft) hervorgehen. Dementsprechend sind diese Gegenstände besonderes zu beachten. Jedoch werden diese Stoffe vom Fertigungsprozess und dessen Verfahren benötigt, wodurch sie nur bedingt von der Fabrikplanung beeinflusst werden können. Daher müssen zumindest eine effiziente Behandlung, Nutzung sowie ggf. Rückgewinnung dieser Stoffe anvisiert werden.

Des Weiteren wird in allen Fertigungsanlagen Druckluft eingesetzt, welche innerhalb der Fabrik selbst erzeugt wird. Über das öffentliche Versorgungsnetz wird Trinkwasser für die Erzeugung von Reinst-, Kalt- und Kühlwasser bezogen. Aus der Fertigung wird Abwasser, welches chemisch belastet ist (z. B. sauer, fluoridbelastet oder alkalisch), abgeleitet, nachbehandelt und an Entsorger abgegeben. Die energetischen Gegenstände der Produktion sind zugeführte Elektroenergie sowie selbst erzeugte Kälte zur Kühlung und entstehende Abwärme.

Für die Räume im Gebäude werden weiterhin Frisch-/Raumluft (z. T. Reinraum) sowie Erdgas, Heizwasser, Wärme und Kälte zur Heizung und Klimatisierung benötigt. Weiterhin wird Trinkwasser für die sanitären Einrichtungen gebraucht. Für das Notstromaggregat wird Diesel verwendet.

Funktionen

In der Zellfertigung für kristalline Silizium-Zellen erfolgt die Weiterverarbeitung der Wafer zu Solarzellen in mehreren Fertigungsschritten.

Zunächst werden die Wafer getestet und sortiert. Dabei werden verschiedene Qualitätsmerkmale (z. B. Geometrie und Verschmutzung) überprüft. Im zweiten Schritt erfolgen die Reinigung der bereits p-dotierten Wafer, die Beseitigung von Schäden (z. B. Verunreinigungen oder Kristallschäden) und die Texturierung der Oberfläche durch Anätzen (Mertens 2013, S. 119). Dies geschieht in chemischen Ätzbädern, in denen verschiedene Säuren, Basen und weitere Chemikalien zur Anwendung kommen. Dazwischen durchläuft der Wafer Spülbäder. Danach wird der p-n-Übergang durch die Dotierung mit Phosphor gebildet. Dies geschieht durch die Benetzung der Oberfläche des Wafers, der Bildung von Phosphorsilikatglas und der

---

[38] Zur Vereinfachung werden in dieser Fallstudie Nasschemikalien und Prozessgase zusammengefasst.

daraus resultierenden Diffusion von Phosphoratomen in die äußere Schicht des Wafers (Quaschning 2011, S. 179). Dabei wird der Phosphor bei ca. 800 °C in die Silizium-Kristall-Struktur eingebrannt (Mertens 2013, S. 119).

Im Anschluss wird das gebildete Phosphorsilikatglas wieder in Ätzbädern chemisch entfernt. Dies ist notwendig, weil diese Schicht das Eindringen von Photonen hemmt. Im nächsten Fertigungsschritt wird die Antireflexschicht aufgebracht, welche benötigt wird, um die Reflexion der Sonnenstrahlung zu verringern. Nachfolgend werden Kontakte auf die Oberfläche des Wafers aufgebracht (Metallisierung). Mittels Siebdruckverfahren werden auf der Rückseite des Wafers Kontakte aus Aluminium und Silber vollflächig sowie auf der Frontseite Kontakte aus Silber streifenweise aufgedruckt und anschließend getrocknet (Mertens 2013, S. 119). Dann werden bei der Feuerung die Kontakte mit den n- und p-Schichten verbunden. Im vorletzten Schritt werden die Kanten durch Laserschneiden isoliert und das Werkstück gereinigt. Schließlich werden die gefertigten Zellen getestet und sortiert.

Zwischen den Fertigungsschritten finden logistische Transport- und Speichervorgänge statt (z. B. automatische Transportbänder und Puffer).

Neben den Fertigungs- und Logistikprozessen der Wafer und Zellen spielt die Ver- und Entsorgung mit Stoffen und Energien eine wichtige Rolle in der Zellfertigung. Dies betrifft die Ver- und Entsorgung der Produktion und des Gebäudes mit Chemikalien, Druckluft, Luft, Wasser sowie Elektroenergie, Kälte und Wärme. Die verschiedenen Stoffe und Energien werden entweder von extern zugeliefert oder intern erzeugt. Dann erfolgen Behandlung, Lagerung, Transport und Bereitstellung für die Produktion und das Gebäude sowie Entgegennahme, Abtransport, Nachbehandlung, Lagerung und Abgabe der Abprodukte an die natürliche Umwelt und an Entsorger.

Systemtypen

Für die Fertigungsprozesse werden verschiedene Anlagen eingesetzt, die die Wafer zur Zelle weiterbearbeiten und dabei Stoffe und Energien ge- und verbrauchen. Dazwischen werden Behandlungssysteme zur Prüfung und Sortierung sowie Transport- und Speichersysteme für die logistischen Prozesse verwendet. Die Anlagen bilden eine in sich geschlossene Fertigungslinie. Ein Fertigungssystem kann aus einer Linie oder mehreren Linien bestehen, wobei für die Fallstudie zwei festgelegt werden.

Die Ver- und Entsorgung mit Stoffen und Energien erfolgt durch gegenstandsspezifische Zuführungs-, Erzeugungs-, Behandlungs-, Transport-, Speicher-, Rückgewinnungs- und Abgabesysteme.

Wasser wird in Durchlauferhitzern für die Sanitär-/Sozialeinrichtungen erwärmt, für die Sprinkleranlage bereitgestellt und in einer Enthärtungsanlage für die weitere Behandlung (Erzeugung von Reinst-, Kalt- und Kühlwasser) vorbereitet. Zur Herstellung von Reinstwasser wird das Wasser u. a. in Deionisierungs- und UV-Desinfektionsanlagen behandelt. Für die Lüftung und Klimatisierung werden

Lüftungs- und (Teil-)Klimaanlagen verwendet. Die Abluft wird abgesaugt und in Reinigungssystemen (Nasswäschern, Heiß-Nass-Abgasreinigern, elektrisch beheizten Brennkammern) nachbehandelt und über Schornsteine an die natürliche Umwelt abgegeben.

Die Anlieferung und Lagerung der Chemikalien erfolgt in Tanks, Gasflaschen, -zylindern, Containern und Fässern. Für die Bereitstellung kommen spezielle Membranpumpen, Schläuche und Röhren zum Einsatz. Druckluft wird mit Hilfe von zwei Kompressoren je Fertigungslinie erzeugt, zwischengespeichert, mittels Filter, Trockner, Absorber aufbereitet und über ein Druckluftnetz an die Verbraucher geliefert.

Elektroenergie wird aus dem öffentlichen Netz bezogen und in einer Trafostation mit je einem Transformator pro Fertigungslinie umgewandelt. Zusätzlich ist ein Notstromaggregat zur Absicherung ausgewählter Fertigungs- und Sicherheits-/ Schutzeinrichtungen vorgesehen. Die Verteilung erfolgt über Haupt- und Unterverteilungen, Stromschienen und Kabeltrassen an die Verbraucher. Raumwärme wird mittels Gas-Brennwertkessel erzeugt und zusätzlich über mehrere Wärmetauscher zurückgewonnen. Raum- und Prozesskälte wird durch Kühltürme und Kältemaschinen hergestellt und als Kalt- und Kühlwasser in Speichern gepuffert und in Rohrleitungssystemen verteilt.

Zustände

Da die Fallstudie in der Konzeptphase eingeordnet ist und keine näheren Angaben über Zustände vorhanden sind, wird nur der Zustand Betrieb betrachtet.

Strukturales Fabriksystemkonzept

Aufbaustruktur

Die Zellfertigung ist in gegenstandsorientierte Stoff- (für Wafer/Zelle, Chemikalien, Druckluft, Abluft/Luft, Reinst-, Kalt-, Kühlwasser, Abwasser/Wasser) und Energieflusssysteme (für Elektroenergie, Kälte, Wärme) unterteilt, die in unterschiedlichen Ausprägungen aus verketteten Zuführungs-, Erzeugungs-, Behandlungs-, Transport-, Speicher-, Produktions-, Nutzungs-, Rückgewinnungs- und Abgabesystemen bestehen. Neben den Fertigungsanlagen des Hauptprozesses sind in den peripheren Bereichen Logistik- sowie die Ver- und Entsorgungssysteme im Einsatz.

Funktional ist die Fabrik in PS, GS und VES unterteilt (vgl. Anhang A2). Zum PS zählen die Fertigung und die Logistik. Das Gebäude besteht aus Räumen für die Fertigung, Logistik, Ver- und Entsorgung sowie aus Büro-, Sanitär-, Sozialräumen, die in Abhängigkeit der Nutzung geheizt, belüftet bzw. klimatisiert werden. Das VES ist in die Bereiche Chemikalien, Druckluft, Luft, Elektroenergie, Wasser, Kälte und Wärme für Haus- und Prozesstechnik unterteilt. In Abbildung 55 wird beispielhaft die funktionale Aufbaustruktur der Wärmeversorgung dargestellt.

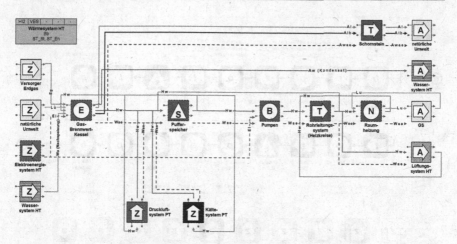

Abbildung 55:   Qualitative Aufbaustruktur der Wärmeversorgung Haustechnik

Die Anlagen in der Produktion sind räumlich in einer Linienstruktur angeordnet. Die Anlagen im VES sind prinzipiell auch linear hintereinander verkettet. Aber durch die Verknüpfung mit den ge- und verbrauchenden Systemen entstehen Versorgungsnetze. Zudem sind die Anlagen auch untereinander stark miteinander vernetzt. Die Produktionsanlagen werden dabei in einem Raum mit gesonderten Anforderungen (Reinraum) zusammengefasst. Die Bereiche der VES sind gegenstandsbezogen in einzelne Technikzentralen untergliedert (z. B. Elektroenergie- oder Druckluftversorgung).

Ablaufstruktur

Die hochautomatisierten Anlagen der Produktion sind in einer Fertigungslinie hintereinander und linear miteinander verkettet, so dass ein rhythmischer Produktfluss erzeugt wird. Die bearbeiteten Teile werden nach jedem Bearbeitungsschritt an den nachfolgenden Prozess weitergegeben. Da die Ver- und Entsorgungsprozesse zum Teil zeitlich versetzt zur Fertigung stattfinden und unter Nutzung von Speichern durchgeführt werden, liegen hier unrhythmische Flüsse vor. Die Ablaufstruktur des Hauptprozesses wird in Abbildung 56 dargestellt.

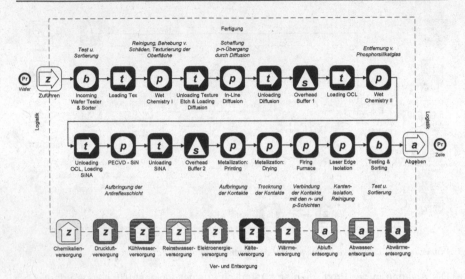

Abbildung 56: Qualitative Ablaufstruktur des Fertigungsprozesses

5.3.3.3 Quantitative Modellbildung

Die benötigten Eingaben und erzeugbaren Ausgaben (als Leistungen) der Fertigungsanlagen in einer konfigurierten Fertigungslinie sind in den Dokumenten Facility Utility Material und Equipment Book zusammengefasst. Auf dieser Basis können die leistungsbezogenen Funktionsmodelle der Fertigungsanlagen jeweils für mittlere und maximale Lasten erstellt werden. Die vorhandenen Planungsunterlagen gehen nicht näher auf Betriebszeiten einzelner Anlagen ein, sondern es wird mit einem durchgängigen Betrieb über das ganze Jahr gerechnet, also 24 Stunden bei 365 Tagen im Jahr verteilt auf vier Schichten pro Tag und einer durchschnittlichen Verfügbarkeit von 85 %. Daher basiert die Mengenbetrachtung bei den Fertigungsanlagen auf eine theoretisch erreichbare Betriebszeit von 7446 Stunden pro Jahr. Das bedeutet, dass ein kontinuierlicher Bedarf an Stoffen und Energien über das ganze Jahr hinweg vorliegen sollte.

Anhand dieser Modelle wird deutlich, dass die Fertigungsanlagen sehr energie- bzw. ressourcenintensiv sind. So gibt es Anlagen, die bis zu mehrere Hundert kW Elektroenergie benötigen und/oder mit hohen Prozesstemperaturen arbeiten sowie enorme Abwärme[39] erzeugen (Abbildung 57).

---

[39] In diesem Beispiel wird vereinfacht die Abwärme dem Kältebedarf gleichgesetzt. Unberücksichtigt bleiben dabei die Energien, die nicht im Kühlwasser abtransportiert werden (z. B. Abwärme der Abluft).

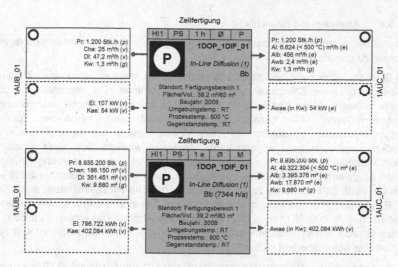

Abbildung 57:   Leistungs- und mengenbezogene Funktionsmodelle einer Fertigungsanlage

In diesem Beispiel wird eine Anlage[40] für den Fertigungsschritt Diffusion (Schaffung des p-n-Übergangs) dargestellt. Für die Steigerung der Energie- bzw. Ressourceneffizienz sind insbesondere der große Bedarf an Elektroenergie und Kälte sowie die hohen Temperaturen näher zu untersuchen.

Für die Anlagen der Ver- und Entsorgung können derartige quantitative Modelle nur vereinzelt erstellt werden, weil diese Systeme nicht in der gleichen Detaillierung wie die Fertigungsanlagen in den vorhandenen Dokumenten beschrieben sind. Trotzdem können diese Systeme mit dem Modellierungsansatz qualitativ und teilweise auch quantitativ abgebildet werden.

Die Anlagen sind über die Stoff- und Energieflüsse strukturell miteinander vernetzt. Mit Hilfe der Strukturmodelle werden die quantitativen Stoff- und Energierelationen sowie die daraus resultierenden Gesamtbedarfe und -kapazitäten ermittelt. Auf Basis der maximalen Leistungen der Fertigungsanlagen (Anschlusswerte) werden die maximalen Bedarfe ermittelt und daraus die notwendigen Kapazitäten der Ver- und Entsorgung abgeleitet (z. B. im Rahmen der Energieplanung). Gleichzeitigkeitsfaktoren für die Fallstudie liegen nicht vor. Diese sind aber aufgrund der durchgängigen Betriebsweise als hoch einzustufen. Für die Effizienzbetrachtung werden die mittleren Leistungen oder Mengen herangezogen, um damit den durchschnittlichen Betrieb beurteilen zu können.

---

[40]   In dieser Abbildung wird der unternehmensinterne Name der Anlage verwendet.

5.3.3.4 Analyse und Bewertung

Anhand der erarbeiteten Modelle sind zunächst energie- bzw. ressourcenrelevante Aspekte zu identifizieren.

Die Betrachtung der verwendeten Gegenstände zeigt, dass verschiedene giftige und umweltgefährdende Chemikalien zum Einsatz kommen. Zu beachten ist, dass daraus belastete Abluft und belastetes Abwasser entstehen, welche nachbehandelt werden müssen. Wie bereits dargestellt, sind die Chemikalien für die Fertigungsprozesse notwendig, so dass deren Einsatz nur bedingt durch die Fabrikplanung beeinflusst werden kann. Weiterhin wird deutlich, dass sowohl in jedem Fertigungsprozess als auch vereinzelt in der Ver- und Entsorgung Druckluft, als ein energieintensives Medium, zum Einsatz kommt. Aus energetischer Sicht wird in erster Linie Elektroenergie (u. a. auch für thermische Prozesse), aber auch Kälte zur Raum- und Prozesskühlung eingesetzt. Zum Teil sind die Prozesstemperaturen sehr hoch (bis 800 °C), so dass energiereiche Abprodukte erzeugt werden. An verschiedenen Stellen entsteht daher Abwärme, die in Abluft sowie in Kalt- und Kühlwasser abtransportiert wird.

Die Analyse der verwendeten Systeme zeigt, dass in der Fertigung stoff-/energiege- und -verbrauchende Fertigungsanlagen sowie behandelnde, speichernde und transportierende Ver- und Entsorgungssysteme zum Einsatz kommen. Des Weiteren wird Druckluft, Reinstwasser und Kalt-/Kühlwasser sowie Kälte und Wärme – in der Fertigung vorwiegend mit Hilfe von Elektroenergie erzeugt – innerhalb der Fabrik hergestellt. In der Planung sind bereits mehrere Wärmetauscher in der Wasser- und Luftversorgung vorgesehen. Eine eigene Energieerzeugung aus erneuerbaren Energiequellen ist nicht vorhanden.

Die Stoff- und Energiestrukturen zeigen vorwiegend lineare Verkettungen mit Rückführungen (Kalt-/Kühlwasser und Abluft/Luft) zwischen PS und VES auf. Die Ge- und Verbraucher in der Fertigung sind räumlich von den restlichen Einrichtungen getrennt, um die Anforderungen an Reinräume (z. B. Klimatisierung) erfüllen zu können. Die Ver- und Entsorgung ist in einzelnen Räumen (Technikzentralen) zusammengefasst. Da es sich um eine Neuplanung handelt, sind die Kapazitäten des VES entsprechend den Bedarfen dimensioniert.

Abgeleitet aus dem Kennzahlenkatalog und den vorhanden Planungsdaten werden in erster Linie die Stoff- und Energieströme als Leistungsgrößen, die verwertbaren und nicht-verwertbaren Stoff- und Energieprodukte als Mengengrößen betrachtet. Flächen/Räume sind bereits ausgeplant und werden daher nicht näher untersucht. In Abbildung 58 wird beispielhaft ein Ausschnitt einer analysierten und bewerteten Fertigungslinie dargestellt.

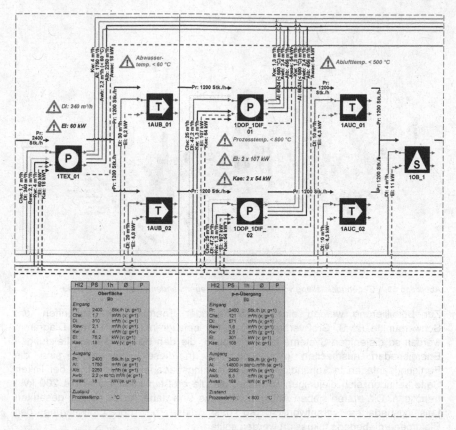

Abbildung 58: Analysierte und bewertete Fertigungslinie (Ausschnitt)

Zu erkennen sind die Fertigungsanlagen als Elemente, die Eingaben benötigen, Ausgaben erzeugen und in Stoff- und Energieflüssen miteinander verknüpft sind. Für die einzelnen Bereiche der Fertigung (z. B. Oberfläche oder p-n-Übergang) werden die quantitativen Größen im unteren Bereich zusammengefasst, so dass der Ist-Stand bewertet werden kann. Dabei wird für jeden Gegenstand in Klammern die Funktion (z. B. *v* für verbrauchen) und der Gleichzeitigkeitsfaktor g, mit dem die Summen berechnet werden, angegeben. Des Weiteren werden relevante Temperaturen der Prozesse und Gegenstände aufgeführt. Zusätzlich sind in dieser Abbildung identifizierte Stellen hervorgehoben, die bspw. hohe Stoff- und Energiebedarfe aufweisen. Diese Systeme sind vorrangig für die Ableitung von Gestaltungs- bzw. Optimierungsansätzen näher zu untersuchen.

Darauf aufbauend werden ausgewählte Aspekte der Fertigungsanlagen (z. B. Stoff- und Energiebedarfe) in Diagrammform gegenübergestellt (Abbildung 59).

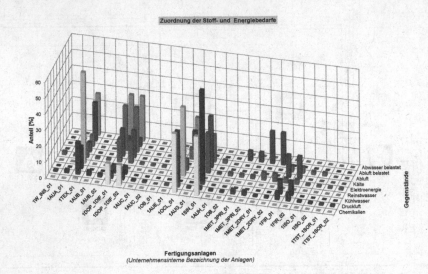

Abbildung 59: Gegenüberstellung von Systemen und Gegenständen einer Fertigungslinie

Zur Detaillierung werden einzelne Stoffe oder Energien herausgegriffen, um Schwerpunkte (z. B. Großverbraucher) weiter einzugrenzen. Im Pareto-Diagramm werden so diejenigen Systeme hervorgehoben, die den Hauptanteil am Leistungs-/ Energiebedarf ausmachen (Abbildung 60). In dieser Auswertung sind die Fertigungsanlagen in Abhängigkeit ihres Leistungsbedarfes geordnet. In der linken Seite befinden sich diejenigen Systeme, die die größten Leistungen (bis 200 kW) benötigen. Die ersten sieben Anlagen von links sind dabei für 80 % des gesamten Leistungsbedarfes verantwortlich, so dass diese bei der Optimierung des Elektroenergiebedarfs fokussiert werden sollten.

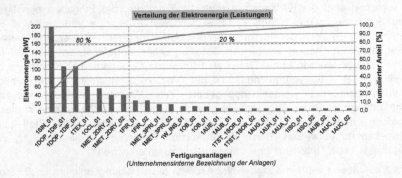

Abbildung 60: Pareto-Diagramm für die Elektroenergie einer Fertigungslinie

5.3.3.5 Ableitung von Gestaltungsansätzen

Aus den vorangegangenen Schritten werden mehrere Ansatzpunkte deutlich, die bei der Planung des Fabriksystems berücksichtigt werden sollten, um die Energie- und Ressourceneffizienz zu steigern.

Hinsichtlich der Substitution von Stoffen und Energien sollte der art- und mengenmäßige Einsatz der Chemikalien im Rahmen der Verfahrensplanung überprüft werden, um den Bedarf an Chemikalien und die Menge daraus entstehender umweltgefährdender Abprodukte zu reduzieren. Weiterhin ist aus technologischer Sicht zu prüfen, ob in allen Produktionsanlagen zwingend Druckluft benötigt wird oder ob auch Alternativen, wie elektrische Antriebe, eingebaut werden können. Dadurch könnte das Druckluftnetz kleiner dimensioniert und somit die Verluste in der Erzeugung und Verteilung (Druckverlust und Leckagen) verringert werden. Aber auch der Einsatz von Elektroenergie, insbesondere für thermische Prozesse[41] (z. B. Trocknung), ist kritisch zu hinterfragen und bspw. durch die Verwendung von Abwärme, Gas oder Dampf zu verringern, um den Primärenergiebedarf weiter senken zu können.

Der Einsatz erneuerbarer Stoffe oder Energien ist in den Planungslösungen nicht vorgesehen. Da ein kontinuierlicher Bedarf an Elektroenergie vorliegt, könnte eine Photovoltaikanlage vorgesehen werden. Bei einer freien Dachfläche von über 3000 m² könnte so beispielhaft eine Peakleistung von ca. 450 kW_p installiert und dadurch jährlich bis zu ca. 405.000 kWh Elektroenergie erzeugt werden.[42] Dies ist allerdings nur ein geringer Anteil am gesamten Elektroenergiebedarf der Fabrik. Stattdessen wäre aufgrund der niedrigen Heizungsvorlauftemperaturen (48 °C) der Einsatz von Solarthermie besser geeignet, um so die Gebäudeheizung mit ca. 1.200.000 kWh im Jahr zu unterstützen.[43] Sowohl die Photovoltaikanlage als auch die Solarthermieanlage könnten mit der weiter unten beschriebenen Kälteversorgung kombiniert werden.

Anhand der Untersuchung sind die energie- und ressourcenintensiven Systeme und Prozesse lokalisiert. Diesbezüglich ist zu prüfen, ob Alternativen bzw. neuere Anlagen eingesetzt werden können, die für die gleichen Prozessanforderungen (z. B. Verfahren, Stückzahl und Taktzeit) weniger Stoffe und Energien verbrauchen. Dies betrifft bspw. die Fertigungsanlagen, die in der Fallstudie mit einem älteren technischen Stand (Baujahr 2008) betrachtet werden. In den neueren zugrunde liegenden Machbarkeitsstudien werden teilweise sparsamere Anlagen eingesetzt, die mindestens ein Drittel weniger Energie benötigen.

---

[41] Aus den vorhandenen Daten ist nicht ersichtlich, wie diese Prozesse ablaufen und welche Wärmeintensitäten und -mengen benötigt werden. Andernfalls könnte ggf. aufgrund der großen Menge anfallender Abwärme in der Produktion eine direkte Verknüpfung zum Trocknungsprozess hergestellt werden.

[42] Berechnung nach (Mertens 2013, S. 32) mit 1000 W/m² Bestrahlungsstärke, 3000 m² Fläche und 15 % Wirkungsgrad der Solarmodule sowie einem spezifischen Ertrag von 900 kWh/kW_p.

[43] Berechnung nach (Schabbach & Leibbrandt 2014, S. 75) mit 3000 m² Fläche und einem Systemertrag von 400 kWh/m²/a.

Eine Flächen-/Raumoptimierung bzw. eine entsprechende Raumzonierung (Reinraum für Fertigung sowie separate Logistikbereiche und Technikzentralen) ist in den Planungslösungen bereits vorgenommen. Dies betrifft auch die Weg-/ Leitungsminimierung. Bestimmte technologische Bereiche bzw. Einrichtungen, wie die Chemikalienlagerung oder die Kühltürme, sind außerhalb des Gebäudes angeordnet. Für die Drucklufterzeugung sollte auch geprüft werden, ob diese in Containern außerhalb des Gebäudes untergebracht werden kann, weil für deren Luftzufuhr und Luftabfuhr bis zu 4 m² große, energieverlustreiche Wand- und Dachöffnungen im Gebäude pro Kompressor notwendig sind.

Durch die Gegenüberstellung von installierter bzw. prognostizierter Kapazität und prognostiziertem Bedarf werden verlustbehaftete Über- oder Unter-dimensionierungen identifiziert. Der Abgleich von Kapazität und Bedarf wird bei der Neuplanung in dieser Fallstudie bereits berücksichtigt.

Im Ausgangszustand der Planungslösung ist die VES grundsätzlich zentralisiert ausgelegt, das heißt, die Vor- und Nachbereitung der Stoffe und Energien ist in Technikzentralen außerhalb der Fertigung zusammengefasst. Dies ist u. a. darin begründet, dass die Fertigung besondere Anforderungen an die Umwelt stellt (Reinraum) und dass die verbrauchenden Anlagen ähnliche Spezifikationen an die Ver- und Entsorgung aufweisen (z. B. Drücke oder Temperaturen von Medien).

Hinsichtlich der Aufteilung oder Zusammenfassung von Relationen kann festgestellt werden, dass Wasser in verschiedenen Formen zum Einsatz kommt. Bezogen wird Wasser als Trinkwasser vom öffentlichen Versorger. Dabei sollte geprüft werden, ob auch ein zweiter Anschluss und eine entsprechende Verteilung in der Fabrik für Brauchwasser installiert werden kann, um Trinkwasser einzusparen.

Für die Gestaltung von Stoff- und Energiekreisläufen kristallisieren sich insbesondere die energetischen Kälte- und Wärmeströme, die damit verbundenen stofflichen Wasser- und Luftströme sowie die direkte Nutzung der Abwärme heraus. An mehreren Stellen sind Möglichkeiten zur Energierückgewinnung vorgesehen. Dies betrifft die Wärmerückgewinnung bei der Drucklufterzeugung sowie den Einsatz von Wärmetauschern bei der Kälteerzeugung und bei der Abluftentsorgung. Die umgewandelte Abwärme (Kapazität von über 2000 kW) wird dann zur Heizungsunterstützung und zur Vorwärmung von Zuluft genutzt. In Abbildung 61 wird beispielhaft der Kältekreislauf zur Erzeugung von Kühlwasser dargestellt. Daran angeschlossen sind ein Wärmetauscher und eine Wärmepumpe, die zur Erzeugung von Heizwasser dienen.

Aufgrund der großen Abwärmeerzeugung und des damit verbundenen Kältebedarfs der Produktion sollten weitere Maßnahmen, wie bspw. die Dimensionierung der Kalt- und Kühlwasserspeicher oder der erweiterte Einsatz natürlicher Kühlung aus Luft, Wasser (Gewässer, Brunnen) oder Boden (Geothermie), untersucht werden. Insbesondere durch den Einsatz von Absorptions- oder Adsorptionskältemaschinen könnte Wärme und Abwärme genutzt werden, um Kälte für die Fertigung zu erzeugen (dena 2014, S. 12), (Urbaneck 2012, S. 27-41). Gerade durch den hohen und kontinuierlichen Bedarf an Elektroenergie und Kälte würde sich ein Blockheizkraftwerk in Verbindung mit einer (Absorptions-)Kältemaschine – diese Kombination wird als Kraft-Wärme-Kälte-Kopplung bezeichnet – für eine effizientere Energieerzeugung und -nutzung anbieten (EnergieAgentur.NRW 2014, S. 8). Auch der regional abhängige Einsatz von Fernkälte ist zu prüfen (Urbaneck et al. 2010, S. 3-6). Weiterhin sollte eine ausreichende Dämmung für die Fertigungsanlagen (u. a. für die Trocknung), für die Ver- und Entsorgungsanlagen sowie für die wärme- und kälteführenden Leitungen vorgesehen werden (DIN 4140), (VDI 2055 Blatt 1).

Neben den erläuterten Ansätzen sind weitere technologische Maßnahmen zur Steigerung der Energie- bzw. Ressourceneffizienz für die Planungslösung vorsehbar, die bspw. im späteren Fabrikbetrieb zum Tragen kommen (z. B. bedarfsgerechte Regelung der Druckluft- und Kälteversorgung sowie der Abwasser- und Abluftentsorgung).

Des Weiteren wird das Gebäude als bauliche Hülle nicht näher betrachtet. Daran können weitere Ansatzpunkte identifiziert und untersucht werden, wie z. B. die Dämmung von Wänden, Decken oder Dächern (Schmidt et al. 2008, S. 130-139).

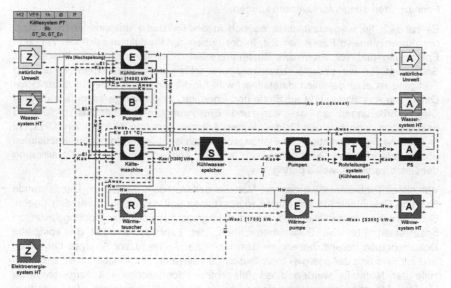

Abbildung 61:   Energiekreisläufe mit Energierückgewinnung im Kältesystem Prozesstechnik

5.3.4   Kritische Reflektion

In der Fallstudie wird vor einem praktischen Hintergrund die Abbildbarkeit eines geplanten Fabriksystems mit Hilfe der entwickelten Methodik FSM*ER* untersucht, wobei insbesondere die Aspekte der Energie- und Ressourceneffizienz herausgehoben werden sollen. Die Fallstudie ist in die Phase der Konzeptplanung eingeordnet.

Grundsätzlich wird festgestellt, dass die Methodik geeignet ist, die technischen Planungslösungen der Fallstudie in vereinfachter, grafischer Darstellung wiederzugeben. Für diesen Fall sind auch die Grundsätze ordnungsgemäßer Modellierung nachvollziehbar (vgl. Abschnitt 2.3.2.3). Die Fabrik wird als Gesamtsystem mit in Beziehung stehenden Bestandteilen abgebildet sowie in qualitativer (Gegenstände, Funktionen, Systemtypen sowie Aufbau- und Ablaufstrukturen) und teilweise auch quantitativer Form beschrieben. Hierfür kommen die einzelnen Beschreibungsmodelle (z. B. Funktionsmodell), Referenz-Partialmodelle sowie das systematische Vorgehen zur Modellierung zum Einsatz. Mit Hilfe der Methodik werden schließlich verschiedene Potenziale sowie Gestaltungsalternativen für das geplante Fabrikkonzept hinsichtlich Energie- und Ressourceneffizienz aufgezeigt, die nachfolgend unter Einbeziehung von Fachexperten ausgeplant werden können.

Es hat sich herausgestellt, dass es sich in der Fallstudie um eine energie- bzw. ressourcenintensive Fabrik handelt, in der neben der Produktion auch die Ver- und Entsorgung und vor allem das Zusammenspiel dieser Bereiche von besonderer Bedeutung für die energie- bzw. ressourceneffizienzorientierte Planung ist. Die Fertigung ist sehr detailliert darstellbar, weil für die einzelnen Anlagen quantitative Daten, wie Anschlusswerte für Stoffe und Energien, sowie Anlagenlayouts vorliegen. Die Anforderungen an die Ver- und Entsorgung sind ebenfalls umfassend beschrieben, jedoch fehlen für die meisten Anlagen konkrete Kenngrößen. Die nicht einheitliche Dokumentation von Planungsprojekten ist aber als Normalfall einzustufen und gerade in frühen Planungsphasen, wie der Konzeptphase, ist die Detaillierung der Daten vergleichsweise gering.

Vor dieser Problematik werden die Vorteile der Methodik ersichtlich. Die zugrunde liegende Dokumentation der Machbarkeitsstudien umfasst mehrere Hundert Seiten, die vorwiegend in textlicher und vereinzelt in grafischer Form die Planungslösungen beschreiben. Für eine Gesamtbetrachtung des Fabriksystems ist die komplette Dokumentation heranzuziehen, so dass zeitlicher Aufwand zur Analyse der Daten und zur Filterung der energie- bzw. ressourcenrelevanten Informationen entsteht. Mit Hilfe der Methodik werden diese relevanten Informationen mit vergleichsweise wenigen Modellen zusammengefasst und übersichtlich dargestellt (Vereinfachung und Visualisierung des Objektbereichs), wodurch Transparenz über das Gesamtsystem, insbesondere über das Zusammenspiel der einzelnen Gewerke (z. B. Fertigung, Abluftbehandlung oder Kälteerzeugung), geschaffen wird. Den Planungsbeteiligten wird folglich mit der Methodik ein Hilfsmittel bereitgestellt, mit dem Fabrikmodelle systematisch erstellt werden. Damit können gemeinsam fachübergreifend Planungslösungen erarbeitet und so energie- bzw. ressourceneffiziente Fabrikkonzepte entworfen werden.

Weiterhin besteht ein wesentliches Merkmal der Methodik darin, in Abhängigkeit der vorhandenen Daten und Informationen stufenweise qualitative und quantitative Modelle entwickeln und für Gestaltungszwecke nutzen zu können (Methodenbereich). Wie oben beschrieben, sind die vorhandenen Daten der Fallstudie sehr inhomogen. Folglich könnten gängige Methoden der Energie- bzw. Ressourcenbewertung, wie bspw. Stoff-/Energie-/Ökobilanzen sowie erweiterte Materialflusskostenrechnungen, Wertstromanalysen oder Simulationsmodelle (vgl. Abschnitt 3.2.2 und 3.2.3), für die Fallstudie gar nicht eingesetzt werden, weil die dafür notwendigen quantitativen Daten (z. B. mengenmäßige Ein- und Ausgaben oder Betriebs-/Prozesszeiten) nicht vorliegen. Mit der entwickelten Methodik ist es jedoch möglich, die geplante Fabrik und ihre in Beziehungen stehenden Bestandteile abzubilden, Schwerpunkte (z. B. Großverbraucher) zu identifizieren und daraus Gestaltungsansätze hinsichtlich Energie- und Ressourceneffizienz abzuleiten, auch wenn keine umfassende quantitative Bewertung im Rahmen der Fallstudie vorgenommen werden kann.

Als wesentliche Voraussetzungen zur Anwendung der Methodik werden dokumentierte Planungsdaten u. a. mit beschriebenen Haupt- und Peripherieprozessen, Funktionsschemas oder Layouts bzw. die notwendige Datenbeschaffung gesehen. Dazu wird weiterhin ein fachübergreifendes Verständnis benötigt, um die verschiedenen Funktions- und Fachbereiche miteinander zu verknüpfen, sowie Fachwissen, um die einzelnen Bereiche zu detaillieren. Dies ist in Form interdisziplinärer Planungsteams möglich. Die genannten Aspekte werden von der Methodik dahingehend unterstützt, dass die Fabriksystemkonzepte und das Referenzmodell die grundsätzlichen Wirkbeziehungen der Fabrik in verallgemeinerter Weise beschreiben und somit als Vorlagen und Vergleichsobjekte für spezifische Fabrikkonzepte dienen. Mit Hilfe des Ansatzes können auch Vorgaben für Daten und Informationen, die für die energie- bzw. ressourceneffizienzorientierte Planung benötigt werden (z. B. Stoff- und Energiebedarfe), abgleitet werden.

Kritisch zu hinterfragen ist die Verallgemeinerbarkeit der Erkenntnisse aus dieser Fallstudie. Zum einen stellt die betrachtete Fabrik zwar ein geeignetes Beispiel dar, in dem der grundsätzliche Aufbau mit Produktion, Gebäude sowie Ver- und Entsorgung wiederzufinden ist, unterschiedliche Systeme zum Einsatz kommen sowie viele verschiedene Stoffe und Energien benötigt und transformiert werden, so dass vielfältige Wirkbeziehungen und energie- bzw. ressourcenrelevante Aspekte hervortreten und modellhaft abgebildet werden. Zum anderen ist jedoch die Fertigung selbst durch eine Linienstruktur mit einer Produktvariante gekennzeichnet. Dies wirkt sich auch auf die damit verbundene Logistik aus. Aus diesem Grund ist in weiteren Untersuchungen zu prüfen, inwiefern sich andere Strukturen oder mehrere Produkte bzw. Produktvarianten auf die Modellierung auswirken. Des Weiteren wird mit der Fallstudie der Planungsgrundfall Neuplanung mit wenigen quantitativen Daten betrachtet. Daraus folgt aber, dass einzelne Bestandteile der Methodik (z. B.

detaillierte Beschreibung von Funktionen, Zuständen oder Lebenszyklen) nur ansatzweise angewendet werden. Dahingehend bieten sich weitere Studien an, um die Methodik auch für Umplanungen bzw. zur Analyse und Optimierung von bestehenden Fabriksystemen unter Nutzung vorhandener Daten (z. B. Messdaten) einzusetzen.

5.4   Beurteilung anhand von Prototypen

5.4.1   Vorgehen

Bei der Konzeption der Methodik FSM*ER* wird darauf geachtet, die Fabrik als System in verallgemeinerter Form beschreiben zu können, ohne dabei spezifische Modellierungssprachen oder -werkzeuge anwenden zu müssen. Wie eingangs in diesem Kapitel beschrieben, sind Prototypen ein geeignetes Mittel, um die Übertragbarkeit bzw. Realisierbarkeit von Konzepten zu untersuchen und weitere Möglichkeiten zur Anwendung in der Praxis aufzuzeigen.

Für diesen Zweck werden nachfolgend ausgewählte Softwarewerkzeuge dahingehend analysiert, inwiefern Bestandteile der Methodik FSM*ER* mit Hilfe vorhandener Funktionalitäten oder möglicher Erweiterungen implementiert werden können, um damit den Modellierungsvorgang zu unterstützen. Hierfür werden drei verschiedenartige Programme zur Visualisierung, Bilanzierung und Simulation hinsichtlich der Abbildbarkeit von Modellbestandteilen (Objektbereich) und der Unterstützung der Modellierung (Methodenbereich) näher betrachtet. Dazu wird ein fiktives Modell herangezogen, welches mit den Softwarewerkzeugen abgebildet werden soll (vgl. Anhang A3). Neben den Standardfunktionalitäten werden auch eigene prototypische Erweiterungen verwendet (z. B. Modellvorlagen, Bausteine oder Skripte).

5.4.2   Statische Modellierung

Programm für die Visualisierung

Kurzvorstellung der Software

Die Modelle dieser Arbeit werden hauptsächlich mit dem Programm Visio® erstellt.[44] Visio ist ein Visualisierungsprogramm zur Anfertigung zweidimensionaler Grafiken u. a. für die Abbildung schematischer Zusammenhänge, wie Auf- und Ablauforganisationen im Unternehmen, oder für die Erstellung einfacher Schalt-, Konstruktions-, Raumpläne sowie für die Daten- und Netzwerkmodellierung.

---

[44] Es wird das Programm Visio® in der Version 2010 der Firma Microsoft® verwendet (Microsoft 2015).

Objektbereich von FSMER

Mit der Software können alle statischen Systembestandteile der Methodik FSMER in grafischer Form, insbesondere mit der verwendeten Notation, abgebildet werden (Abbildung 62). In der Software werden Vorlagen bzw. Schablonen (Shapes) für einzelne Modellelemente erstellt, die in einer Bibliothek abgelegt und daraus per Drag&Drop mehrfach wiederverwendet werden können. Weiterhin können Daten den einzelnen Elementen hinzugefügt werden – die Verbindung mit einer Datenbank ist hierfür auch möglich –, um so bspw. die quantitativen Ein- und Ausgaben in Tabellenform zu hinterlegen. Diese Daten können jedoch nicht ohne zusätzlichen Programmieraufwand weiterverarbeitet werden.

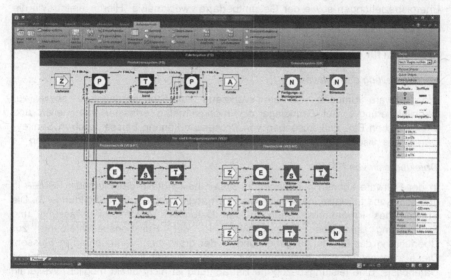

Abbildung 62: Prototypische Umsetzung in einem Programm für die Visualisierung

Methodenbereich von FSMER

Mit der Software können die qualitative und die quantitative Modellbildung vorgenommen werden. Bei Letzterer sind die quantitativen Werte für jedes System (Ein-, Ausgaben und Zustände) sowie für die Relationen zwischen den Systemen statisch darstellbar, wobei jedoch notwendige Berechnungen nicht automatisch durchgeführt werden können. Auch für die Schritte Analyse und Bewertung sowie Gestaltung ist die Software nur für die qualitativen Teilaufgaben nutzbar. Für die Modellierung ist die Funktionalität der Betrachtungsebenen (Layer) vorteilhaft. Damit können bspw. verwertbare und nicht-verwertbare Stoffe und Energien auf unterschiedliche Layer gelegt und somit für verschiedene Betrachtungsfälle (z. B. Analyse der Stoffe, der Energien oder nur der Abprodukte) separiert werden.

Weiterhin können die Modelle auf mehrere Arbeitsblätter verteilt und über Verlinkungen miteinander verbunden werden. Dadurch können die Modelle zum einen hierarchisch und zum anderen funktional unterteilt und strukturiert werden.

Empfohlene Anwendung und Weiterentwicklung für FSMER

Die Software eignet sich vor allem für die grafische zweidimensionale Abbildung der statischen Bestandteile und Wirkbeziehungen des Fabriksystems. Somit kann die Software für die grundlegende Modellierung der Hierarchien, Funktionen, Strukturen und Lebenszyklen eingesetzt werden, vor allem dann, wenn alle Systembestandteile abgebildet und Transparenz geschaffen werden soll. Für die Methodik FSMER wäre eine Weiterentwicklung hinsichtlich der Berechnungsmöglichkeiten der Stoff- und Energiebeziehungen sowie der Gesamtbedarfe zweckmäßig. Hierfür bietet sich die Programmierschnittstelle zur Entwicklung von Funktionen bzw. Skripten (Makros) an.

Programm für die Bilanzierung

Kurzvorstellung der Software

Die Software Umberto® ist ein Werkzeug zur Stoffstromanalyse sowie zur Ökobilanzierung.[45] Auf Grundlage der mengenmäßig erfassten materiellen und energetischen Ein- und Ausgaben von Prozessen können Flüsse, auch in Sankey-Darstellung, visualisiert sowie Bilanzen und Kostenrechnungen aufgestellt werden.

Objektbereich von FSMER

In der Software können grundlegende Systembestandteile der Methodik FSMER in grafischer und teilweise in quantitativer Form abgebildet werden (Abbildung 63). Die Stärken des Programms liegen in der Datenbank gestützten Erfassung und Speicherung sämtlicher Gegenstände, in der Funktionsbeschreibung zur Überführung der Ein- in Ausgaben und in der grafischen Verknüpfung in Flüssen. Diese Betrachtungen basieren auf einer quantitativen mengenbezogenen Datenbasis. Eine leistungsbezogene Betrachtung ist nicht direkt möglich. Weiterhin können keine Zustände abgebildet werden. Mehrere Gegenstände werden prinzipiell in einem Fluss grafisch zusammengefasst, wodurch einzelne Verbindungen und deren Werte nicht unmittelbar erkennbar sind. Eine Aufteilung – durch Hinzufügen weiterer Verbindungsstellen (Stellen) – in einzelne Flussbeziehungen ist jedoch umsetzbar.

Methodenbereich von FSMER

Die Software unterstützt die Modellierung vor allem durch die Berechnung und Darstellung der quantitativen Flüsse. Die Modelle können weiterhin sowohl hierarchisch (mittels Subnetzen) als auch funktional (mittels Stellen) gegliedert werden. In der Software wird die mengenmäßige Betrachtung für verschiedene

---

[45] Es wird das Programm Umberto® in der Version 5 der Firma ifu Hamburg GmbH verwendet (ifu 2015).

Szenarien und Zeiträume durchgeführt. Das bedeutet zum einen, dass verschiedene Fälle, wie bspw. der Ist-Zustand, oder Varianten eines Stoffstromnetzes – durch Änderung der Netzstruktur oder quantitativer Werte – abgebildet und bewertet werden können. Zum anderen werden die Stoff- und Energiemengen auf definierbare Zeiträume, wie Tage oder Jahre bezogen. Mit Hilfe dieser Daten ist es in der Software möglich, Kennzahlen aus dem Kennzahlenkatalog berechnen zu lassen.

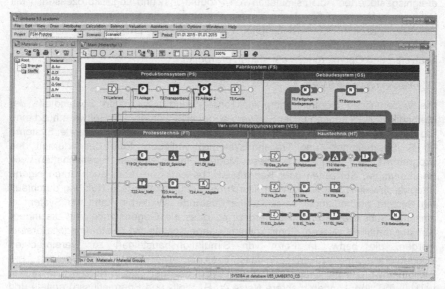

Abbildung 63: Prototypische Umsetzung in einem Programm für die Bilanzierung

Empfohlene Anwendung und Weiterentwicklung für FSMER

Wenn entsprechende Daten (z. B. Ist-Verbräuche) vorhanden sind, dann eignet sich die Software für die quantitative Abbildung der Flüsse sowie für die Bewertung von Modellen. Daher kann die Software verwendet werden, wenn der Fokus auf den Flussbeziehungen liegt und wenn deren Intensitäten automatisch berechnet werden sollen. Eine Weiterentwicklung für FSMER bietet sich insbesondere hinsichtlich der Detaillierung und Beschreibung einzelner Systeme und Funktionen an (Funktionsmodelle). Des Weiteren sollte eine leistungsbezogene Abbildung ergänzt werden. Die Software verfügt über Programmierschnittstellen, mit denen Erweiterungen implementiert werden können.

5.4.3   Dynamische Modellierung

Programm für die Simulation

Kurzvorstellung der Software

Das Programm Tecnomatix® Plant Simulation ist ein Werkzeug zur diskreten ereignisgesteuerten Ablaufsimulation von Produktions- und Logistikprozessen.[46] Mit Hilfe einer derartigen Simulation werden Planungs- und Steuerungsansätze (z. B. Bearbeitungszeiten, Dimensionierung, Fahrweise oder Losgrößen) getestet, die Auswirkungen auf Zielgrößen (z. B. Auslastungen, Durchlaufzeiten oder Bestände) analysiert und Optimierungsmaßnahmen erarbeitet.

Objektbereich von FSMER

Die wesentlichen hierarchischen, funktionalen und strukturalen Bestandteile der Methodik FSMER können in der Software abgebildet werden. Die Software nutzt eine Bibliothek, in der generische Modellvorlagen für verschiedene definierte Systeme (z. B. Bearbeitungs- und Transportsysteme) vorliegen. Eine Besonderheit des Programms liegt darin, dass diese Modelle mit mehreren Eigenschaften, wie Bearbeitungs-, Störzeiten oder Kapazitäten, beschrieben, aber auch durch eigene Attribute erweitert werden können. Durch die ereignisabhängige Nutzung durchläuft ein System nacheinander verschiedene Zustände. Weiterhin kann ein System in einzelne Subsysteme unterteilt werden, so dass die Gegenstände und die innere Struktur detailliert werden. Somit können eigene spezifische Systemmodelle erstellt werden, die bspw. in Form von Simulationsbausteinen zur vereinfachten Wiederverwendung zusammengefasst werden. Die Systemmodelle aus der Bibliothek werden per Drag&Drop in ein Layout gezogen und in Netzen miteinander verknüpft. Dabei können mehrere Netze (z. B. Stoff- und Energieflüsse) erstellt und simuliert werden.

Methodenbereich von FSMER

Ein wesentliches Merkmal der Software ist die grafische, objektorientierte und dynamische Modellierung (Abbildung 64). Die Modelle können hierarchisch und funktional strukturiert werden. Mit Hilfe verschiedenster Steuermöglichkeiten der Systeme – durch Variation von Bearbeitungsabläufen, -zeiten und -stückzahlen sowie unter Nutzung unterschiedlicher Schichtkalender – werden die dynamischen Abhängigkeiten und Auswirkungen getestet. Den einzelnen Systemzuständen sind unterschiedliche Stoff- und Energieleistungswerte zuordenbar. Daran wird auch der entscheidende Vorteil einer derartigen Simulation deutlich: In Abhängigkeit des Systemaufbaus und der Systemnutzung (z. B. wann sind welche Systemelemente wie aktiv) werden aus den dynamischen ereignisabhängigen Zusammenhängen die mengenmäßige Bedarfe an Stoffen und Energien prognostiziert.

---

[46] Es wird das Programm Tecnomatix® Plant Simulation in der Version 11 der Firma Siemens® verwendet (Siemens 2015).

Schließlich werden Diagramme (z. B. Säulen-, Linien- und Sankey-Diagramme) und Kennzahlen zur Aus- und Bewertung automatisch erstellt bzw. gebildet. Dies kann bereits während der Simulation verfolgt werden.

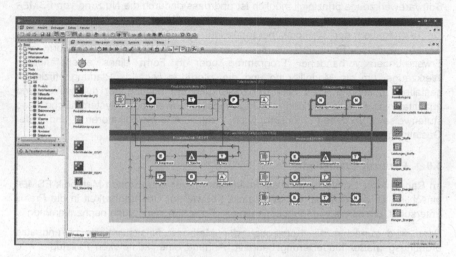

Abbildung 64:   Prototypische Umsetzung in einem Programm für die Simulation

Empfohlene Anwendung und Weiterentwicklung für FSMER

Auf Basis vorab erstellter statischer Modelle ist die Software für FSMER zur Untersetzung der dynamischen Betrachtung einzusetzen. Dies betrifft schwerpunktmäßig die Untersuchung der dynamischen Wirkbeziehungen, die aufgrund der Vernetzung und der ereignisabhängigen Fahrweise der Systeme entstehen. Damit können Gestaltungsansätze vor allem für die Steuerung des Fabriksystems abgeleitet werden. Hierfür sind jedoch entsprechende detaillierte und quantitative Daten (u. a. Leistungen und Zeiten) notwendig. Die Weiterentwicklung für FSMER ist auf den Aufbau bzw. die Spezifizierung von Bausteinkästen zu fokussieren, mit denen generische Vorlagen für Simulationsmodelle geliefert werden.

5.4.4   Entwicklungsbedarf

Anhand der untersuchten Programme wird deutlich, dass eine Anwendung und teilweise Implementierung der konzeptionellen Methodik in vorhandene Softwarewerkzeuge prinzipiell möglich ist und dass dadurch die Nutzung von FSM*ER* in der Praxis unterstützt werden kann. Die ausgewählten Programme können auch für Teilaufgaben der Methodik herangezogen und kombiniert werden. Dennoch besteht weiteres Potenzial zur softwaretechnischen Umsetzung in Form von Erweiterungen vorhandener Programme oder in Form eines eigenständigen Werkzeugs, um die Modellierung und die zugrunde liegende Planung effizienter gestalten zu können. Dies betrifft insbesondere die Bildung der qualitativen und quantitativen Funktions- und Strukturmodelle sowie das systematische und stufenweise Vorgehen einschließlich der Analyseindikatoren und der Gestaltungsansätze (vgl. Abschnitt 6.2).

5.5   Fazit zur Evaluation

Im Rahmen der Evaluation wird die Praktikabilität der entwickelten Methodik FSM*ER* einschließlich der Qualität, der Wirksamkeit sowie der Übertragbarkeit in die Praxis untersucht, um dem anwendungsorientierten Forschungsanspruch nachzukommen.

Dazu wird zunächst die Konzeption der Methodik hinsichtlich der Grundsätze ordnungsgemäßer Modellierung beurteilt. Anhand einer komplexen Fallstudie wird geprüft, inwiefern eine geplante Fabrik mit der Methodik modellhaft abgebildet werden kann, um daran Energie- und Ressourceneffizienzpotenziale für das Fabrikkonzept aufzudecken. Als Ergebnis stellt sich heraus, dass die Methodik geeignet ist, die konzeptionellen Planungslösungen der Fallstudie in vereinfachter Form zu beschreiben und abzubilden, wenn entsprechende Daten und Informationen, insbesondere zu einzelnen Anlagen und Maschinen in den verschiedenen Funktionsbereichen, vorliegen. Dabei werden die vorteilhaften Merkmale der Methodik (u. a. systemische Beschreibung sowie gestuftes Vorgehen) deutlich. Schließlich zeigen prototypische Anwendungen die Möglichkeiten zur programmtechnischen Umsetzung der Methodik auf. Daraus leiten sich weitere Forschungs- und Entwicklungspotenziale ab.

6 Schlussbetrachtung

"Never walk on the traveled path because it only leads where others have been."
Alexander Graham Bell

In diesem abschließenden Kapitel werden die Inhalte und Ergebnisse der Arbeit zusammengefasst und ein Ausblick auf den potenziellen Forschungs- und Entwicklungsbedarf gegeben.

6.1 Zusammenfassung

Energie- und Ressourceneffizienz sind grundlegende Instrumente, um einem nachhaltigen Umgang mit Ressourcen nachzukommen. Die Industrie ist maßgeblich am Energie- bzw. Ressourcenverbrauch beteiligt, so dass diese Zielgrößen sowohl aus ökologischer als auch aus ökonomischer Sicht von zunehmend hoher Bedeutung sind. Daher werden Instrumente benötigt, mit denen die Produktion von Gütern nachhaltig gestaltet wird, so dass Ressourcen optimal genutzt und somit eingespart werden können.

Der Fabrikplanung kommt dabei eine besondere Rolle zu, weil gerade in frühen Planungsphasen, in denen Systeme und Prozesse ausgewählt, dimensioniert und verbunden werden, das spätere Energie- bzw. Ressourcenbedarfsniveau der Fabrik definiert wird. Das bedeutet aber, dass der Planungsprozess um zusätzliche Planungsinhalte und -umfänge erweitert werden muss, um die Zielgrößen Energie- und Ressourceneffizienz betrachten zu können. Hierfür sind entsprechende Instrumente notwendig, mit denen die Komplexität dieser Thematik beherrscht und die Planungsbeteiligten bei ihren Aufgaben unterstützt werden. Bestehende Forschungsansätze fokussieren dabei das Planungsvorgehen, den Fabrikbetrieb sowie die Bilanzierung und Bewertung bestehender Prozesse, Produkte oder Systeme. Die ganzheitliche Beschreibung des Objektbereichs, die Fabrik als komplexes Gesamtsystem, wird nicht näher ausgeführt.

Vor dem Hintergrund dieser praxis- und wissenschaftsrelevanten Herausforderungen wird die Methodik zur Fabriksystemmodellierung im Kontext von Energie- und Ressourceneffizienz, kurz FSM*ER*, in dieser Arbeit vorgestellt. Mit dieser Methodik wird darauf abgezielt, die Fabrik ganzheitlich, methodisch und modellgestützt mit Fokus auf die Zielgrößen Energie- und Ressourceneffizienz in frühen konzeptionellen Planungsphasen abbilden, Wirkbeziehungen erklären und Potenziale zur Effizienzsteigerung aufzeigen zu können. Dabei wird die Fabrik als komplexes System, welches sich aus mehreren Partialmodellen zusammensetzt, aufgefasst. Mit Hilfe dieser modell- und systemtheoretischen Betrachtungsweise werden die energie- bzw. ressourcenrelevanten Aspekte einer Fabrik beschrieben, Wirkbeziehungen erklärt, Bedarfe prognostiziert und Gestaltungsansätze für Fabrikkonzepte abgeleitet.

Die Methodik FSM*ER* ist modular und schrittweise aufgebaut, um in Abhängigkeit des zugrunde liegenden Anwendungsfalls sowie der damit verbundenen Daten- und Informationsbasis qualitative und/oder quantitative Aussagen über die geplante oder vorhandene Fabrik liefern zu können. Den Kern bilden das hierarchische, das funktionale, das strukturale und das lebenszyklusorientierte Fabriksystemkonzept, mit denen die Fabrik als Gesamtsystemmodell detailliert beschrieben wird. Die wesentlichen Energie- und Ressourcenaspekte dieser Fabriksystemkonzepte werden in einem Referenzmodell zusammengefasst, welches als verallgemeinerte Vorlage und als Vergleichsobjekt für spezifische Fabriksystemmodelle dient. Des Weiteren werden daran grundsätzliche Wirkbeziehungen der Fabrik zwischen den Bereichen Produktionssystem, Gebäudesystem sowie Ver- und Entsorgungssystem verdeutlicht. Anhand eines Vorgehensmodells wird schließlich unter Anwendung der vorher entwickelten Modelle die systematische Modellierung der Fabrik – angefangen von der Zielfestlegung, über die qualitative und quantitative Modellbildung, der Analyse und Bewertung bis hin zur Ableitung von Gestaltungsansätzen – dargestellt.

Die Praktikabilität der Methodik FSM*ER* wird in einer Evaluation untersucht. Dazu wird zunächst die Konzeption anhand der Grundsätze ordnungsgemäßer Modellierung beurteilt. Dann wird in einer komplexen Fallstudie geprüft, inwiefern sich ein geplantes Fabrikkonzept mit Hilfe der Methodik abbilden lässt, um daran Energie- bzw. Ressourcenaspekte darzustellen, Lösungsvarianten zu beurteilen und Gestaltungsansätze abzuleiten. Den Abschluss bilden prototypische Anwendungen, mit denen die Möglichkeiten zur programmtechnischen Umsetzung der Methodik aufgezeigt werden, um damit die Anwendbarkeit und die Potenziale für die Praxis zu untersetzen.

Zusammenfassend wird mit der vorliegenden Arbeit ein Beitrag zur Modellierung von Fabriksystemen im Bereich der energie- und ressourceneffizienzorientierten Fabrikplanung geleistet. Die eingangs formulierte Forschungsfrage und die forschungsleitenden Fragestellungen werden mit dieser Arbeit beantwortet. Darüber hinaus werden auch Ansatzpunkte für die Fachgebiete Systemtheorie/Systems Engineering sowie Ver- und Entsorgungsplanung deutlich. Die entwickelte Methodik FSM*ER* trägt dazu bei, die komplexen Zusammenhänge einer Fabrik und die Auswirkungen von Planungsentscheidungen in vereinfachter und grafisch orientierter Form darzustellen. Den Fabrikplanungsbeteiligten wird damit ein Instrument geboten, welches die Gestaltung von Fabriksystemen nach den Zielgrößen Energie- und Ressourceneffizienz in interdisziplinären Planungsteams unterstützt.

6.2 Ausblick

Aufbauend auf dieser Arbeit können Ansatzpunkte für weitere Forschungs- und Entwicklungsarbeiten abgeleitet werden.

Entwicklung eines Modellierungs- bzw. Planungswerkzeugs

Anhand der untersuchten Prototypen wird gezeigt, dass die entwickelte Methodik in Teilen in bestehende Programme integriert und somit die praktische Anwendung unterstützt werden kann. Um die Methodik im vollen Umfang und effizient nutzen zu können, bietet es sich an, die Prototypen weiterzuentwickeln oder eine eigene Software zu erstellen, mit der Fabriken als Systeme modelliert und Planungslösungen beurteilt werden können. In dieser Software sind die einzelnen Sichten (Fabriksystemkonzepte) und das Referenzmodell abzubilden sowie das Vorgehen zur Modellierung als Assistenzfunktion zu implementieren. Die konzeptionellen Ausführungen in dieser Arbeit können hierfür als Fachkonzept herangezogen werden. Zur Unterstützung des Planungsprozesses sind dabei auch weitere Visualisierungsmöglichkeiten, wie bspw. die dreidimensionale Darstellung von Flüssen (Börner 2014, S. 36), mit zu betrachten.

Fabrikbetrieb

Die entwickelte Methodik ist vorrangig für die Fabrikplanung vorgesehen, so dass der Fabrikbetrieb (u. a. Produktionsplanung und -steuerung oder Energiemanagement) nicht näher ausgeführt wird. Mit Hilfe der Methodik ist es aber auch möglich, Abläufe und Zustände in statischer und in Verbindung mit der Simulation in dynamischer Form zu modellieren. Hierfür sind in den Funktionsmodellen die zustandsabhängigen Bedarfe, Kapazitäten sowie Zeiten hinterlegt und in den Ablaufstruktur- sowie Zustands-/Zyklusmodellen die Reihenfolgen abgebildet. Daraus werden die ablaufbedingten Leistungen bzw. Mengen ermittelt. Darauf aufbauend können rechentechnische Verfahren zur Planung und Steuerung energie- bzw. ressourcenoptimierter Prozesse (z. B. Abstimmung von Betriebs- und Standbyzeiten verketteter Maschinen) oder zum Lastmanagement (z. B. dynamischer Abgleich von Bedarfen und Kapazitäten im Betrieb) abgeleitet werden.

Informationsbetrachtung

Mit Hilfe der Methodik wird die Fabrik als ganzheitliches System mit ihren Bestandteilen beschrieben und dabei fokussierte Aspekte, insbesondere Stoffe und Energien, hervorgehoben. Im Zusammenhang mit dem Fabrikbetrieb, dem Energiemanagement und der damit verbundenen Auffassung der Fabrik als soziotechnisches System könnte die Beschreibung der Informationsgegenstände, -funktionen, -systeme, -relationen und -strukturen weiter detailliert werden. Hierfür sind in der Methodik entsprechende Anknüpfungspunkte vorbereitet (z. B. in den allgemeinen Funktions- und Strukturmodellen), die für die Informationen konkretisiert werden können. Damit wäre es bspw. möglich, Messstellen und -größen unter Beachtung von Hierarchien, Funktionen und Strukturen in den Modellen zu ergänzen, um damit die Konzeption eines Energiedatenmanagements (u. a. für die verursachergerechte Verbrauchserfassung und -zuordnung) zu unterstützen (Hopf et al. 2013).

Netzwerkbetrachtung

Die Ausführungen dieser Arbeit beziehen sich vorwiegend auf die Hierarchieebenen Fabrik bis Arbeitsplatz, um den Fabrikaufbau beschreiben zu können. Die grundlegenden Bestandteile der Methodik (z. B. Beschreibung von Gegenständen, Funktionen und Systemtypen) können aber auch für die oberste Hierarchieebene Netzwerk angewendet werden, um Produktions- oder Ver- und Entsorgungsnetze modellieren zu können. Damit können bspw. Stoff- und Energiekreisläufe über Unternehmens- bzw. Fabrikgrenzen hinweg abgebildet werden (z. B. Nutzung von Abwärme aus der Produktion eines Unternehmens zur Beheizung einer Halle einer anderen Firma in einem Industriepark). Dazu sind weitere empirische Untersuchungen notwendig, um neben den technologischen auch die organisatorischen und rechtlichen Anforderungen zu identifizieren.

Räumliche Strukturplanung

Bestehende Anordnungsverfahren in der Fabrikplanung fokussieren die Flächen- und Wegeminimierung für den Material-/Produktfluss. Energie- bzw. Ressourcengrößen, wie bspw. örtliche Wärmequellen und -senken oder Verluste in Leitungsnetzen, bleiben dabei unberücksichtigt. Mit der Methodik können u. a. die Ablauf- und Aufbaustrukturen in der Fabrik beschrieben werden. Durch Berücksichtigung von Standorten, Flächen/Volumen, Relationen sowie Funktions-/Systemtypen (u. a. Erzeuger und Nutzer) sind somit auch räumliche Strukturen abbildbar. Auf dieser Basis können rechentechnische Verfahren entwickelt werden, die die Anordnung von Maschinen und Anlagen hinsichtlich der Zielgrößen Energie- und Ressourceneffizienz optimieren.

Wirtschaftlichkeitsbetrachtung

Die Untersuchung wirtschaftlicher Aspekte wird entsprechend der Zielstellung in dieser Arbeit explizit ausgeschlossen. Dies ist damit begründet, dass mit der erarbeiteten Methodik in erster Linie die technologisch möglichen Potenziale erschlossen werden sollen. Die Planungslösungen sollen dadurch nicht durch wirtschaftliche Kriterien (u. a. Energiekosten) beeinflusst werden, weil derartige Größen in Abhängigkeit von Unternehmen, Im-/Export sowie Steuern des Landes etc. sehr stark variieren können und weil entsprechende Daten nur in grober Detaillierung in frühen Planungsphasen vorliegen. An dieser Stellte könnte die Methodik erweitert werden, um die zu entwerfenden Planungslösungen auch nach wirtschaftlichen Aspekten bewerten und gestalten zu können.

Literaturverzeichnis

Abele, E. & Reinhart, G., 2011. Zukunft der Produktion – Herausforderungen, Forschungsfelder, Chancen. München: Carl Hanser Verlag.

AEP Energie-Consult, 2015. Solar Fab Planning. http://www.aep-energieconsult.de/solar_fab_planning.php (31. März 2015).

Aggteleky, B., 1987. Fabrikplanung – Werksentwicklung und Betriebsrationalisierung – Band 1 – Grundlagen – Zielplanung – Vorarbeiten – Unternehmerische und systemtechnische Aspekte Marketing und Fabrikplanung. München Wien: Carl Hanser Verlag.

Aggteleky, B., 1990. Fabrikplanung – Werksentwicklung und Betriebsrationalisierung – Band 2 – Betriebsanalyse und Feasibility-Studie – Technisch-wirtschaftliche Optimierung von Anlagen und Bauten. München Wien: Carl Hanser Verlag.

Baehr, H. D. & Kabelac, S., 2012. Thermodynamik – Grundlagen und technische Anwendungen. Berlin Heidelberg: Springer Verlag.

Ball, P. D. et al., 2013. Factory Modelling: Combining Energy Modelling for Buildings and Production Systems. In: Emmanouilidis, C., Taisch, M. & Kiritsis, D.: Advances in Production Management Systems. Competitive Manufacturing for Innovative Products and Services. Berlin Heidelberg: Springer Verlag, S. 158-165.

Ball, P. D., Evans, S., Levers, A. & Ellison, D., 2009. Zero carbon manufacturing facility – towards integrating material, energy, and waste process flows. Proceedings of the Institution of Mechanical Engineers Part B – Journal of Engineering Manufacture, 223 (9), S. 1085-1096.

Balzer, W., 1997. Die Wissenschaft und ihre Methoden – Grundsätze der Wissenschaftstheorie – Ein Lehrbuch. Freiburg München: Alber.

Baum, H., 2011. Morphologie der Kooperation als Grundlage für das Konzept der Zwei-Ebenen-Kooperation. Wiesbaden: Gabler Verlag.

Becker, J. & Pfeiffer, D., 2006. Beziehungen zwischen behavioristischer und konstruktionsorientierter Forschung in der Wirtschaftsinformatik. In: Zelewski, S. & Akca, N.: Fortschritt in den Wirtschaftswissenschaften – Wissenschaftstheoretische Grundlagen und exemplarische Anwendungen. Wiesbaden: Deutscher Universitäts Verlag, S. 1-18.

Becker, J., Probandt, W. & Vering, O., 2012. Grundsätze ordnungsmäßiger Modellierung – Konzeption und Praxisbeispiel für ein effizientes Prozessmanagement. Berlin Heidelberg: Springer Verlag.

Bertalanffy, L., 1968. General System Theory – Foundations, Development, Applications – Revised Edition. New York: George Braziller.

Bogdanski, G. et al., 2013. An Extended Energy Value Stream Approach Applied on the Electronics Industry. In: Emmanouilidis, C, Taisch, M. & Kiritsis, D.: Advances In Production Management Systems. Competitive Manufacturing for Innovative Products and Services. Berlin Heidelberg: Springer Verlag, S. 66-72.

Bolick, S., 2009. Integration von Prozessketten- und Workflowmodellierung in PDM-Systemen. Technische Universität Chemnitz.

Borchardt, A. & Göthlich, S. E., 2009. Erkenntnisgewinnung durch Fallstudien. In: Albers, S. et al.: Methodik der empirischen Forschung. Wiesbaden: Springer Fachmedien, S. 33-48.

Börner, F., 2014. Materialflüsse – visualisieren, bewerten & optimieren – Integration von Fabrikplanungsfunktionalitäten in ein Konstruktionswerkzeug. Industrie Management 30 (4), S. 35-38.

Bortz, J. & Döring, N., 2006. Forschungsmethoden und Evaluation – für Human- und Sozialwissenschaftler. Heidelberg: Springer Medizin Verlag.

BP, 2015. BP Energy Outlook 2035 – February 2015. http://www.bp.com/content/dam/bp/pdf/Energy-economics/energy-outlook-2015/Energy_Outlook_2035_booklet.pdf (31. März 2015).

Brüggemann, H. & Müller, H., 2009. Nachhaltiges Wertstromdesign – Integration der Energie- und Materialeffizienz in das Wertstromdesign. wt Werkstattstechnik online, 99 (11/12), S. 895-898.

Bundesministeriums der Justiz und für Verbraucherschutz (BMJV), 2005. Gesetz über die Elektrizitäts- und Gasversorgung (Energiewirtschaftsgesetz – EnWG). http://www.gesetze-im-internet.de/bundesrecht/enwg_2005/gesamt.pdf (31. März 2015).

Bundesministeriums der Justiz und für Verbraucherschutz (BMJV), 2013. Verordnung über die Honorare für Architekten und Ingenieurleistungen (Honorarordnung für Architekten und Ingenieure – HOAI). http://www.gesetze-im-internet.de/bundesrecht/hoai_2013/gesamt.pdf (31. März 2015).

Bundesministerium für Umwelt, Naturschutz und Reaktorsicherheit (BMU) und Bundesverband der Deutschen Industrie e. V. (BDI), 2010. Produktbezogene Klimaschutzstrategien – Product Carbon Footprint verstehen und nutzen. Berlin: http://www.bdi.eu/download_content/PCf-leitfaden_100810_online.pdf (31. März 2015).

Bundesministerium für Umwelt, Naturschutz und Reaktorsicherheit (BMU) und Umweltbundesamt (UBA), 2013. Umweltkennzahlen in der Praxis – Ein Leitfaden zur Anwendung von Umweltkennzahlen in Umweltmanagementsystemen mit dem Schwerpunkt auf EMAS. Berlin: https://www.umweltbundesamt.de/sites/default/files/medien/376/publikationen/umweltkennzahlen_in_der_praxis_leitfaden_barrierefrei.pdf (31. März 2015).

Bundesministerium für Wirtschaft und Energie (BMWi), 2014. Energiedaten – Gesamtausgabe – Stand: April 2014. 2014. http://www.bmwi.de/BMWi/Redaktion/PDF/E/energiestatistiken-grafiken,property=pdf,bereich=bmwi2012,sprache=de,rwb=true.pdf (31. März 2015).

Bundesregierung (BReg), 2010. Energiekonzept für eine umweltschonende, zuverlässige und bezahlbare Energieversorgung – 28.09.2010. Berlin: http://www.bundesregierung.de/ContentArchiv/DE/Archiv17/_Anlagen/2012/02/energiekonzept-final.pdf?__blob=publicationFile&v=5 (31. März 2015).

Bundesstelle für Energieeffizienz (BFEE) im Bundesamt für Wirtschaft und Ausfuhrkontrolle, 2015. Energielabels für Computer – Merkblatt Energieeffizienzkriterien für Produkte – Stand: 04.02.2015. Eschborn: http://www.bfee-online.de/bfee/informationsangebote/publikationen/energie-effiziente_produkte/energielabels_computer.pdf (31. März 2015).

Buschmann, M., 2013. Planung und Betrieb von Energiedatenerfassungssystemen. Technische Universität Chemnitz.

Carlowitz, H. C., 1713. Sylvicultura oeconomica, oder haußwirthliche Nachricht und Naturmäßige Anweisung zur wilden Baum-Zucht. Leipzig: Braun.

Chalmers, A. R., 2007. Wege der Wissenschaft – Einführung in die Wissenschaftstheorie. Berlin Heidelberg: Springer Verlag.

Chen, D., Heyer, S., Seliger, G. & Kjellberg, T., 2012. Integrating sustainability within the factory planning process. CIRP Annals – Manufacturing Technology, 61 (1), S. 463-466.

Clauß, M., 2013. Methode zum Einsatz von Web 2.0-Werkzeugen in der Fabrikplanung. Technische Universität Chemnitz.

Czichos, H., 2008. Mechatronik – Grundlagen und Anwendungen technischer Systeme. Wiesbaden: Vieweg+Teubner Verlag.

Dangelmaier, W., 2003. Produktion und Information – System und Modell. Berlin Heidelberg: Springer Verlag.

Dangelmaier, W., 2009. Theorie der Produktionsplanung und -steuerung – Im Sommer keine Kirschpralinen?. Berlin Heidelberg: Springer Verlag.

Despeisse, M., Ball, P., Evans, S. & Levers, A., 2012. Industrial ecology at factory level – a conceptual model. Journal of Cleaner Production, 31, S. 30-39.

Despeisse, M., Oates, M. R. & Ball, P. D., 2013. Sustainable manufacturing tactics and cross-functional factory modelling. Journal of Cleaner Production, 42, S. 31-41.

Deutsche UNESCO-Kommission e.V., 2014. Weltwasserbericht 2014 – Zusammenfassung. http://www.unesco.de/weltwasserbericht2014.html (31. März 2015).

Diekmann, B. & Rosenthal, E., 2014. Energie – Physikalische Grundlagen ihrer Erzeugung, Umwandlung und Nutzung. Wiesbaden: Springer Fachmedien.

Dietmair, A., Verl, A. & Wosnik, M., 2008. Zustandsbasierte Energieverbrauchsprofile – Eine Methode zur effizienten Erfassung des Energieverbrauchs von Produktionsmaschinen. wt Werkstattstechnik online, 98 (7/8), S. 640-645.

Deutsche Energie-Agentur GmbH (dena), 2014. Erfolgreiche Abwärmenutzung im Unternehmen – Energieeffizienzpotenziale erkennen und erschließen. Berlin: http://www.dena.de/fileadmin/user_upload/Publikationen/Stromnutzung/Dokumente/1445_Broschuere_Abwaermenutzung_web_final.pdf (31. März 2015).

Deutsches Institut für Normung e.V. (DIN), 2008. DIN 276-1: Kosten im Bauwesen – Teil 1: Hochbau. Berlin: Beuth Verlag.

Deutsches Institut für Normung e.V. (DIN), 2014. DIN 4140: Dämmarbeiten an betriebstechnischen Anlagen in der Industrie und in der technischen Gebäudeausrüstung – Ausführung von Wärme- und Kältedämmungen. Berlin: Beuth Verlag.

Deutsches Institut für Normung e.V. (DIN), 2009. DIN IEC 60050-351: Internationales Elektrotechnisches Wörterbuch – Teil 351– Leittechnik (IEC 60050-351:2006). Berlin: Beuth Verlag.

Deutsches Institut für Normung e.V. (DIN), 2009. DIN EN ISO 14001: Umweltmanagementsysteme – Anforderungen mit Anleitung zur Anwendung (ISO 14001:2004 + Cor 1:2009); Deutsche und Englische Fassung EN ISO 14001:2004 + AC:2009. Berlin: Beuth Verlag.

Deutsches Institut für Normung e.V. (DIN), 2009. DIN EN ISO 14040: Umweltmanagement – Ökobilanz – Grundsätze und Rahmenbedingungen (ISO 14040:2006); Deutsche und Englische Fassung EN ISO 14040:2006. Beuth Verlag.

Deutsches Institut für Normung e.V. (DIN), 2011. DIN EN ISO 14051: Umweltmanagement – Materialflusskostenrechnung – Allgemeine Rahmenbedingungen (ISO 14051:2011); Deutsche und Englische Fassung EN ISO 14051:2011. Berlin: Beuth Verlag.

Deutsches Institut für Normung e.V. (DIN), 2001. DIN EN ISO 10628: Fließschemata für verfahrenstechnische Anlagen – Allgemeine Regeln (ISO 10628:1997) – Deutsche Fassung EN ISO 10628:2000. Berlin: Beuth Verlag.

Deutsches Institut für Normung e.V. (DIN), 2011. DIN EN ISO 50001: Energiemanagementsysteme – Anforderungen mit Anleitung zur Anwendung (ISO 50001:2011); Deutsche Fassung EN ISO 50001:2011. Berlin: Beuth Verlag.

Deutsches Institut für Normung e.V. (DIN), 2011. DIN V 18599-1: Energetische Bewertung von Gebäuden – Berechnung des Nutz-, End- und Primärenergiebedarfs für Heizung, Kühlung, Lüftung, Trinkwarmwasser und Beleuchtung – Teil 1: Allgemeine Bilanzierungsverfahren, Begriffe, Zonierung und Bewertung der Energieträger. Berlin: Beuth Verlag.

Dombrowski, U. & Riechel, C., 2013. Sustainable factory profile: a concept to support the design of future sustainable industries. In: Seliger, G.: Proceedings of the 11th Global Conference on Sustainable Manufacturing – Innovative Solutions. Berlin, S. 72-77.

Duflou, J. R. et al., 2012. Towards energy and resource efficient manufacturing: A processes and systems approach. CIRP Annals – Manufacturing Technology, 61 (2), S. 587-609.

Duschl, A. et al., 2003. Anwendung und Kommunikation des Kumulierten Energieverbrauchs (KEV) als praktikabler umweltbezogener Bewertungs- und Entscheidungsindikator für energieintensive Produkte und Dienstleistungen. Umweltbundesamt. München.

Dyckhoff, H., 2006. Produktionstheorie – Grundzüge industrieller Produktionswirtschaft. Berlin Heidelberg: Springer Verlag.

Dyckhoff, H. & Souren, R., 2008. Nachhaltige Unternehmensführung – Grundzüge industriellen Umweltmanagements. Berlin Heidelberg: Springer Verlag.

Dyckhoff, H. & Spengler, T. S., 2010. Produktionswirtschaft – Eine Einführung. Berlin Heidelberg: Springer Verlag.

Ebster, C. & Stalzer, L., 2013. Wissenschaftliches Arbeiten für Wirtschafts- und Sozialwissenschaftler. Wien: Facultas Verlags- und Buchhandels AG.

EnergieAgentur.NRW, 2014. KWK.NRW – Strom trifft Wärme –Intelligente Versorgungslösungen für Unternehmen durch Blockheizkraftwerke. https://broschueren.nordrheinwestfalendirekt.de/herunterladen/der/datei/kwk-unternehmen-a4-final2-pdf-1/von/kwk-fuer-unternehmen/vom/energieagentur/1749 (31. März 2015).

Engelmann, J., 2009. Methoden und Werkzeuge zur Planung und Gestaltung energieeffizienter Fabriken. Technische Universität Chemnitz.

Engelmann, J., Strauch, J. & Müller, E., 2008. Energieeffizienz als Planungsprämisse – Ressourcen- und Kostenoptimierung durch eine energieeffizienzorientierte Fabrikplanung. Industrie Management, 24 (3), S. 61-63.

Environmental Protection Agency (EPA), 2011. Lean, Energy and Climate Toolkit – Achieving Process Excellence Through Energy Efficiency and Greenhouse Gas Reduction. http://www.epa.gov/lean/environment/toolkits/energy/resources/lean-energy-climate-toolkit.pdf (31. März 2015).

Erlach, K. et al., 2012. CO2-Wertstrom – Integrierte ökologische und ökonomische Bewertung und Optimierung. wt Werkstattstechnik online, 102 (7/8), S. 518-522.

Erlach, K. & Westkämper, E., 2009. Energiewertstrom – Der Weg zur energieeffizienten Fabrik. Stuttgart: Fraunhofer Verlag.

European Commission (EC), 2009. Directive 2009/29/EC of the European Parliament and the Council of 23 April 2009 amending Directive 2003/87/EC so as to improve and extend the greenhouse gas emission allowance trading scheme of the Community.

European Commission (EC), 2012. Energy roadmap 2050. Luxembourg: https://ec.europa.eu/energy/sites/ener/files/documents/2012_energy_roadmap_2050_en.pdf (31. März 2015).

Fink, A., Schneidereit, G. & Voß, S., 2005. Grundlagen der Wirtschaftsinformatik. Heidelberg: Physica-Verlag.

Förster, A., 1983. Strukturierung von Teileflusssystemen der Fertigung im Maschinenbau. Technische Hochschule Karl-Marx-Stadt.

Fresner, J., Bürki, T. & Sittel, H. H., 2009. Ressourceneffizienz in der Produktion – Kosten senken durch Cleaner Production. Düsseldorf: Symposion Publishing.

Gadatsch, A., 2008. Grundkurs Geschäftsprozess-Management – Methoden und Werkzeuge für die IT-Praxis: Eine Einführung für Studenten und Praktiker. Wiesbaden: Vieweg & Sohn Verlag.

Giacone, E. & Mancò, S., 2012. Energy efficiency measurement in industrial processes. Energy, 38 (1), S. 331-345.

Gladen, W., 2014. Performance Measurement – Controlling mit Kennzahlen. Wiesbaden: Springer Fachmedien.

Gollwitzer, M. & Jäger, R. S., 2014. Evaluation kompakt. Weinheim Basel: Beltz Verlag.

Götze, U., Müller, E., Meynerts, L. & Krones, M., 2013. Energy-Oriented Life Cycle Costing – An Approach for the Economic Evaluation of Energy Efficiency Measures in Factory Planning. In: Neugebauer, R., Götze, U. & Drossel, W.-G.: Energetisch-wirtschaftliche Bilanzierung und Bewertung technischer Systeme – Erkenntnisse aus dem Spitzentechnologiecluster eniPROD – Tagungsbände des 1. und 2. Methodenworkshop der Querschnittsarbeitsgruppe 1 „Energetisch-wirtschaftliche Bilanzierung" des Spitzentechnologieclusters eniPROD. Auerbach: Wissenschaftliche Scripten, S. 249-272.

Grundig, C.-G., 2009. Fabrikplanung – Planungssystematik – Methoden – Anwendungen. München: Carl Hanser Verlag.

Haag, H., 2013. Eine Methodik zur modellbasierten Planung und Bewertung der Energieeffizienz in der Produktion. Universität Stuttgart.

Haag, H., Siegert, J. & Westkämper, E., 2011. Planning and Optimization of Energy Consumption in Factories Considering the Peripheral Systems. In: Proceedings of International Conference on Production Research (ICPR 21) – Innovation in Product and Production. Stuttgart: Fraunhofer Verlag.

Haberfellner, R. et al., 2012. Systems Engineering – Grundlagen und Anwendung. Zürich: Orell Füssli Verlag.

Heilala, J. et al., 2013. Discrete Part Manufacturing Energy Efficiency Improvements with Modelling and Simulation. In: Emmanouilidis, C, Taisch, M. & Kiritsis, D.: Advances in Production Management Systems. Competitive Manufacturing for Innovative Products and Services. Berlin Heidelberg: Springer Verlag, S. 142-150.

Helbing, K. W., 2010. Handbuch Fabrikprojektierung. Berlin Heidelberg: Springer Verlag.

Herrmann, C., 2010. Ganzheitliches Life Cycle Management – Nachhaltigkeit und Lebenszyklusorientierung in Unternehmen. Berlin Heidelberg: Springer Verlag.

Herrmann, C. & Thiede, S., 2009. Process chain simulation to foster energy efficiency in manufacturing. CIRP Journal of Manufacturing Science and Technology, 1, S. 221-229.

Herrmann, C., Thiede, S., Kara, S. & Hesselbach, J., 2011. Energy oriented simulation of manufacturing systems – Concept and application. CIRP Annals – Manufacturing Technology, 60 (1), S. 45-48.

Herva, M., Álvarez, A. & Roca, E., 2012. Combined application of energy and material flow analysis and ecological footprint for the environmental evaluation of a tailoring factory. Journal of Hazardous Materials, 237-238, S. 231-239.

Hesselbach, J., 2012. Energie- und klimaeffiziente Produktion – Grundlagen, Leitlinien und Praxisbeispiele. Wiesbaden: Vieweg+Teubner Verlag.

Hesselbach, J. et al., 2008. Energy Efficiency through optimized coordination of production and technical building services. In: Conference Proceedings LCE2008 – 15th CIRP International Conference on Life Cycle Engineering. Sydney, S. 624-628.

Hildebrand, T., Mäding, K. & Günther, U., 2005. PLUG+PRODUCE – Gestaltungsstrategien für die wandlungsfähige Fabrik. Chemnitz: Institut für Betriebswissenschaften und Fabriksysteme.

Hitchins, D. K., 2007. Systems Engineering – A 21st Century Systems Methodology. West Sussex: John Wiley & Sons.

Hopf, H. & Müller, E., 2013. Beschreibung von Energieflusssystemen einer Fabrik auf Basis der Flusssystemtheorie. ZWF Zeitschrift für wirtschaftlichen Fabrikbetrieb, 108 (9), S. 643-646.

Hopf, H. & Müller, E., 2014. Modellbasierte Gestaltung vernetzter Systeme in der Fabrik im Fokus der Energie- und Ressourceneffizienz. In: Kersten, W., Koller, H. & Lödding, H.: Industrie 4.0 – Wie intelligente Vernetzung und kognitive Systeme unsere Arbeit verändern – 27. Forschungsseminar HAB 2014. GITO-Verlag: Berlin, S. 53-77.

Hopf, H. & Müller, E., 2015. Providing energy data and information for sustainable manufacturing systems by EnergyCards. Robotics and Computer Integrated Manufacturing (In Press).

Hopf, H., Poller, R., Krones, M. & Müller, E., 2013. Management von Energiedaten und -informationen im Energiekompetenzzentrum Logistik und Fabrikplanung. In: Müller, E.: Trends und Strategien für die Produktion von morgen, Tagungsband zur 10. Fachtagung Vernetzt planen und produzieren – VPP2013. Chemnitz: Wissenschaftliche Schriftenreihe des IBF, S. 139-148.

Imgrund, C., 2014. Ganzheitliche Ansätze und Methoden zur nachhaltigen Neuplanung einer energieeffizienten Fabrik mit besonderem Schwerpunkt auf die Automobilmontage. Technische Universität Chemnitz.

Institut für Umweltinformatik Hamburg GmbH (ifu), 2015. Umberto. http://www.umberto.de (31. März 2015).

Institut für Umweltinformatik Hamburg GmbH (ifu) & Institut für Energie- und Umweltforschung Heidelberg GmbH (ifeu), 2011. Umberto® – Die Software zur Stoff- und Energieflussanalyse und Ökobilanzierung (LCA) – Benutzerhandbuch – Version Umberto 5 – Stand: Februar 2011. Hamburg.

Integrated DEFinition Methods (IDEF), 2015. IDEF0 - Function Modeling Method. http://www.idef.com (31. März 2015).

Intergovernmental Panel on Climate Change (IPCC), 2013. Climate Change 2013 – The Physical Science Basis. New York: http://www.climatechange2013.org/images/report/WG1AR5_ALL_FINAL.pdf (31. März 2015).

International Energy Agency (IEA), 2014. Key World Energy Statistics 2014. Paris: http://www.iea.org/publications/freepublications/publication/KeyWorld2014.pdf (31. März 2015).

International Energy Agency (IEA), 2012. World Energy Outlook 2012. Paris: http://www.iea.org/publications/freepublications/publication/WEO2012_free.pdf (31. März 2015).

International Energy Agency (IEA), 2013. World Energy Outlook 2013 – Executive Summary. Paris: http://www.iea.org/publications/freepublications/publication/WEO2013_Executive_Summary_English.pdf (31. März 2015).

Junge, M., 2007. Simulationsgestützte Entwicklung und Optimierung einer energieeffizienten Produktionssteuerung. Universität Kassel.

Karer, A., 2007. Optimale Prozessorganisation im IT-Management – Ein Prozessreferenzmodell für die Praxis. Berlin Heidelberg: Springer Verlag.

Kastens, U. & Büning, H. K., 2008. Modellierung – Grundlagen und formale Methoden. München: Carl Hanser Verlag.

Kettner, H., Schmidt, J. & Greim, H.-R., 1984. Leitfaden der systematischen Fabrikplanung. München Wien: Carl Hanser Verlag.

Klein, R. & Scholl, A., 2004. Planung und Entscheidung – Konzepte, Modelle und Methoden einer modernen betriebswirtschaftlichen Entscheidungsanalyse. München: Vahlen.

Kohl, J., Spreng, S. & Franke, J., 2014. Discrete event simulation of individual energy consumption for productvarieties. Procedia CIRP, 17, S. 517-522.

Konstantin, P., 2009. Praxisbuch Energiewirtschaft Energieumwandlung, -transport und -beschaffung im liberalisierten Markt. Berlin Heidelberg: Springer Verlag.

Krallmann, H., Bobrik, A. & Levina, O., 2013. Systemanalyse im Unternehmen – Prozessorientierte Methoden der Wirtschaftsinformatik. München: Oldenbourg Wissenschaftsverlag GmbH.

Krauß, A., 2012. Zustandsgeregelte dynamische Dimensionierung von Produktionssystemen im Kontext des Produktionsmanagements. Technische Universität Chemnitz.

Krieger, D. J., 1996. Einführung in die allgemeine Systemtheorie. München: Fink.

Krones, M. & Müller, E., 2014. An Approach for Reducing Energy Consumption in Factories by Providing Suitable Energy Efficiency Measures. Procedia CIRP, 17, S. 505-510.

Kuchling, H., 2011. Taschenbuch der Physik. München Wien: Fachbuchverlag Leipzig im Carl Hanser Verlag.

Kuhn, A., 1995. Prozessketten in der Logistik – Entwicklungstrends und Umsetzungsstrategien. Dortmund: Verlag Praxiswissen.

Kurdve, M. et al., 2011. Use of environmental value stream mapping and environmental loss analysis in lean manufacturing work at Volvo. In: Proceedings of the 4th Swedish Production Symposium.

Leven, B., 2005. Energiemanagement in der Investitionsgüterindustrie – Energieverbrauchsstruktur, Energiekennwerte und Rationelle Energieanwendung am Beispiel der Automobilindustrie. Universität Stuttgart.

Löffler, T., 2003. Integrierter Umweltschutz bei der Produktionsstättenplanung – Methode eines planungsintegrierten Umweltschutzes (PLUIS) und Branchenstudie zur spanenden Metallbearbeitung. Technische Universität Chemnitz.

Merkel, A., Müller, E., Ludwig, E. & Siebeling, F. 2013. Synergetische Planung von Photovoltaikfabriken. In: Müller, E.: Trends und Strategien für die Produktion von morgen, Tagungsband zur 10. Fachtagung Vernetzt planen und produzieren – VPP2013. Chemnitz: Wissenschaftliche Schriftenreihe des IBF, S. 255-264.

Mertens, K., 2013. Photovoltaik – Lehrbuch zu Grundlagen, Technologie und Praxis. München: Carl Hanser Verlag.

Meyer, U. B., Creux, S. E. & Marin, A. K. W., 2005. Grafische Methoden der Prozessanalyse – Für Design und Optimierung von Produktionssystemen. München Wien: Carl Hanser Verlag.

Meyer, W., 2002. Was ist Evaluation?. Saarbrücken: Centrum für Evaluation.

Microsoft, 2015. Visio. http://products.office.com/de-de/visio/flowchart-software (31. März 2015).

Mose, C. & Weinert, N., 2013. Evaluation of Process Chains for an Overall Optimization of Manufacturing Energy Efficiency. In: Azevedo, A.: Advances in Sustainable and Competitive Manufacturing Systems – 23rd International Conference on Flexible Automation and Intelligent Manufacturing. Schwitzerland: Springer International Publishing, S. 1639-1651.

Müller, E., 2013. Wie werden wir morgen produzieren? – Zentrale Trends und Antworten für den ostdeutschen Maschinen- und Anlagenbau. Studie im Auftrag des Beauftragten der Bundesregierung für die Neuen Bundesländer, Chemnitz.

Müller, E., Engelmann, J., Löffler, T. & Strauch, J., 2009. Energieeffiziente Fabriken planen und betreiben. Berlin Heidelberg: Springer Verlag.

Müller, E. & Löffler, T., 2011. Energiekennzahlen für Industrie und produzierendes Gewerbe. In: Biedermann, H., Zwainz, M. & Baumgartner, R. J.: Umweltverträgliche Produktion und nachhaltiger Erfolg - Chanchen, Benchmarks & Entwicklungslinien. Sustainable Management for Industries 4. München Mering: Rainer Hampp Verlag, S. 121-135.

Müller, E., Poller, R., Hopf, H. & Krones, M., 2013. Enabling Energy Management for Planning Energy-Efficient Factories. Procedia CIRP, 7, S. 622-627.

Müller, F. et al., 2012. Classification of factories from a green perspective: initial guidance and drivers for 'Green Factory Planning'. In: Proceedings of the 10th Global Conference on Sustainable Manufacturing. Istanbul.

Müller, F. et al., 2013. Green Factory Planning – Framework and Modules for a Flexible Approach. In: Prabhu, V., Taisch, M. & Kiritsis, D.: Advances in Production Management Systems. Sustainable Production and Service Supply Chains. Berlin Heidelberg: Springer Verlag, S. 167-174.

Neugebauer, R., 2013. Forschung für die Produktion in Deutschland – Maximale Wertschöpfung aus minimalem Ressourceneinsatz. In: Neugebauer, R.: Tagungsband 3. Kongress Ressourceneffiziente Produktion. Leipzig, S. 3-16.

Neugebauer, R., 2014. Handbuch Ressourcenorientierte Produktion. München Wien: Carl Hanser Verlag.

Nyhuis, P., 2008. Entwicklungsschritte zu Theorien der Logistik. In: Nyhuis, P.: Beiträge zu einer Theorie der Logistik. Berlin Heidelberg: Springer Verlag, S. 1-18.

Oehme, D., 2014. Bausteinbasiertes Modell zur Integration von Projektplanung, Projektbearbeitung und Projektabschluss für Fabrikplanungsprojekte. Technische Universität Chemnitz.

Organisation for Economic Co-operation and Development (OECD), 2007. Revised Fields of Science and Technology (FOS) Classification in the Frascati Manual. http://www.oecd.org/science/inno/38235147.pdf (31. März 2015).

Patzak, G., 1982. Systemtechnik – Planung komplexer innovativer Systeme – Grundlagen, Methoden, Techniken. Berlin Heidelberg: Springer Verlag.

Pawellek, G., 2008. Ganzheitliche Fabrikplanung Grundlagen, Vorgehensweise, EDV-Unterstützung. Berlin Heidelberg: Springer Verlag.

Pehnt, M., 2010. Energieeffizienz – Ein Lehr- und Handbuch. Berlin Heidelberg: Springer Verlag.

Posch, W., 2011. Ganzheitliches Energiemanagement für Industriebetriebe. Wiesbaden: Gabler Verlag.

PROFIBUS & PROFINET International (PI), 2015. PROFIenergy. http://www.profibus.com/technology/energy-efficiency (31. März 2015).

Quaschning, V., 2011. Regenerative Energiesysteme – Technologie – Berechnung – Simulation. München: Hanser Verlag.

Rabe, M., Spieckermann, S. & Wenzel, S., 2008. Verifikation und Validierung für die Simulation in Produktion und Logistik – Vorgehensmodelle und Techniken. Berlin Heidelberg: Springer Verlag.

Reiche, M., 2008. Referenzmodellierung technologischer Hauptprozesse der graschen Industrie. Technische Universität Chemnitz.

Reinema, C., Mersmann, T. & Nyhuis, P., 2011. ecofabrikTM – Internetbasierte Analyse der Energieeffizienz – Ein Ansatz für die Bewertung und Gestaltung. Industrie Management, 27 (6), S. 9-12.

Reinema, C., Schulze, C. P. & Nyhuis, P., 2011. Energieeffiziente Fabriken – Ein Vorgehen zur integralen Gestaltung. wt Werkstattstechnik online, 101 (4), S. 249-252.

Reinhart, G. et al., 2011. Energiewertstromdesign – Ein wichtiger Bestandteil zum Erhöhen der Energieproduktivität. wt Werkstattstechnik online, 101 (4), S. 253-260.

Riedel, R., 2012. Systemische Fabrikbetriebsplanung auf Basis eines kybernetisch – soziotechnischen Modells. Technische Universität Chemnitz.

Riege, C., Saat, J. & Bucher, T., 2009. Systematisierung von Evaluationsmethoden in der gestaltungsorientierten Wirtschaftsinformatik. In: Becker, J., Krcmar, H. & Niehaves, B.: Wissenschaftstheorie und gestaltungsorientierte Wirtschaftsinformatik. Heidelberg: Physica-Verlag, S. 69-86.

Rosemann, M., Schwegmann, A. & Delfmann, P., 2005. Vorbereitung der Prozessmodellierung. In: Becker, J., Kugeler, M. & Rosemann, M.: Prozessmanagement – Ein Leitfaden zur prozessorientierten Organisationsgestaltung. Berlin Heidelberg: Springer Verlag, S. 45-104.

Ropohl, G., 2009. Allgemeine Technologie – Eine Systemtheorie der Technik. Karlsruhe: Universitätsverlag Karlsruhe.

Rudolph, M. & Wagner, U., 2008. Energieanwendungstechnik – Wege und Techniken zur effizienteren Energienutzung. Berlin Heidelberg: Springer Verlag.

Schaarschmidt, F. et al., 2012. Material & Energieflusssimulation in der Photovoltaikindustrie. In: Müller, E. & Bullinger, A. C.: Intelligent vernetzte Arbeits- und Fabriksysteme, Tagungsband zur 9. Fachtagung Vernetzt Planen und Produzieren – VPP2012 & 6. Symposium Wissenschaft und Praxis. Chemnitz: Wissenschaftliche Schriftenreihe des IBF, S. 219-228.

Schabbach, T. & Leibbrandt, P., 2014. Solarthermie – Wie Sonne zu Wärme wird. Berlin Heidelberg: Springer Verlag.

Schacht, M., 2014. Erweiterung des Planungsprozesses im Karosserierohbau um Energieaspekte zur Auslegung der Technischen Gebäudeausrüstung. Helmut Schmidt Universität Hamburg.

Schady, R., 2008. Methode und Anwendungen einer wissensorientierten Fabrikmodellierung. Otto-von-Guericke-Universität Magdeburg.

Schenk, M., Wirth, S. & Müller, E., 2014. Fabrikplanung und Fabrikbetrieb – Methoden für die wandlungsfähige, vernetzte und ressourceneffiziente Fabrik. Berlin, Heidelberg: Springer Verlag.

Schieferdecker, B., Fuenfgeld, C. & Bonneschky, A., 2006. Energiemanagement-Tools – Anwendung im Industrieunternehmen. Berlin, Heidelberg: Springer Verlag.

Schillig, R., Stock, T. & Müller, E., 2013. Energiewertstromanalyse – Eine Methode zur Optimierung von Wertströmen in Bezug auf den Zeit- und den Energieeinsatz. ZWF Zeitschrift für wirtschaftlichen Fabrikbetrieb, 108 (1-2), S. 20-26.

Schmid, C., 2004. Energieeffizienz im Unternehmen – Eine wissensbasierte Analyse von Einflussfaktoren und Instrumenten. Zürich: vdf Hochschulverlag AG.

Schmidt, M., Eßmann, F., Gänßmantel, J. & Geburtig, G., 2008. Praxis energieeffizienter Gebäude – Leitfaden für sachverständige Beurteilung. Berlin: HUSS-MEDIEN.

Schmigalla, H., 1995. Fabrikplanung – Begriffe und Zusammenhänge. München: Carl Hanser Verlag.

Schweitzer, M. & Küpper, H.-U., 1997. Produktions- und Kostentheorie – Grundlagen – Anwendungen. Wiesbaden: Gabler Verlag.

Seow, Y. & Rahimifard, S., 2011. A framework for modelling energy consumption within manufacturing systems. CIRP Journal of Manufacturing Science and Technology, 4 (3), S. 258-264.

Siemens, 2015. Plant Simulation. http://www.plm.automation.siemens.com/de_de/products/tecnomatix/plant_desi gn/plant_simulation.shtml (31. März 2015).

Smith, L. & Ball, P., 2012. Steps towards sustainable manufacturing through modelling material, energy and waste flows. Int. J. Production Economics, 140 (1), S. 227-238.

Stachowiak, H., 1973. Allgemeine Modelltheorie. Wien New York: Springer Verlag.

Stachowiak, H., 1980. Der Modellbegriff in der Erkenntnistheorie. Zeitschrift für Allgemeine Wissenschaftstheorie, 11 (1), S. 53-68.

Stahl, B. et al., 2013. Combined Energy, Material and Building Simulation for Green Factory Planning. In: Nee, A. Y. C, Song, B. & Ong, S.-K.: Re-engineering Manufacturing for Sustainability. Singapore: Springer, S. 493-498.

Stiftung Weltbevölkerung, 2013. Info Weltbevölkerung - Entwicklung und Projektionen - Wie viele Menschen werden in Zukunft auf der Erde leben?. Hannover: http://www.weltbevoelkerung.de/uploads/tx_aedswpublication/FS_Entw_Projekt _web.pdf (31. März 2015).

Stockmann, R., 2004. Was ist eine gute Evaluation? – Einführung zu Funktionen und Methoden von Evaluationsverfahren. Saarbrücken: Centrum für Evaluation.

Stoldt, J. et al., 2013. Generic Energy-Enhancement Module for Consumption Analysis of Manufacturing Processes in Discrete Event Simulation. In: Nee, A. Y. C, Song, B. & Ong, S.-K.: Re-engineering Manufacturing for Sustainability. Singapore: Springer, S. 165-170.

Sygulla, R., Bierer, A. & Götze, U., 2011. Material Flow Cost Accounting – Proposals for Improving the Evaluation of Monetary Effects of Resource Saving Process Designs. In: Proceedings of the 44th CIRP International Conference on Manufacturing Systems. Madison.

Tietz, H.-P., 2007. Systeme der Ver- und Entsorgung. Wiesbaden: Teubner Verlag.

Thiede, S., 2012. Energy Efficiency in Manufacturing Systems. Berlin Heidelberg: Springer Verlag.

Thiede, S., Seow, Y., Andersson, J. & Johansson, B., 2013. Environmental aspects in manufacturing system modelling and simulation – State of the art and research perspectives. CIRP Journal of Manufacturing Science and Technology, 6 (1), S. 78-87.

Thomas, S., 2012. Energieeffizienz spart wirklich Energie – Erkenntnisse zum Thema „Rebound-Effekte". Energiewirtschaftliche Tagesfragen, 62 (8), S. 8-11.

Ulrich, H., 1984. Management. Bern: Verlag Paul Haupt.

Umweltbundesamt (UBA), 2012. Glossar zum Ressourcenschutz – Stand 17.1.2012. Dessau-Roßlau. https://www.umweltbundesamt.de/sites/default/files/medien/publikation/long/424 2.pdf (31. März 2015).

United Nations (UN), 1987. General Assembly – Report of the World Commission on Environment and Development – Our Common Future.

United Nations (UN), 2013. World Population Prospects - The 2012 Revision - Highlights and Advance Tables. New York: http://esa.un.org/wpp/Documentation/pdf/WPP2012_HIGHLIGHTS.pdf (31. März 2015).

United Nations Framework Convention on Climate Change (UNFCCC), 1997. Kyoto Protocol to the United Nations Framework Convention on Climate Change. http://unfccc.int/cop3/resource/docs/cop3/protocol.pdf (31. März 2015).

Urbaneck, T., 2012. Kältespeicher – Grundlagen, Technik, Anwendung. München: Oldenbourg Wissenschaftsverlag GmbH.

Urbaneck, T. et al., 2010. Pilotprojekt zur Optimierung von großen Versorgungssystemen auf Basis der Kraft-Wärme-Kältekopplung mittels Kältespeicherung. Chemnitz: Technische Universität Chemnitz, Fakultät für Maschinenbau, Professur Technische Thermodynamik, Stadtwerke Chemnitz AG.

Verein Deutscher Ingenieure (VDI), 2008. VDI-Richtlinie 2055 Blatt 1: Wärme- und Kälteschutz von betriebstechnischen Anlagen in der Industrie und in der Technischen Gebäudeausrüstung – Berechnungsgrundlagen. Berlin: Beuth Verlag.

Verein Deutscher Ingenieure (VDI), 2010. VDI-Richtlinie 3633 Blatt 1 Entwurf: Simulation von Logistik-, Materialfluss- und Produktionssystemen – Grundlagen. Berlin: Beuth Verlag.

Verein Deutscher Ingenieure (VDI), 1997. VDI-Richtlinie 3633 Blatt 3: Simulation von Logistik-, Materialfluss- und Produktionssystemen – Experimentplanung und - auswertung. Berlin: Beuth Verlag.

Verein Deutscher Ingenieure (VDI), 2013. VDI-Richtlinie 4075 Blatt 1 Entwurf: Produktionsintegrierter Umweltschutz (PIUS) – Grundlagen und Anwendungsbereich. Berlin: Beuth Verlag.

Verein Deutscher Ingenieure (VDI), 2012. VDI-Richtlinie 4600: Kumulierter Energieaufwand (KEA) – Begriffe, Berechnungsmethoden. Berlin: Beuth Verlag.

Verein Deutscher Ingenieure (VDI), 2003. VDI-Richtlinie 4661: Energiekenngrößen – Definitionen – Begriffe – Methodik. Berlin: Beuth Verlag.

Verein Deutscher Ingenieure (VDI), 2008. VDI-Richtlinie 4499 Blatt 1: Digitale Fabrik – Grundlagen. Berlin: Beuth Verlag.

Verein Deutscher Ingenieure (VDI), 2014. VDI-Richtlinie 4800 Blatt 1 Entwurf: Ressourceneffizienz – Methodische Grundlagen, Prinzipien und Strategien. Berlin: Beuth Verlag.

Verein Deutscher Ingenieure (VDI), 2011. VDI-Richtlinie 5200 Blatt 1: Fabrikplanung – Planungsvorgehen. Berlin: Beuth Verlag.

Verl, A. et al., 2011. Modular Modeling of Energy Consumption for Monitoring and Control. In: Hesselbach, J. & Herrmann, C.: Glocalized Solutions for Sustainability in Manufacturing. Berlin Heidelberg: Springer Verlag, S. 341-346.

Verl, A., Eberspächer, P. & Schlechtendahl, J., 2012. Steuerungsmaßnahmen senken Energieverbrauch von Maschinen. Maschinenmarkt, Metav Journal 2012, S. 40-41.

Voss, C., 2009. Case Research in Operations Management. In: Karlsson, C.: Researching Operations Management. New York London: Routledge, S. 162-195.

Walther, G., 2010. Nachhaltige Wertschöpfungsnetzwerke – Überbetriebliche Planung und Steuerung von Stoffströmen entlang des Produktlebenszyklus. Wiesbaden: Gabler Verlag.

Weigand, B., Köhler, J. & von Wolfersdorf, J., 2013. Thermodynamik kompakt. Berlin Heidelberg: Springer Verlag.

Weinert, N., 2010. Vorgehensweise für Planung und Betrieb energieeffizienter Produktionssysteme. Technische Universität Berlin.

Weinert, N., 2010a. Planung energieeffizienter Produktionssysteme. ZWF Zeitschrift für wirtschaftlichen Fabrikbetrieb, 105 (5), S. 503-507.

Wesselak, V. & Voswinckel, S., 2012. Photovoltaik – Wie Sonne zu Strom wird. Berlin Heidelberg: Springer Verlag.

Westkämper, E., 2006. Einführung in die Organisation der Produktion. Berlin Heidelberg: Springer Verlag.

Wicaksono, H., Belzner, T. & Ovtcharova, J., 2013. Efficient Energy Performance Indicators for Different Level of Production Organizations in Manufacturing. In: Prabhu, V., Taisch, M. & Kiritsis, D.: Advances in Production Management Systems. Sustainable Production and Service Supply Chains. Berlin Heidelberg: Springer Verlag, S. 249-256.

Wiendahl, H.-P., 2008. Stolpersteine der PPS – ein sozio-technischer Ansatz für das industrielle Auftragsmanagement. In: Nyhuis, P.: Beiträge zu einer Theorie der Logistik. Berlin Heidelberg: Springer Verlag, S. 275-304.

Wiendahl, H.-P., Reichardt, J. & Nyhuis, P., 2009. Handbuch Fabrikplanung – Konzept, Gestaltung und Umsetzung wandlungsfähiger Produktionsstätten. München Wien: Carl Hanser Verlag.

Wirth, S., 1989. Flexible Fertigungssysteme – Gestaltung und Anwendung in der Teilefertigung. Berlin: VEB Verlag Technik.

Wirth, S., Näser, P. & Ackermann, J., 2003. Vom Fertigungsplatz zur Kompetenzzelle – Voraussetzung für den Aufbau kompetenzzellenbasierter Netze. ZWF Zeitschrift für wirtschaftlichen Fabrikbetrieb, 98 (3), S. 78-83.

Wirth, S., Schenk, M. & Müller, E., 2011. Fabrikarten, Fabriktypen und ihre Entwicklungsetappen. ZWF Zeitschrift für wirtschaftlichen Fabrikbetrieb, 106 (11), S. 799-802.

Wohinz, J. W. & Moor, M., 1989. Betriebliches Energiemanagement – aktuelle Investition in die Zukunft. Wien New York: Springer Verlag.

Wolff, D., Kulus, D. & Dreher, S., 2012. Simulating Energy Consumption in Automotive Industries. In: Bangsow, S.: Use Cases of Discrete Event Simulation – Appliance and Research. Berlin Heidelberg: Springer, S. 59-86.

Wottawa, H. & Thierau, H., 1998. Lehrbuch Evaluation. Bern: Verlag Hans Huber.

WWF, 2012. Living Planet Report 2012 – Biodiversity, biocapacity and better choices. Gland: http://awsassets.panda.org/downloads/1_lpr_2012_online_full_size_single_pages_final_120516.pdf (31. März 2015).

Yang, L. & Deuse, J., 2012. Multiple-attribute Decision Making for an Energy Efficient Facility Layout Design. Procedia CIRP, 3, S. 149-154.

Zelewski, S., 1999. Grundlagen. In: Corsten, H. & Reiß, M.: Betriebswirtschaftslehre. München Wien: Oldenbourg Wissenschaftsverlag GmbH, S. 1-125.

Zschocke, D., 1995. Modellbildung in der Ökonomie – Modell – Information – Sprache. München: Vahlen.

Anhang

Anhang A1: Notation

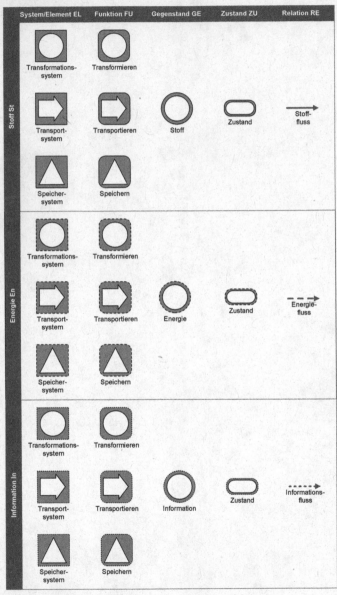

Abbildung A1: Notation

Anhang A2: Evaluation Fallstudie

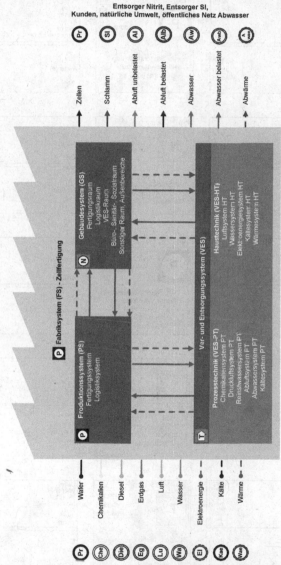

Abbildung A2:   Überblick

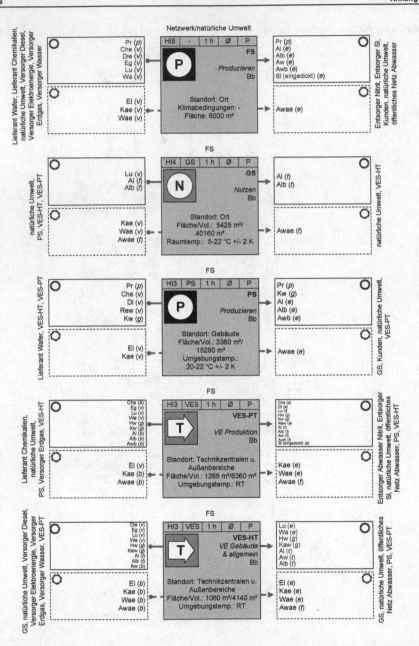

Abbildung A3: Funktionsmodelle Fabriksystem (HI5 - HI3)

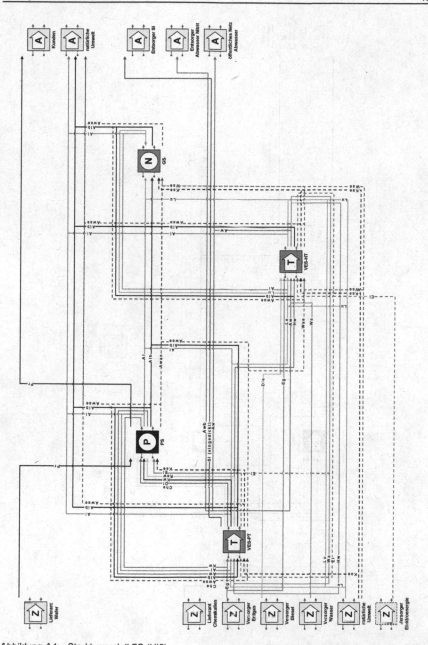

Abbildung A4: Strukturmodell FS (HI5)

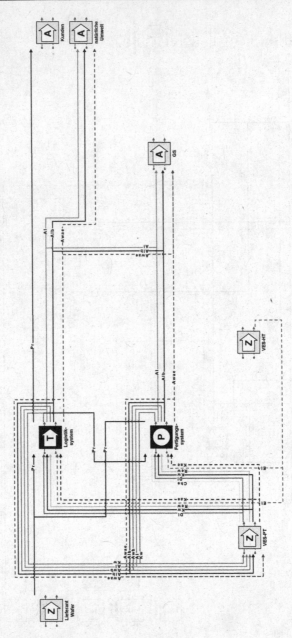

Abbildung A5: Strukturmodell PS (HI3)

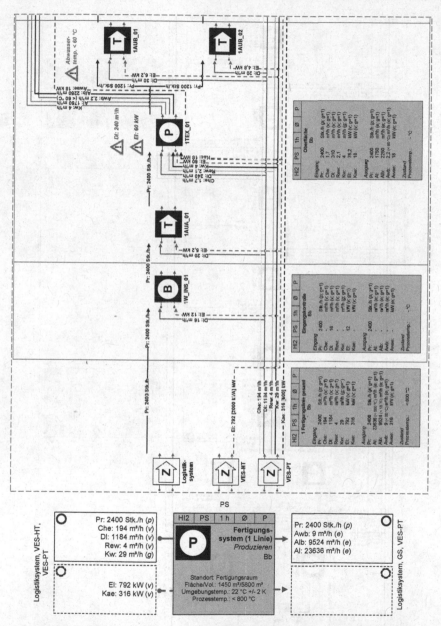

Abbildung A6: Funktions- u. Strukturmodell Fertigungssystem (Ausschnitt 1 einer Fertigungslinie) (HI2)

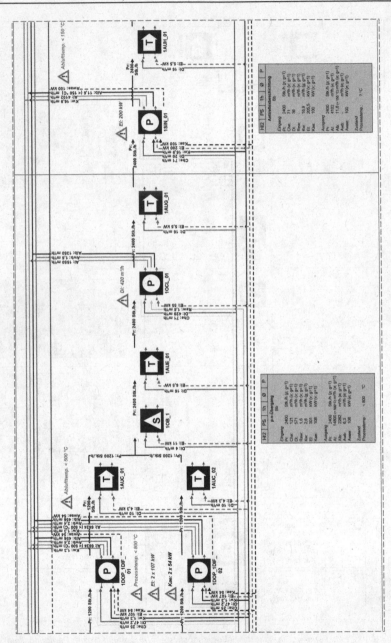

Abbildung A7: Strukturmodell Fertigungssystem (Ausschnitt 2 einer Fertigungslinie) (HI2)

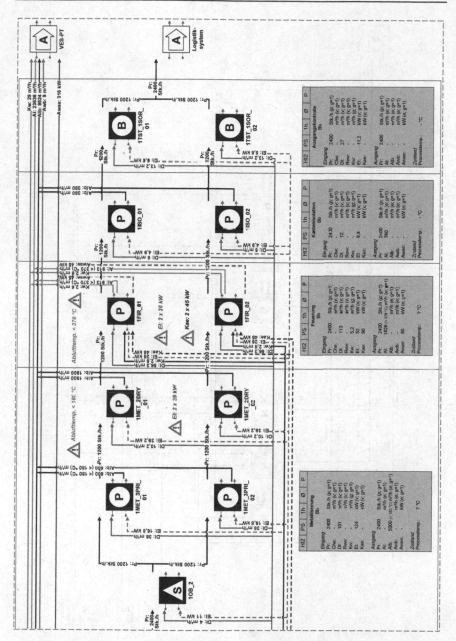

Abbildung A8: Strukturmodell Fertigungssystem (Ausschnitt 3 einer Fertigungslinie) (HI2)

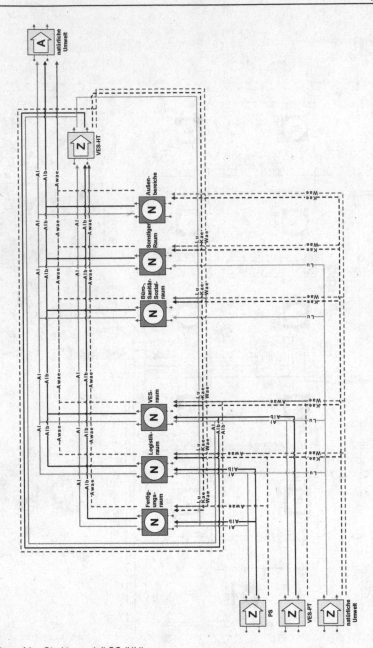

Abbildung A9: Strukturmodell GS (HI4)

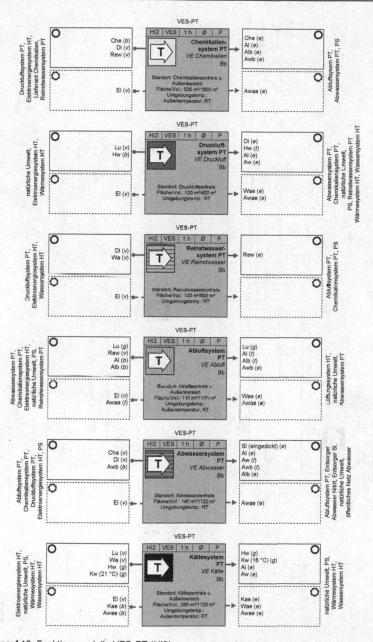

Abbildung A10: Funktionsmodelle VES-PT (HI2)

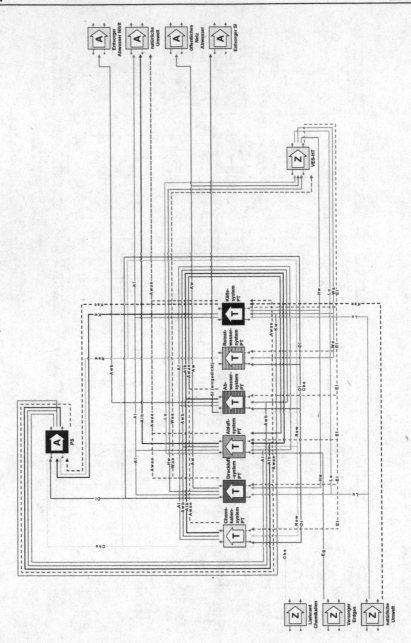

Abbildung A11: Strukturmodell VES-PT (HI3)

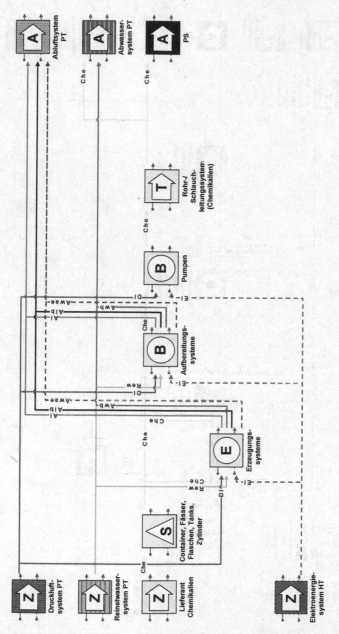

Abbildung A12: Strukturmodell Chemikaliensystem PT (HI2)

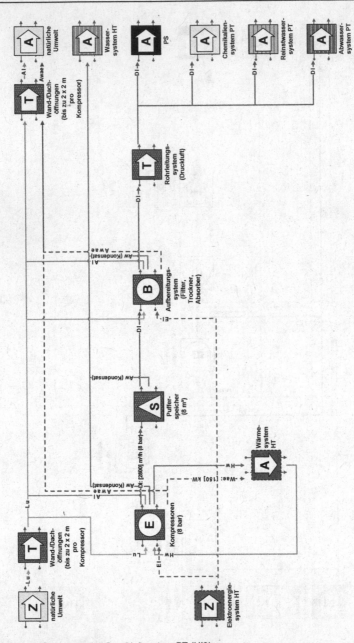

Abbildung A13: Strukturmodell Druckluftsystem PT (HI2)

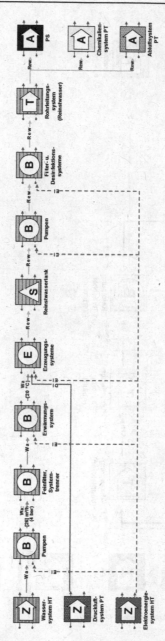

Abbildung A14: Strukturmodell Reinstwassersystem PT (HI2)

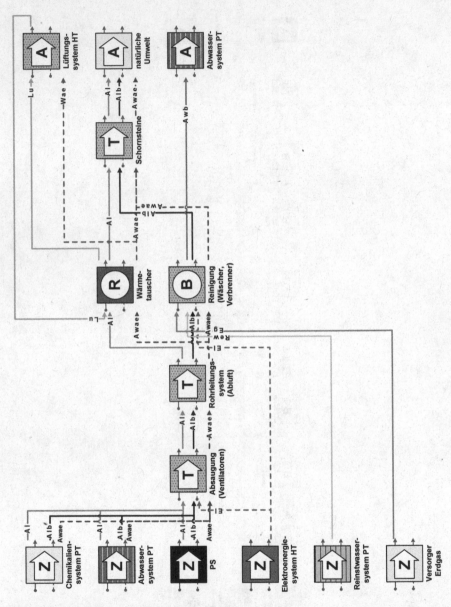

Abbildung A15: Strukturmodell Abluftsystem PT (HI2)

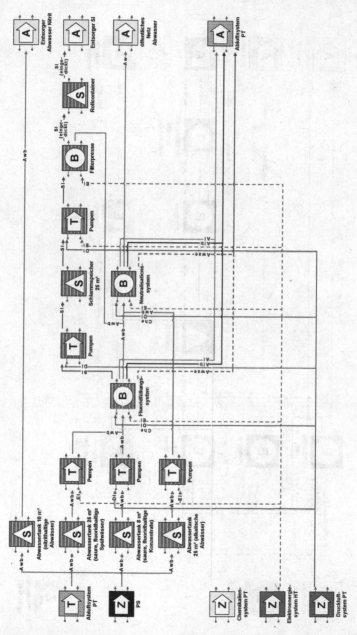

Abbildung A16: Strukturmodell Abwassersystem PT (HI2)

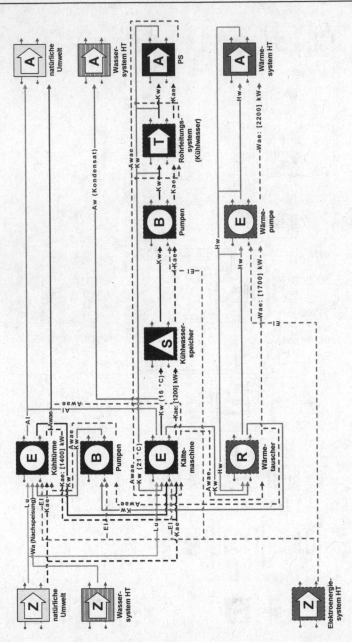

Abbildung A17: Strukturmodell Kältesystem PT (HI2)

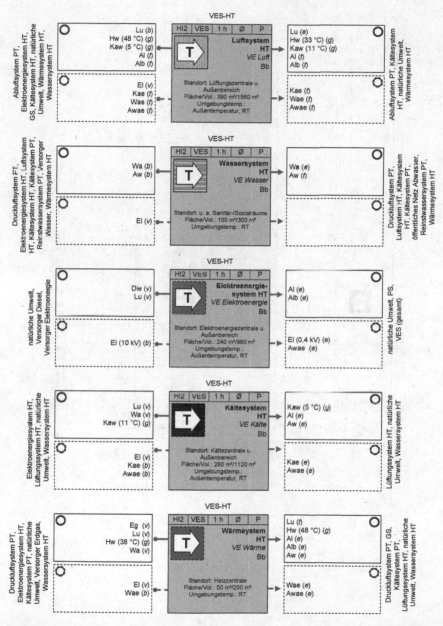

Abbildung A18: Funktionsmodelle VES-HT (HI2)

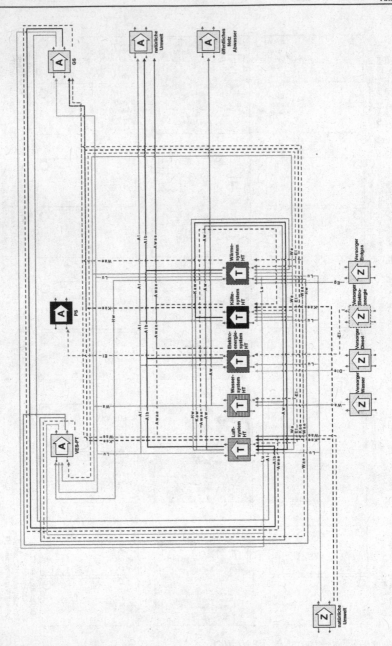

Abbildung A19: Strukturmodell VES-HT (HI3)

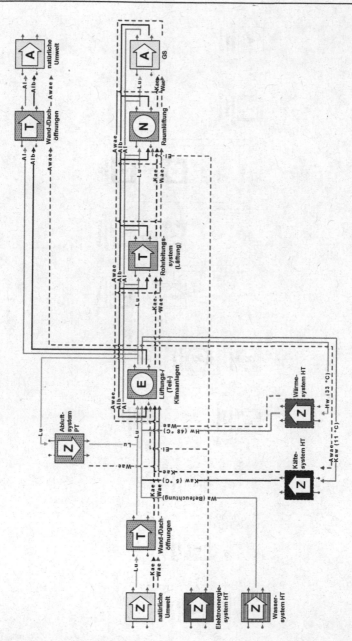

Abbildung A20: Strukturmodell Luftsystem HT (HI2)

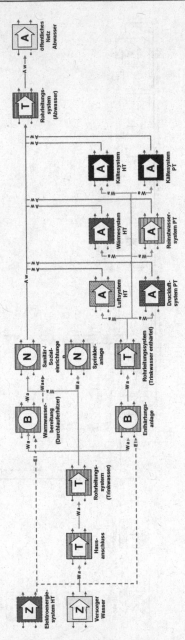

Abbildung A21: Strukturmodell Wassersystem HT (HI2)

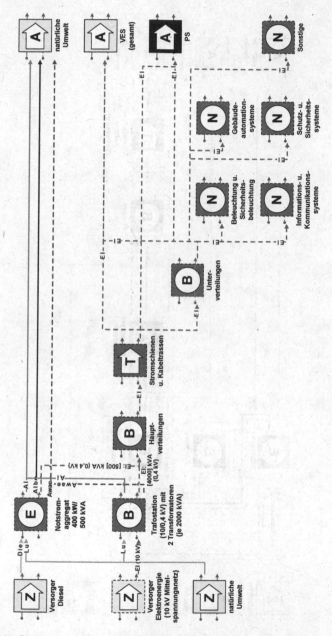

Abbildung A22: Strukturmodell Elektroenergiesystem HT (HI2)

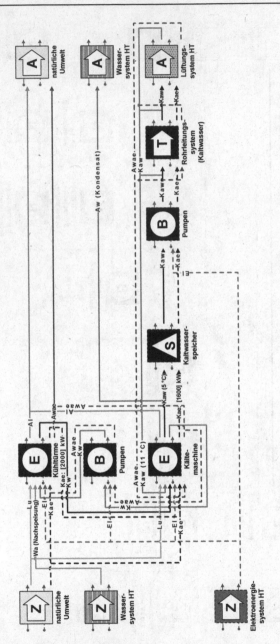

Abbildung A23: Strukturmodell Kältesystem HT (HI2)

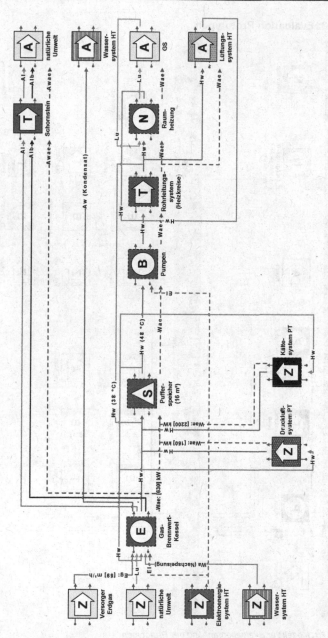

Abbildung A24: Strukturmodell Wärmesystem HT (HI2)

Anhang A3: Evaluation Prototypen

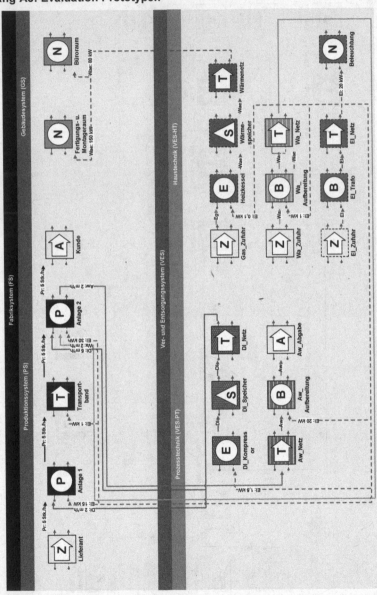

Abbildung A25: Modell zur Evaluation anhand der Prototypen

Printed in the United States
By Bookmasters